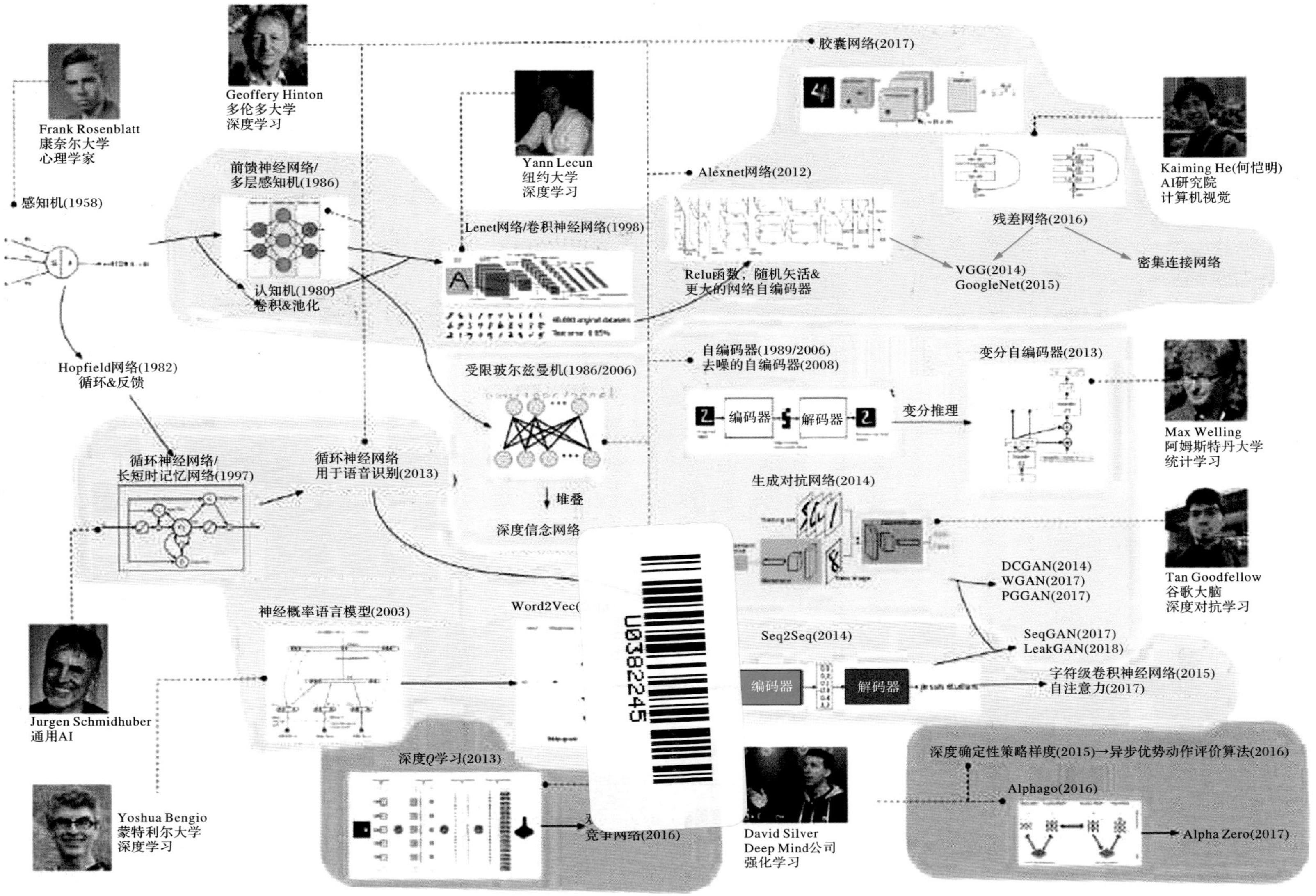

图1.4 深度学习模型最近若干年的重要进展

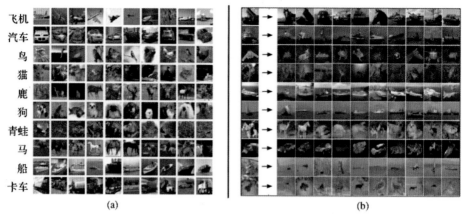

飞机
汽车
鸟
猫
鹿
狗
青蛙
马
船
卡车

(a)   (b)

图3.3 10组类型的随机图像
(a)样本图像；(b)测试图像

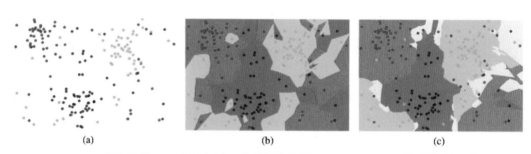

(a)   (b)   (c)

图3.5 Nearest Neighbor分类器和5-Nearest Neighbor分类器的区别
(a)原始数据；(b)NN分类器；(c)5-NN分类器

图3.9 使用t-SNE的可视化技术将CIFAR-10的图像进行了二维排列

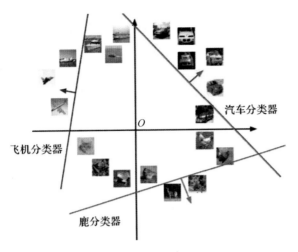

图3.11 图像空间的示意图

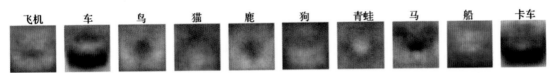

图3.12 以CIFAR-10为训练集,学习结束后的权重

图3.14 SVM损失函数得分示意图

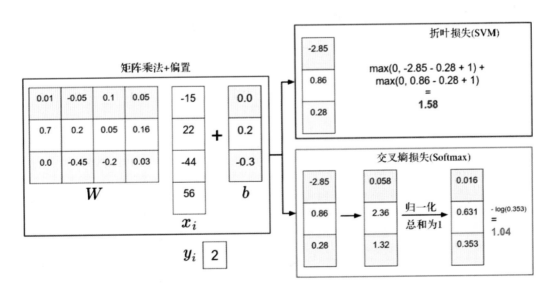

图3.15 针对一个数据点,SVM和Softmax分类器的不同处理方式

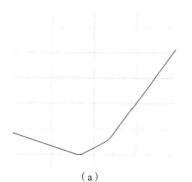
（a）
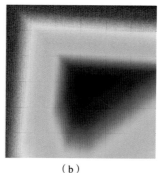
（b）
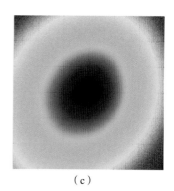
（c）

图3.17　一个无正则化的多类SVM的损失函数图

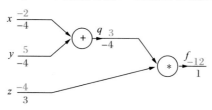

图3.21　计算的可视化过程

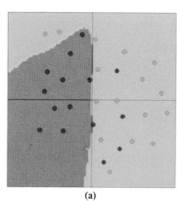
(a)
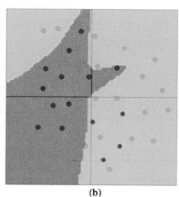
(b)
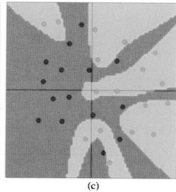
(c)

图3.28　不同隐层神经元数目的神经网络判别结果
(a)3个隐层神经元;(b)6个隐层神经元;(c)20个隐层神经元

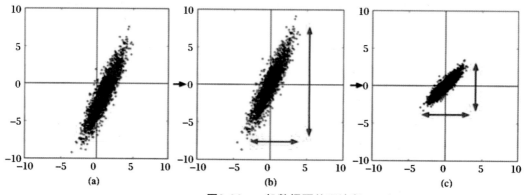

图3.30　一般数据预处理流程
(a)原始数据;(b)零均值数据；(c)归一化数据

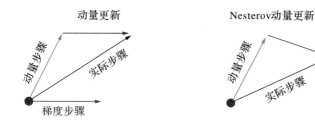

图3.38 Nesterov动量

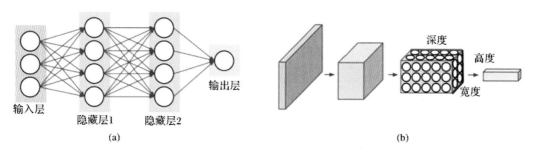

图3.41 神经网络和卷积神经网络

(a)3层神经网络;(b)卷积神经网络

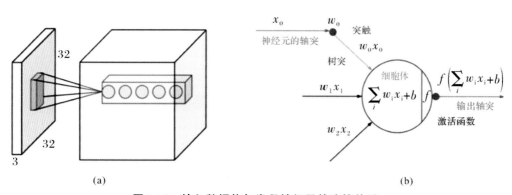

图3.43 输入数据体与卷积神经元的连接关系

(a)输入数据体;(b)卷积神经元

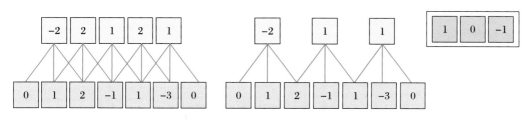

图3.44 空间排列的图示

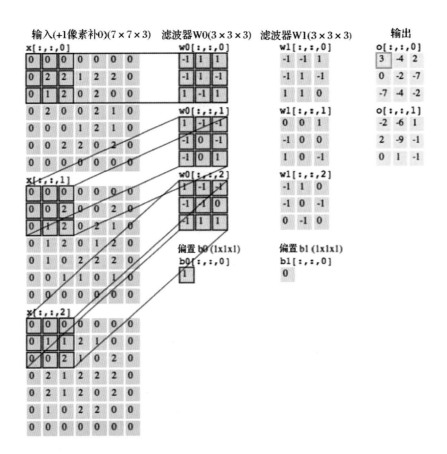

图3.46 卷积层演示

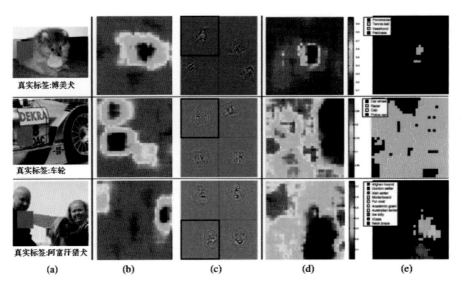

图3.55 输入图像被遮挡时的情况

(a)输入图像;(b)层5,特征图;(c)层5,特征图映射;(d)分类器,正确类别的概率分布;(e)分类器,最有可能的类别分布

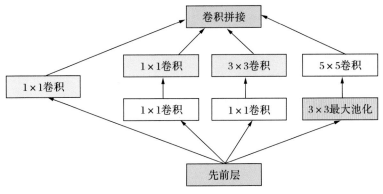

图4.5　Inception模块

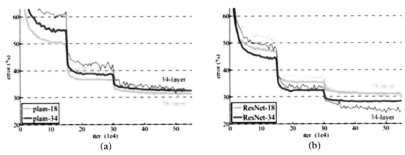

图4.11　训练结果

(a)传统网络结构的训练结果;(b)ResNet结构的训练结果

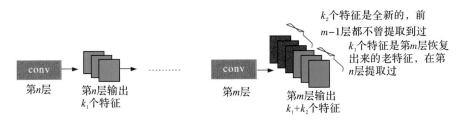

传统结构：第m层权重个数是$k \times k \times (k_1+k_2) \times k_0$，其中$k$是kernel size, k_0是第m层输入的feature的个数，k_1+k_2是第m层输出feature个数

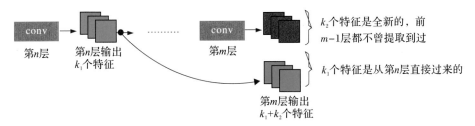

DenseNet结构：第m层权重个数是$k \times k \times k_2 \times k_0$，其中$k$是kernel size, k_0是第m层输入的feature的个数，参数总量明显比传统结构少

图4.14　使用DenseNet能够减少参数总量

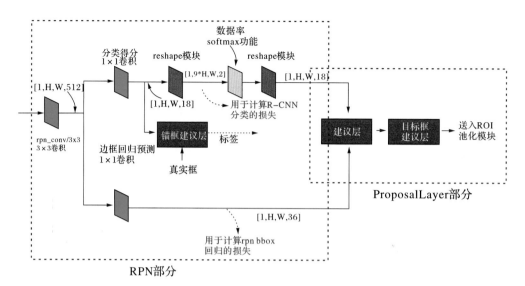

图4.25　RPN和Proposal Layer结构

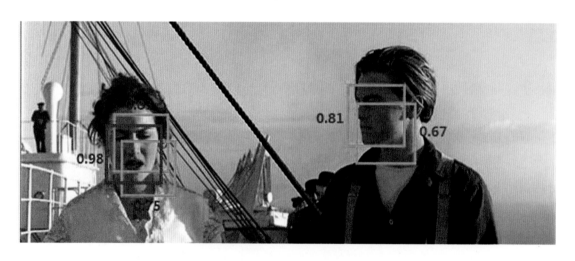

图4.36　NMS应用在人脸检测

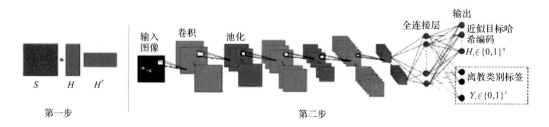

图4.48　CNNH网络结构图

深度学习与计算机视觉

李晖晖　刘　航　编著

西北工业大学出版社

西　安

【内容简介】 本书涉及深度学习与计算机视觉两方面内容,主要内容包括深度学习的理论和计算机视觉的概念、历史起源及发展,深度学习在计算机视觉中的主要应用及研究现状,深度学习的框架,深度学习在计算机视觉领域应用的理论基础,深度学习在计算机视觉方面的应用以及几个应用框架的实际操作步骤和测试方法。

本书可作为普通高等学校计算机专业、自动化专业、电子信息专业本科高年级学生、研究生的教材,也可供从事深度学习及计算机视觉领域研究的科技工作者参考使用。

图书在版编目(CIP)数据

深度学习与计算机视觉/李晖晖,刘航编著. —西安:西北工业大学出版社,2021.10
ISBN 978 - 7 - 5612 - 8005 - 8

Ⅰ.①深… Ⅱ.①李… ②刘… Ⅲ.①机器学习 ②计算机视觉 Ⅳ.①TP181 ②TP302.7

中国版本图书馆 CIP 数据核字(2021)第 205917 号

SHENDU XUEXI YU JISUANJI SHIJUE
深度学习与计算机视觉

责任编辑:华一瑾		**策划编辑**:李 杰	
责任校对:朱晓娟		**装帧设计**:李 飞	
出版发行:西北工业大学出版社			
通信地址:西安市友谊西路 127 号		邮编:710072	
电 话:(029)88491757,88493844			
网 址:www.nwpup.com			
印 刷 者:陕西金德佳印务有限公司			
开 本:787 mm×1 092 mm		1/16	
印 张:13.625		彩插:4	
字 数:340 千字			
版 次:2021 年 10 月第 1 版		2021 年 10 月第 1 次印刷	
定 价:68.00 元			

前　言

  深度学习是近 10 年机器学习领域发展最快的一个分支,代表了当前这个时代的人工智能技术,在学术界和产业界都取得了极大的成功。有"深度学习三巨头"之称的三位教授(Geoffrey Hinton、Yann Lecun、Yoshua Bengio)因此同获 2018 年图灵奖。深度学习是相对于简单学习而言的,传统多数分类、回归等学习算法都属于简单学习或者浅层结构,而深度学习通过学习一种深层非线性网络结构,只需简单的网络结构即可实现复杂函数的逼近,并展现了强大的从大量无标注样本集中学习数据集本质特征的能力。对于图像、语音这种特征不明显,需要手工设计且很多没有直观的物理含义的问题,深度模型能够在大规模训练数据上取得良好的效果。

  深度学习的出现对计算机视觉领域的发展产生了巨大的影响。2012 年,由 Geoffrey Hinton 和他的学生 Alex Krizhevsky 设计的 AlexNet 模型在 ImageNet 图像分类竞赛中大放异彩,以绝对的优势获得冠军,从而开启了深度学习研究在计算机视觉领域研究的热潮。目前,深度学习在计算机视觉领域获得了很多成功的应用,例如图像分类、目标检测识别、图像分割、图像检索和图像生成等。未来仍然存在更多潜在应用,将会从很多方面改变整个人类的生活方式。

  基于此,介绍有关深度学习与计算机视觉的内容非常迫切和重要,能为相关专业的学生以及对本领域感兴趣的学者提供了解本领域的重要途径。但是,目前这一领域的相关教材,尤其是涉及深度学习与计算机视觉两个方向内容的教材较少。因此,笔者在从事多年计算机视觉研究的基础上,参考当前最新的研究理论及成果编写成此书。

  全书共 5 章。第 1 章主要介绍深度学习理论和计算机视觉的概念、历史起源及发展,深度学习在计算机视觉中的主要应用及研究现状。

  第 2 章主要介绍深度学习的框架。深度学习框架是一种界面、库或工具,它使人们在无须深入了解底层算法的细节的情况下，能够更容易、更快速地构建深度学习模型。

第 3 章主要介绍深度学习在计算机视觉领域应用的理论基础，包括优化、反向传播、神经网络架构等基本概念和理论，以及主要用于计算机视觉的卷积神经网络。这一章也是本书的核心理论部分。

第 4 章主要介绍深度学习在计算机视觉方面的应用，主要包括两大部分：一是深度学习应用于计算机视觉的常用框架，包括 AlexNet、VGG、GoogLeNet 及 ResNet 等；二是目标检测识别、图像检索、图像修复、图像分割等应用中常用的框架模型。

第 5 章深度学习实战主要给出几个应用框架的实际操作步骤和测试方法。读者可以按照流程去进行验证。

本书由李晖晖和刘航撰写，其中李晖晖负责撰写第 1～3 章，刘航负责撰写第 4～5 章。在编写本书过程中，曾参考了大量文献资料，在此表示衷心的感谢。另外，研究生谷仓、张会祥、周康鹏、吴东庆和袁翔等整理了本书部分章节相关的资料，在此一并感谢。

由于水平有限，书中难免存在疏漏和不足之处，敬请读者批评、指正。

编著者

2021 年 6 月

目 录

第1章 绪 论

1.1 什么是深度学习

深度学习(Deep Learning,DL)是机器学习(Machine Learning,ML)领域中一个新的研究方向,它被引入机器学习使其更接近于最初的目标——人工智能(Artificial Intelligence,AI)。

深度学习是学习样本数据的内在规律和表示层次,这些学习过程中获得的信息对诸如文字、图像和声音等数据的解释有很大的帮助。它的最终目标是让机器能够像人一样具有分析学习能力,能够识别文字、图像和声音等数据。深度学习是一个复杂的机器学习算法,在语音和图像识别方面取得的效果,远远超过先前的相关技术。

深度学习是相对于简单学习而言的,目前多数分类、回归等学习算法都属于简单学习或者浅层结构。浅层结构通常只包含1层或2层的非线性特征转换层,典型的浅层结构有高斯混合模型(Gaussian Mixed Model,GMM)、隐马尔可夫模型(Hidden Markov Model,HMM)、条件随机域(Conditional Random Fields,CRF)、最大熵模型(Max Entropy Model,MEM)、逻辑回归(Logistic Regression,LR)、支持向量机(Support Vector Machine,SVM)和多层感知器(Muti-Layer Perception,MLP)。其中,最成功的分类模型是SVM。SVM使用一个浅层线性模式分离模型,当不同类别的数据向量在低维空间无法划分时,SVM会将它们通过核函数映射到高维空间中并寻找分类最优超平面。浅层结构学习模型的相同点是采用一层简单结构将原始输入信号或特征转换到特定问题的特征空间中。浅层模型的局限性对复杂函数的表示能力有限,针对复杂分类问题其泛化能力受到一定的制约,比较难解决一些更加复杂的自然信号处理问题,例如人类语音和自然图像等。而深度学习可通过学习一种深层非线性网络结构,表征输入数据,实现复杂函数逼近,并展现了强大的从少数样本集中学习数据集本质特征的能力。

深度学习可以简单理解为传统神经网络的拓展。如图1.1所示,深度学习与传统的神经网络之间有相同的地方,二者的相同之处在于,深度学习采用了与神经网络相似的分层结构:系统是一个包括输入层、隐层、输出层的多层网络,只有相邻层的节点之间有连接,而同一层以及跨层节点之间相互无连接。

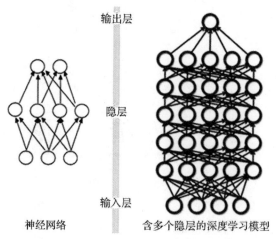

图 1.1　传统的神经网络和深度神经网络

　　深度学习框架将特征和分类器结合到一个框架中,用数据去学习特征,在使用中减少了手工设计特征的巨大工作量。它的一个别名——无监督特征学习(Unsupervised Feature Learning),意思就是不需要通过人工方式进行样本类别的标注来完成学习。因此,深度学习是一种可以自动地学习特征的方法。准确地说,深度学习首先利用无监督学习对每一层进行逐层预训练(Layerwise Pre-Training)去学习特征;其次每次单独训练一层,并将训练结果作为更高一层的输入;最后到最上层改用监督学习,从上到下进行微调(Fine-Tune)去学习模型。

　　深度学习通过学习一种深层非线性网络结构,只需简单的网络结构即可实现复杂函数的逼近,并展现了强大的从大量无标注样本集中学习数据集本质特征的能力。深度学习能够更好地表示数据的特征,同时由于模型的层次深、表达能力强,所以有能力表示大规模数据。对于解决识别图像、语音这种特征不明显,需要手工设计且很多没有直观的物理含义的问题,深度模型能够在大规模训练数据上取得更好的效果。

1.2　深度学习的起源和历史

　　人工智能就像长生不老和星际漫游一样,是人类最美好的梦想之一。虽然计算机技术已经取得了长足的进步,但是到目前为止,还没有一台电脑能产生“自我”的意识。计算机能够具有人的意识起源于图灵测试(Turing Testing)问题的产生。“计算机科学之父”及“人工智能之父”英国数学家阿兰·图灵在 1950 年的一篇著名论文《机器会思考吗?》里提出图灵测试的设想:把一个人和一台计算机分别隔离在两间屋子,然后让屋外的一个提问者对两者进行问答测试。如果提问者无法判断哪边是人,哪边是机器,那就证明计算机已具备人的智能。

　　但是半个多世纪过去了,人工智能的进展远远没有达到图灵试验的标准。这不禁让多年翘首以待的人们心灰意冷,认为人工智能是忽悠,相关领域是“伪科学”。直到深度学习(Deep Learning)的出现,让人们看到了一丝曙光。至少,图灵测试已不再是那么遥不可及了。2013年 4 月,《麻省理工学院技术评论》杂志将深度学习列为 2013 年十大突破性技术之首。

　　要了解深度学习的起源,首先我们来了解一下人类的大脑是如何工作的。1981 年的诺贝尔医学奖，分发给了 David Hubel、Torsten Wiesel 和 Roger Sperry。前两位的主要贡献是，发现了人的视觉系统的信息处理是分级的。如图 1.2 所示，从视网膜（Retina）出发，经过低级的 V1 区提取边缘特征，到 V2 区的基本形状或目标的局部，再到高层 V4 区的整个目标（如判定为一张人脸），以及更高层的 PFC（前额叶皮层）进行分类判断等。也就是说，高层的特征是低层特征的组合，从低层到高层的特征表达越来越抽象和概念化。

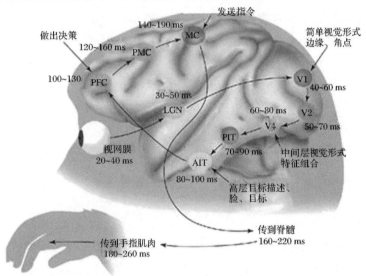

图 1.2　人的视觉处理系统

这个发现激发了人们对于神经系统的进一步思考。大脑的工作过程是一个对接收信号不断迭代、不断抽象概念化的过程，如图 1.3 所示。例如，从原始信号摄入开始（瞳孔摄入像素），接着做初步处理（大脑皮层某些细胞发现边缘和走向），然后抽象（大脑判定眼前物体的形状，比如是椭圆形的），然后进一步抽象（大脑进一步判定该物体是张人脸），最后识别人脸。这个过程其实和我们的常识是相吻合的，因为复杂的图形往往就是由一些基本结构组合而成的。同时，我们还可以看出，大脑是一个深度架构，认知过程也是深度的。

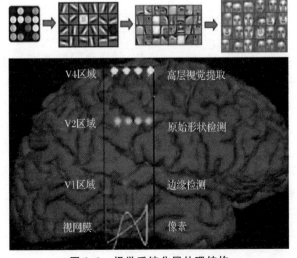

图 1.3　视觉系统分层处理结构

　　而深度学习,恰恰就是通过组合低层特征形成更加抽象的高层特征(或属性、类别)。例如,在计算机视觉领域,深度学习算法从原始图像去学习得到一个低层次表达,例如边缘检测器、小波滤波器等,然后在这些低层次表达的基础上,通过线性或者非线性组合,来获得一个高层次的表达。此外,不仅图像存在这个规律,而且声音也是类似的。

　　深度学习的历史可以追溯到 20 世纪 40 年代。深度学习看似一个全新的领域,只不过因为在目前流行的前几年它是相对冷门的,同时也因为它被赋予了许多不同的名称,最近才成为众所周知的"深度学习"。这个领域已经更换了很多名称,它反映了不同的研究人员和不同观点的影响。

　　一般来说,目前为止深度学习已经经历了 3 次发展浪潮:20 世纪 40—60 年代深度学习的雏形出现在控制论(Cybernetics)中,20 世纪 80—90 年代深度学习表现为联结主义(Connectionism),直到 2006 年,它才真正以深度学习之名传播。

　　现代深度学习的最早前身是从神经科学的角度出发的简单线性模型。这些模型被设计为使用一组 n 个输入 $x_1, x_2, \cdots, x_n$ 并将它们与一个输出 y 相关联。这些模型希望学习一组权重 $\omega_1, \omega_2, \cdots, \omega_n$,并计算它们的输出 $f(x, \omega) = x_1 \omega_1 + x_2 \omega_2 + \cdots + x_n \omega_n$,这第一波神经网络研究浪潮被称为控制论。

　　McCulloch-Pitts 神经元是脑功能的早期模型。该线性模型通过检验函数 $f(x, \omega)$ 的正负来识别两种不同类别的输入。显然,模型的权重需要正确设置后才能使模型的输出对应于期望的类别。这些权重可以由操作人员设定。在 20 世纪 50 年代,感知机成为第一个能根据每个类别的输入样本来学习权重的模型。约在同一时期,自适应线性单元(Adaptive Linear Element, ADALINE)简单地返回函数 $f(x)$ 本身的值来预测一个实数,并且它还可以学习从数据预测这些数。

　　这些简单的学习算法大大影响了机器学习的现代景象。用于调节 ADALINE 权重的训练算法是被称为随机梯度下降(Stochastic Gradient Descent)的一种特例。稍加改进后的随机梯度下降算法仍然是当今深度学习的主要训练算法。基于感知机和 ADALINE 中使用的函数 $f(x, \omega)$ 的模型被称为线性模型(Linear Model)。尽管在许多情况下,这些模型以不同于原始模型的方式进行训练,但仍是目前最广泛使用的机器学习模型。线性模型有很多局限性。最典型的是,它们无法学习异或(XOR)函数,这导致了神经网络热潮的第一次大衰退。现在,神经科学被视为深度学习研究的一个重要灵感来源,但它已不再是该领域的主要指导。

　　深度学习中"仅通过计算单元之间的相互作用而变得智能"的基本思想是受大脑启发的。新认知机受哺乳动物视觉系统的结构启发,引入了一个处理图片的强大模型架构,它后来成了现代卷积网络的基础。目前大多数神经网络是基于一个称为整流线性单元(Rectified Linear Unit)的神经单元模型。

　　20 世纪 80 年代,神经网络研究的第二次浪潮在很大程度上是伴随一个被称为联结主义(Connectionism)或并行分布处理(Parallel Distributed Processing)潮流而出现的。联结主义的中心思想是,当网络将大量简单的计算单元连接在一起时可以实现智能行为。这种见解同样适用于生物神经系统中的神经元,因为它和计算模型中隐藏单元起着类似的作用。在 20

世纪 80 年代的联结主义期间形成的几个关键概念在今天的深度学习中仍然是非常重要的。

其中一个概念是分布式表示（Distributed Representation）。其思想是：系统的每一个输入都应该由多个特征表示，并且每一个特征都应该参与到多个可能输入的表示。例如，假设我们有一个能够识别红色、绿色或蓝色的汽车、卡车和鸟类的视觉系统，表示这些输入的其中一个方法是将 9 个可能的组合——红卡车、红汽车、红鸟、绿卡车、绿汽车、绿鸟、蓝卡车、蓝汽车、蓝鸟等使用单独的神经元或隐藏单元激活。这需要 9 个不同的神经元，并且每个神经元必须独立地学习颜色和对象身份的概念。改善这种情况的方法之一是使用分布式表示，即用 3 个神经元描述颜色，3 个神经元描述对象身份。这仅仅需要 6 个神经元而不是 9 个，并且描述红色的神经元能够从汽车、卡车和鸟类的图像中学习红色，而不仅仅是从一个特定类别的图像中学习。

20 世纪 90 年代，研究人员在使用神经网络进行序列建模的方面取得了重要进展。有研究人员指出了对长序列进行建模的一些根本性数学难题，引入长短期记忆（Long Short-Term Memory，LSTM）网络来解决这些难题。如今，LSTM 在许多序列建模任务中广泛应用，包括 Google 的许多自然语言处理任务。

神经网络研究的第二次浪潮一直持续到 20 世纪 90 年代中期。基于神经网络和其他 AI 技术的创业公司开始寻求投资，其做法不切实际。同时，机器学习的其他领域取得了进步。比如，核方法和图模型都在很多重要任务上实现了很好的效果。这个因素导致了神经网络热潮的第二次衰退，并一直持续到 2007 年。在此期间，加拿大高级研究所（CIFAR）通过其神经计算和自适应感知（NCAP）研究计划帮助维持神经网络研究。该计划联合了分别由 Geoffrey Hinton、Yoshua Bengio 和 Yann LeCun 领导的多伦多大学、蒙特利尔大学和纽约大学的机器学习研究小组。这个多学科的 CIFAR NCAP 研究计划还包括了神经科学家、人类和计算机视觉专家。

神经网络研究的第三次浪潮始于 2006 年的突破。Geoffrey Hinton 表明，名为深度信念网络的神经网络可以使用一种称为贪婪逐层预训练的策略来有效地训练。其他 CIFAR 附属研究小组很快表明，同样的策略可以被用来训练许多其他类型的深度网络，并能系统地帮助提高在测试样例上的泛化能力。神经网络研究的这一次浪潮普及了"深度学习"这一术语的使用，强调研究者现在有能力训练以前不可能训练得比较深的神经网络，并着力于深度的理论重要性上。此时，深度神经网络已经优于与之竞争的基于其他机器学习技术以及手工设计功能的 AI 系统。第三次浪潮已开始着眼于新的无监督学习技术和深度模型在小数据集的泛化能力，但目前研究更多的兴趣点仍是比较传统的监督学习算法和深度模型充分利用大型标注数据集的能力。

1.3　深度学习的发展[1]

深度学习是近 10 年机器学习领域发展最快的一个分支，3 位教授（Geoffrey Hinton、Yann Lecun、Yoshua Bengio）因此同获图灵奖。总体来说，深度学习主要有 4 条发展脉络（见图 1.4）。

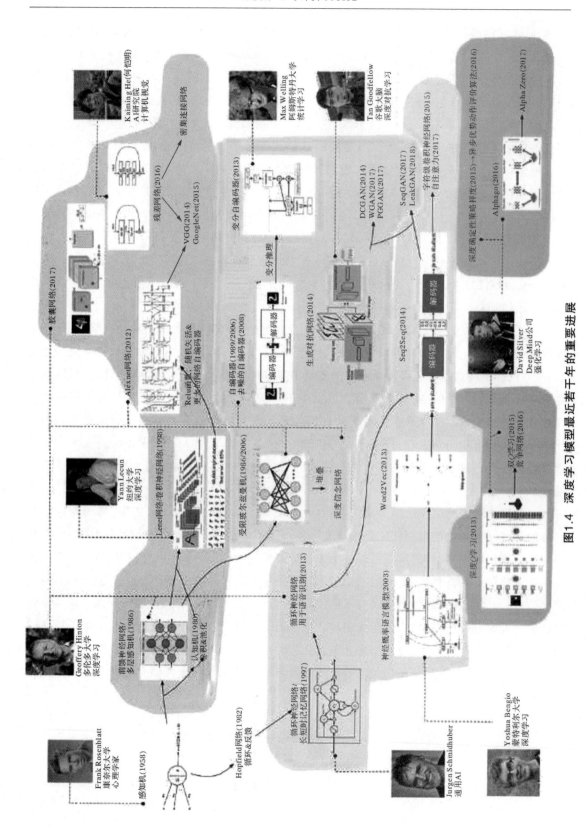

图1.4 深度学习模型最近若干年的重要进展

(1)第一个发展脉络(图 1.4 中浅紫色区域)以计算机视觉和卷积网络为主。这个脉络的进展可以追溯到 1980 年 Fukushima 提出的 Neocognitron[2]。该研究给出了卷积和池化的思想。1986 年 Rumelhart 等人提出的反向传播训练 BP[3],解决了感知机不能处理非线性学习的问题。1998 年,以 Yann Lecun 为首的研究人员实现了一个 7 层的卷积神经网络 LeNet-5 以识别手写数字[4]。现在普遍把 Yann Lecun 的这个研究作为卷积网络的源头,但其实在当时由于 SVM 的迅速崛起,这些神经网络的方法还没有引起广泛关注。真正使得卷积神经网络大放异彩的事件是,2012 年 Hinton 组的 AlexNet[5],一个设计精巧的卷积神经网络(Convolutional Neural Network,CNN)在 ImageNet 上以巨大优势夺冠,这引发了深度学习的热潮。AlexNet 在传统 CNN 的基础上加入了 ReLU、Dropout 等技巧,并且网络规模更大。这些技巧后来被证明非常有用,成为 CNN 的标配,被广泛发展,于是后来出现了 VGG、GooLeNet 等新模型。2016 年,青年计算机视觉科学家何恺明在层次之间加入跳跃连接,提出残差网络 ResNet[6]。ResNet 极大增加了网络深度,效果有很大提升。将这个思路继续发展下去的是近年的 CVPR Best Paper 中黄高提出的 DenseNet[7]。在计算机视觉领域的特定任务出现了各种各样的模型(Mask-RCNN 等)。2017 年,Hinton 认为反向传播和传统神经网络还存在一定缺陷,因此提出了 Capsule Net[8]。该模型增强了可解释性,但目前在 CIFAR 等数据集上效果一般,这个思路还需要继续验证和发展。

(2)第二个发展脉络(图 1.4 中浅绿色区域)以生成模型为主。传统的生成模型要预测联合概率分布 $P(x,y)$。机器学习方法中生成模型一直占据着一个非常重要的地位,但基于神经网络的生成模型一直没有引起广泛关注。Hinton 在 2006 年的时候基于受限玻尔兹曼机(RBM,一个 19 世纪 80 年代左右提出的基于无向图模型的能量物理模型)设计了一个机器学习的生成模型,并且将其堆叠成为深度信念网络(Deep Belief Network)[9],使用逐层贪婪或者 wake-sleep 的方法训练,当时模型的效果其实并没有那么好。但值得关注的是,正是基于 RBM 模型,Hinton 等人开始设计深度框架,因此这也可以看作深度学习的一个开端。Auto-Encoder 也是 20 世纪 80 年代 Hinton 提出的模型,后来随着计算能力的进步也重新登上舞台。Bengio 等人又提出了 Denoise Auto-Encoder,主要针对数据中可能存在的噪声问题。Max Welling(主要研究变分和概率图模型)等人后来使用神经网络训练一个有一层隐变量的图模型,由于使用了变分推断,并且最后"长得"跟 Auto-Encoder 有点像,所以被称为 Variational Auto-Encoder[10]。此模型中可以通过隐变量的分布采样,经过后面的 Decoder 网络直接生成样本。生成对抗模型(Generative Adversarial Network,GAN)[11] 是 2014 年提出的非常火的模型,它是一个通过判别器和生成器进行对抗训练的生成模型,这个思路很有特色,模型直接使用神经网络 G 隐式建模样本整体的概率分布,每次运行相当于从分布中采样。后来引起大量跟随的研究,包括:DCGAN[12] 是一个相当好的卷积神经网络实现;WGAN[13] 是通过维尔斯特拉斯(Wasserstein)距离替换原来的 JS 散度来度量分布之间的相似性的工作,使得训练稳定;PGGAN[14] 逐层增大网络,生成逼真的人脸。

(3)第三个发展脉络(图 1.4 中橙色区域)是序列模型。序列模型不是因为深度学习才有的,而是很早以前就有相关研究。例如,有向图模型中的隐马尔可夫模型(HMM)以及无向图模型中的条件随机场(CRF)都是非常成功的序列模型。即使在神经网络模型中,1982 年就提出了 Hopfield Network,即在神经网络中加入了递归网络的思想。1997 年,Jürgen Schmidhuber 发明了长短期记忆模型 LSTM(Long Short-Term Memory)[15],这是一个里程碑式的工作。当然,真正让序列神经网络模型得到广泛关注的还是 2013 年 Hinton 组使用 RNN 做语音识别的工作,比传统方法性能大大提升。在文本分析方面,另一个图灵奖获得者 Yoshua Bengio 在 SVM 很火的时期提出了一种基于神经网络的语言模型(那时机器学习还是 SVM 和 CRF 的天下),后来 Google 提出的 Word2Vec(2013)也有一些反向传播的思想,最重要的是给出了一个非常高效的实现,从而引发这方面研究的热潮。后来,在机器翻译等任务上逐渐出现了以 RNN 为基础的 Seq2Seq 模型,通过 Encoder 把一句话的语义信息压成向量,再通过 Decoder 转换输出得到这句话的翻译结果,该方法被扩展到和注意力机制(Attention)相组合,也大大扩展了模型的表示能力和实际效果。再后来,大家发现使用以字符为单位的 CNN 模型在很多语言任务也有不俗的表现,而且时空消耗更少。Self-attention 实际上就是采取一种结构去同时考虑同一序列局部和全局的信息,Google 有一篇很有名的文章 "*Attention is all you need*" 把基于 Attention 的序列神经模型推向高潮。

(4)第四个发展脉络(图 1.4 中粉色区域)是强化学习 (Reinforcement Learning,RL)。这个领域最出名的当属 Deep Mind(位于英国伦敦,是由人工智能程序师兼神经科学家 Demis Hassabis 等人联合创立的,是前沿的人工智能企业,其将机器学习和系统神经科学的最先进技术结合起来,建立强大的通用学习算法),图中标出的 David Silver 博士是一直研究 RL 的高管。Q-Learning 是很有名的传统 RL 算法,Deep Q-Learning 是将原来的 Q 值表用神经网络代替,做了一个打砖块的任务。后来又应用在许多游戏场景中,并将其成果发表在 Nature 上。Double Dueling 对这个思路进行了一些扩展,主要是 Q-Learning 的权重更新时序上。Deep Mind 的其他工作如 DDPG、A3C 也非常出名,它们是基于 Policy Gradient 和神经网络结合的变种。大家都熟知的 AlphaGo,里面其实既用了 RL 的方法,也有传统的蒙特卡洛搜索技巧。Deep Mind 后来提出了一个用 AlphaGo 框架,但通过主学习来玩不同(棋类)游戏的新算法 Alpha Zero。

1.4 什么是计算机视觉

计算机视觉(Computer Vision),顾名思义,是分析、研究让计算机智能化地达到类似人类的双眼"看"的一门研究科学,即对于客观存在的三维立体化的世界的理解以及识别依靠智能化的计算机去实现。确切地说,计算机视觉技术就是利用了摄像机以及电脑替代人眼使得计算机拥有人类的双眼所具有的分割、分类、识别、跟踪、判别决策等功能。总之,计算机视觉系统就是创建了能够在 2D 的平面图像或者 3D 的立体图像的数据中,获取所需要的"信息"的一个完整的人工智能系统。

计算机视觉技术是一门包括计算机科学与工程、神经生理学、物理学、信号处理、认知科学、应用数学与统计等多门科学学科的综合性科学技术。由于计算机视觉技术系统在基于高性能的计算机的基础上,其能够快速地获取大量的数据信息并且基于智能算法能够快速地进行处理信息,也易于同设计信息和加工控制信息集成。

计算机视觉本身包括诸多不同的研究方向,比较基础和热门的方向包括物体识别和检测(Object Detection)、语义分割(Semantic Segmentation)、运动和跟踪(Motion & Tracking)、视觉问答(Visual Question & Answering)等。

1. 物体识别和检测

物体检测一直是计算机视觉中非常基础且重要的一个研究方向,大多数新的算法或深度学习网络结构都首先在物体检测中得以应用(如 VGG-net、GoogLeNet、ResNet,等等),每年在 Imagenet 数据集上面都不断有新的算法涌现,一次次突破历史,创下新的纪录,而这些新的算法或网络结构很快就会成为这一年的热点,并被改进应用到计算机视觉的其他应用中去。

物体识别和检测,顾名思义,即给定一张输入图片,算法能够自动找出图片中的常见物体,并将其所属类别及位置输出出来。当然也就衍生出了诸如人脸检测(Face Detection)、车辆检测(Viechle Detection)等细分类的检测算法。

2. 语义分割

语义分割是近年来非常热门的方向,简单来说,它其实可以看作一种特殊的分类——将输入图像的每一个像素点进行归类,用一张图就可以很清晰地描述出来。很清楚地就可以看出,物体检测和识别通常是将物体在原图像上框出,可以说是"宏观"上的物体,而语义分割是从每一个像素上进行分类,图像中的每一个像素都有属于自己的类别。

3. 运动和跟踪

跟踪也属于计算机视觉领域内的基础问题之一,在近年来也得到了非常充足的发展,方法也由过去的非深度算法跨越向了深度学习算法,精度也越来越高,不过实时的深度学习跟踪算法精度一直难以提升,而精度非常高的跟踪算法的速度又十分慢,因此在实际应用中也很难派上用场。

学术界对待跟踪的评判标准主要是在一段给定的视频中,从第一帧给出被跟踪物体的位置及尺度大小,在后续的视频当中,跟踪算法需要从视频中去寻找到被跟踪物体的位置,并适应各类光照变换、运动模糊以及表观的变化等。但实际上跟踪是一个不适定问题(Ill Posed Problem),比如跟踪一辆车,如果从车的尾部开始跟踪,若是车辆在行进过程中表观发生了非常大的变化,如旋转了 180°变成了侧面,那么现有的跟踪算法很大的可能性是跟踪不到的,因为它们的模型大多基于第一帧的学习,虽然在随后的跟踪过程中也会更新,但受限于训练样本过少,所以难以得到一个良好的跟踪模型,当被跟踪物体的表观发生巨大变化时,就难以适应了。因此,就目前而言,跟踪算不上是计算机视觉内特别热门的一个研究方向,很多算法都改进了自检测或识别算法。

4. 视觉问答

视觉问答(Visual Question Answering,VQA)是近年来非常热门的一个方向,其研究目的旨在根据输入图像,由用户进行提问,而算法自动根据提问内容进行回答。除了问答以外,还有一种算法被称为标题生成算法(Caption Generation),即计算机根据图像自动生成一段描述该图像的文本,而不进行问答。对于这类跨越两种数据形态(如文本和图像)的算法,有时候也可以称之为多模态,或跨模态问题。

1.5 计算机视觉发展[16]

尽管人们对计算机视觉这门学科的起始时间和发展历史有不同的看法,但应该说,1982年马尔(David Marr)《视觉》[17]一书的问世,标志着计算机视觉成了一门独立学科。计算机视觉的研究内容,大体可以分为物体视觉(Object Vision)和空间视觉(Spatial Vision)两大部分。物体视觉在于对物体进行精细分类和鉴别,而空间视觉在于确定物体的位置和形状,为"动作"(Action)服务。正像著名的认知心理学家 J. J. Gibson 所言,视觉的主要功能在于"适应外界环境,控制自身运动"。适应外界环境和控制自身运动,是生物生存的需求,这些功能的实现需要靠物体视觉和空间视觉协调完成。

在计算机视觉 40 多年的发展中,尽管人们提出了大量的理论和方法,但总体上说,计算机视觉经历了 4 个主要历程:马尔计算视觉、主动和目的视觉、多视几何与分层三维重建(Multiple View Geometry and Stratified 3D Reconstruction)、基于学习的视觉(Learning based vision)。下面将对这 4 项主要内容进行简要介绍。

1. 马尔计算视觉

马尔的计算视觉分为三个层次:计算理论、表达和算法以及算法实现。由于马尔认为算法实现并不影响算法的功能和效果,所以,马尔计算视觉理论主要讨论"计算理论"和"表达与算法"两部分内容。马尔认为,大脑的神经计算和计算机的数值计算没有本质区别,因此马尔没有对"算法实现"进行任何探讨。从现在神经科学的进展看,"神经计算"与数值计算在有些情况下会产生本质区别,如目前兴起的神经形态计算(Neuromorphological Computing),但总体上说,"数值计算"可以"模拟神经计算"。至少从现在看,"算法的不同实现途径"并不影响马尔计算视觉理论的本质属性。

(1)计算理论(Computational Theory)。计算理论需要明确视觉目的,或视觉的主要功能是什么。20 世纪 70 年代,人们对大脑的认识还非常粗浅,目前普遍使用的非创伤性成像手段,如功能核磁共振(FMRI)等,还没有普及。因此,人们主要靠病理学和心理学结果来推断生理功能。即使目前,人们对"视觉的主要功能"到底是什么,也仍然没有定论。如最近几年,MIT 的 DiCarlo 等人提出了所谓的"目标驱动的感知信息建模"方法[18]。他们猜测,猴子物体识别区(Interior Temporal Cortex,IT)的神经元对物体的响应(Neuronal Responses)"可以通过层次化的卷积神经网络"(Hierarchical Convolutional Neural Networks,HCNN)来建模。他们认为,只要对 HCNN 在图像物体分类任务下进行训练,则训练好的 HCNN 可以很好定量预测 IT 区神经元的响应[19-20]。由于仅仅"控制图像分类性能"对 IT 区神经元响应(群体神经元对某一输入图像物体的响应,就是神经元对该物体的表达或编码)进行定量预测,所以他们将这种框架称为"目标驱动的框架"。目标驱动的框架提供了一种新的比较通用的建模群体神经元编码的途径,但也存在很大的不足。能否真正像作者所言的那样,仅仅靠"训练图像分类的 HCNN"就可以定量预测神经元对图像物体的响应,仍是一个有待进一步深入研究的课题。

马尔认为视觉不管有多少功能,主要功能在于"从视网膜成像的二维图像来恢复空间物体的可见三维表面形状",称之为"三维重建"(3D reconstruction)。而且,马尔认为,这种重建过程不是天生就有的,而是可以通过计算完成的。J. J. Gibson 等心理学家,包括格式塔心理学学派(Gestalt psychology),认为视觉的很多功能是天生就有的。可以想想,如果一种视觉功能与生俱有,不可建模,就谈不上计算,也许就不存在今天的"计算机视觉"这门学科了。

那么,马尔的计算理论是什么呢? 这一方面,马尔在其书中似乎并不是介绍得特别具体。他举了一个购买商品的例子,说明计算理论的重要性。如商店结账要用加法而不是乘法。试想如果用乘法结账,每个商品 1 元钱,则不管你购买多少件商品,你仅仅需要付 1 元钱。

马尔的计算理论认为,图像是物理空间在视网膜上的投影,所以图像信息蕴含了物理空间的内在信息,因此,任何计算视觉计算理论和方法都应该从图像出发,充分挖掘图像所蕴含的对应物理空间的内在属性。也就是说,马尔的视觉计算理论就是要"挖掘关于成像物理场景的内在属性来完成相应的视觉问题计算"。因为从数学的观点看,仅仅从图像出发,很多视觉问题具有"歧义性",如典型的左右眼图像之间的对应问题。如果没有任何先验知识,图像点对应关系不能唯一确定。不管任何动物或人,生活的环境都不是随机的,不管有意识或无意识,时时刻刻都在利用这些先验知识,来解释看到的场景和指导日常的行为和行动。如桌子上放一个水杯的场景,人们会正确地解释为桌子上放了一个水杯,而不把它们看作一个新物体。当然,人类也会经常出错,如大量错觉现象。从这个意义上来说,让计算机来模仿人类视觉是否一定是一条好的途径也是一个未知的命题。如飞机的飞行需要借助空气动力学知识,而不是机械地模仿鸟如何飞。

(2)表达和算法(Representation and Algorithm)。识别物体之前,不管是计算机还是人,大脑(或计算机内存)中事先要有对该物体的存储形式,称之为物体表达(Object Representation)。马尔视觉计算理论认为,物体的表达形式为该物体的三维几何形状。马尔当时猜测,由于人在识别物体时与观察物体的视角无关,而不同视角下同一物体在视网膜上的成像又不同,所以物体在大脑中的表达不可能是二维的,可能是三维形状,因为三维形状不依赖于观察视角。另外,当时的病理学研究发现,有些病人无法辨认"茶杯",但可以毫无困难地画出茶杯的形状,因此马尔觉得,这些病人也佐证了他的猜测。从目前对大脑的研究看,大脑的功能是分区的。物体的"几何形状"和"语义"储存在不同的脑区。另外,物体识别也不是绝对的与视角无关,仅仅在一个比较小的变化范围内与视角无关。因此,从当前的研究看,马尔的物体的"三维表达"猜测基本上是不正确的,至少是不完全正确的,但马尔的计算理论仍具有重要的理论意义和应用价值。

简言之,马尔视觉计算理论的"物体表达",是指"物体坐标系下的三维形状表达"。注意,从数学上来说,一个三维几何形状,选取的坐标系不同,表达函数亦不同。如一个球体,如果以球心为坐标原点,则球面可以简单表达为 $x^2+y^2+z^2=1$。但如果观测者在 x 轴上 2 倍半径处观测,则可见球面部分在观测者坐标系下的方程为 $x=2-\sqrt{1-y^2-z^2}$。由此可见,同一物体,选用的坐标系不同,表达方式亦不同。马尔将"观测者坐标系下的三维几何形状表达"称之为"2.5 维表达",物体坐标系下的表达为"三维表达"。因此,在后续的算法部分,马尔重点研究了如何从图像先计算"2.5 维表达",然后转化为"三维表达"的计算方法和过程。

算法部分是马尔计算视觉的主体内容。马尔认为,从图像到三维表达,要经过三个计算层次:首先从图像得到一些基元(Primal Sketch),然后通过立体视觉(stereopsis)等模块将基元提升到 2.5 维表达,最后提升到三维表达。

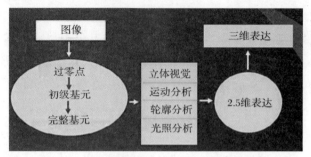

图 1.5　马尔计算理论中算法的三个计算层次

如图 1.5 所示,首先从图像提取边缘信息(二阶导数的过零点),然后提取点状基元(blob)、线状基元(edge)和杆状基元(bar),进而对这些初级基元(raw primal sketch)组合形成完整基元(full primal sketch),上述过程为视觉计算理论的特征提取阶段。在此基础上,通过立体视觉和运动视觉等模块,将基元提升到 2.5 维表达。最后,将 2.5 维表达提升到三维表达。在马尔的《视觉》一书中,重点介绍了特征提取和 2.5 维表达对应的计算方法。在 2.5 维表达部分,也仅仅重点介绍了立体视觉和运动视觉部分。由于当双眼(左右相机)的相互位置已知时(计算机视觉中称之为相机外参数),立体视觉就转化为"左右图像点的对应问题"(image point correspondence),因此,马尔在立体视觉部分重点介绍了图像点之间的匹配问题,即如何剔除误匹配,并给出了对应算法。

立体视觉等计算得到的三维空间点仅仅是在"观测者坐标系下的坐标",是物体的 2.5 维表示。如何进一步提升到物体坐标系下的三维表示,马尔给出了一些思路,但这方面都很粗泛。如确定物体的旋转主轴等等,这部分内容,类似于后来人们提出的"骨架模型"(skeleton model)构造。

需要指出的是,马尔的视觉计算理论是一种理论体系。在此体系下,可以进一步丰富具体的计算模块,构建"通用性视觉系统"(general vision system)。只可惜马尔(1945—1980)1980年年底就因白血病去世,包括他的《视觉》一书,也是他在去世后出版的。马尔的英年早逝,不能说不是计算机视觉界的一大损失。由于马尔的突出贡献,所以两年一度的国际计算机视觉大会(International Conference on Computer Vision,ICCV)设立了马尔奖(MarrPrize),作为会议的最佳论文奖。另外,在认知科学领域,也设有马尔奖,因为马尔对认知科学也有巨大的贡献。以同一人名在不同领域设立奖项,实属罕见,可见马尔对计算机视觉的影响有多深远。正如 S. Edelman 和 L. M. Vaina 在 *International Encyclopedia of the Social & Behavioral Sciences*[21] 中对马尔的评价那样,"马尔前期给出的集成数学和神经生物学对大脑理解的三项工作,已足以使他在任何情况下在英国经验主义两个半世纪的科学殿堂中占有重要的一席,……,然而,他进一步提出了更加有影响的计算视觉理论"。因此,从事计算机视觉研究的人员如果对马尔计算视觉不了解,实在是一件比较遗憾的事。

2. 昙花一现的主动和目的视觉

20 世纪 80 年代初马尔视觉计算理论提出后,学术界兴起了"计算机视觉"的热潮。人们想到的这种理论的一种直接应用就是给工业机器人赋予视觉能力,典型的系统就是所谓的"基于部件的系统"(parts-based system)。然而,10 多年的研究,使人们认识到,尽管马尔计算视觉理论非常优美,但"鲁棒性"(Robustness)不够,很难像人们预想的那样在工业界得到广泛应用。这样,人们开始质疑这种理论的合理性,甚至提出了尖锐的批评。

对马尔视觉计算理论提出批评的代表性人物有马里兰大学的 J. Y. Aloimonos、宾夕法尼亚大学的 R. Bajcsy 和密歇根州立大学的 A. K. Jaini。Bajcsy 认为,视觉过程必然存在人与环境的交互,提出了主动视觉的概念(Active Vision)。Aloimonos 认为视觉要有目的性,且在很多应用中,不需要严格三维重建,提出了"目的和定性视觉"(Purpose and Qualitative Vision)的概念。Jain 认为应该重点强调应用,并提出了"应用视觉"(practicing vision)的概念。20 世纪 80 年代末到 90 年代初,可以说是计算机视觉领域的"彷徨"阶段。真有点"批评之声不绝,视觉之路茫茫"之势。

针对这种情况,当时视觉领域的一个著名刊物(*CVGIP：Image Understanding*)于 1994 年组织了一期专刊对计算视觉理论进行了辩论。首先由耶鲁大学的 M. J. Tarr 和布朗大学的 M. J. Black 写了一篇非常有争议性观点的文章[22],认为马尔的计算视觉并不排斥主动性,但马尔的"通用视觉理论"(General Vision)过分地强调"应用视觉"是"短见"(Myopic)之举。通用视觉尽管无法给出严格定义,但"人类视觉"是最好的样板。这篇文章发表后,国际上 20 多位著名的视觉专家也发表了他们的观点和评论。大家普遍的观点是,"主动性""目的性"是合理的,但问题是如何给出新的理论和方法。而当时提出的一些主动视觉方法,一则仅仅是算法层次上的改进,缺乏理论框架上的创新,另外,这些内容也完全可以纳入马尔计算视觉框架下。因此,从 1994 年这场视觉大辩论后,主动视觉在计算机视觉界基本没有太多实质性进展。这段"彷徨阶段"持续不长,对后续计算机视觉的发展产生的影响不大,犹如"昙花一现"之状。

值得指出的是,"主动视觉"应该是一个非常好的概念,但困难在于"如何计算"。主动视觉往往需要"视觉注视"(Visual Attention),需要研究脑皮层(Cerebral Cortex)高层区域到低层区域的反馈机制,这些问题,即使在脑科学和神经科学已经较 20 年前取得了巨大进展的今天,仍缺乏"计算层次上的进展"为计算机视觉研究人员提供实质性的参考和借鉴。近年来,各种脑成像手段的发展,特别是"连接组学"(Connectomics)的进展,可望为计算机视觉人员研究大脑反馈机制"反馈途径和连接强度"提供一些借鉴。

3. 多视几何和分层三维重建(Multiple View Geometry and Stratified 3D Reconstruction)

20 世纪 90 年代初,计算机视觉从"萧条"进一步走向"繁荣",主要得益于以下两方面的因素:一方面,瞄准的应用领域从精度和鲁棒性要求太高的"工业应用"转到要求不太高,特别是仅仅需要"视觉效果"的应用领域,如远程视频会议(Teleconference)、考古、虚拟现实、视频监控等;另一方面,人们发现,多视几何理论下的分层三维重建能有效提高三维重建的鲁棒性和精度。

多视几何的代表性人物首数法国 INRIA 的 O. Faugeras[23]，美国 GE 研究院的 R. Hartely（现已回到了澳大利亚国立大学）和英国牛津大学的 A. Zisserman。应该说，多视几何的理论于 2000 年已基本完善。2000 年，Hartley 和 Zisserman 合著的书[24]对这方面的内容给出了比较系统的总结，而后这方面的工作主要集中在如何提高"大数据下鲁棒性重建的计算效率"。大数据需要全自动重建，而全自动重建需要反复优化，而反复优化需要花费大量计算资源。因此，如何在保证鲁棒性的前提下快速进行大场景的三维重建是后期研究的重点。举一个简单例子，假如要三维重建北京中关村地区，为了保证重建的完整性，需要获取大量的地面和无人机图像。假如获取了 1 万幅地面高分辨率图像（4 000×3 000），5 000 幅高分辨率无人机图像（8 000×7 000）（这样的图像规模是当前的典型规模），三维重建要匹配这些图像，从中选取合适的图像集，然后对相机位置信息进行标定并重建出场景的三维结构，如此大的数据量，人工干预是不可能的，因此整个三维重建流程必须全自动进行。这样需要重建算法和系统具有非常高的鲁棒性，否则根本无法全自动三维重建。在鲁棒性保证的情况下，三维重建效率也是一个巨大的挑战。

（1）多视几何（Multiple View Geometry）。由于图像的成像过程是一个中心投影过程（Perspective Projection），所以多视几何本质上就是研究射影变换下图像对应点之间以及空间点与其投影的图像点之间的约束理论和计算方法的学科[注意：针孔成像模型（The pinhole Camera Model）是一种中心投影，当相机有畸变时，需要将畸变后的图像点先校正到无畸变后才可以使用多视几何理论]。在计算机视觉领域，多视几何主要研究两幅图像对应点之间的对极几何约束（Epipolar Geometry），三幅图像对应点之间的三焦张量约束（Tri-focal Tensor），空间平面点到图像点，或空间点为平面点投影的多幅图像点之间的单应约束（Homography）等。在多视几何中，射影变换下的不变量，如绝对二次曲线的像（The Image of the Absolute Conic）、绝对二次曲面的像（The Image of the Absolute Quadric）、无穷远平面的单应矩阵（Infinite Homography），是非常重要的概念，是摄像机能够自标定的参照物。由于这些量是无穷远处"参照物"在图像上的投影，所以，这些量与相机的位置和运动无关（原则上任何有限的运动不会影响无限远处的物体的性质），可以用这些"射影不变量"来自标定摄像机。关于多视几何和摄像机自标定的详细内容，可参阅 Hartley 和 Zisserman 合著的书[20]。

总体上说，多视几何就其理论而言，在射影几何中不能算新内容。Hartley，Faugeras，Zissermann 等人将多视几何理论引入计算机视觉中，提出了分层三维重建理论和摄像机自标定理论，丰富了马尔三维重建理论，提高了三维重建的鲁棒性和对大数据的适应性，有力推动了三维重建的应用范围。因此，计算机视觉中的多视几何研究，是计算机视觉发展历程中的一个重要阶段和事件。

多视几何需要射影几何（Projective Geometry）的数学基础。射影几何是非欧几何，涉及平行直线相交、平行平面相交等抽象概念，表达和计算要在"齐次坐标"（Homogeneous Coordinates）下进行，这给"工科学生"带来不小的困难。因此，大家要从事这方面的研究，一定要先打好基础，至少要具备必要的射影几何知识。否则，做这方面的工作，无异于浪费时间。

（2）分层三维重建（Stratified 3D Reconstruction）。分层三维重建如图 1.6 所示，就是指从多幅二维图像恢复欧几里得空间的三维结构时，不是从图像一步到欧几里得空间下的三维结构,而是分步分层地进行的,即先从多幅图像的对应点重建射影空间下的对应空间点(即射影重建:Projective Reconstruction),然后把射影空间下重建的点提升到仿射空间下(即仿射重建:Affine Reconstruction),最后把仿射空间下重建的点再提升到欧几里得空间(或度量空间:Metric Reconstruction)(注:度量空间与欧几里得空间差一个常数因子。由于分层三维重建仅仅靠图像进行空间点重建,没有已知的"绝对尺度",如"窗户的长为 1m"等,所以从图像仅仅能够把空间点恢复到度量空间。)

图 1.6　分层三维重建

这里有几个概念需要解释一下。以空间三维点的三维重建为例,所谓的射影重建,是指重建的点的坐标与该点在欧几里得空间下的坐标差一个"射影变换"。所谓的仿射重建,是指重建的点的坐标与该点在欧几里得空间下的坐标差一个"仿射变换"。所谓的度量重建,是指重建的点的坐标与该点在欧几里得空间下的坐标差一个"相似变换"。

由于任何一个视觉问题最终都可以转化为一个多参数下的非线性优化问题,而非线性优化的困难在于找到一个合理的初值。由于待优化的参数越多,一般来说解空间越复杂,寻找合适的初值越困难,所以,如果一个优化问题能将参数分组分步优化,则一般可以大大简化优化问题的难度。分层三维重建计算上的合理性正是利用了这种"分组分步"的优化策略。以三幅图像为例,直接从图像对应点重建度量空间的三维点需要非线性优化 16 个参数[假定相机内参数不变,5 个相机内参数,第二幅和第三幅图像相对于第一幅图像的相机的旋转和平移参数,去掉一个常数因子,所以 $5+2\times(3+3)-1=16$],这是一个非常困难的优化问题。但从图像对应点到射影重建需要"线性"估计 22 个参数,由于是线性优化,所以优化问题并不困难。从射影重建提升到仿射重建需要"非线性"优化三个参数(无穷远平面的 3 个平面参数),而从仿射重建提升到度量重建需要"非线性"优化 5 个参数(摄像机的 5 个内参数)。因此,分层三维重建仅仅需要分步优化 3 个和 5 个参数的非线性优化问题,从而大大减小了三维重建的计算复杂度。

分层三维重建的另一个特点是其理论的优美性。射影重建下,空间直线的投影仍为直线,两条相交直线其投影直线仍相交,但空间直线之间的平行性和垂直性不再保持。仿射重建下可以保持直线的平行性,但不能保持直线的垂直性。度量重建既可以保持直线之间的平行线,也可以保持垂直性。在具体应用中,可以利用这些性质逐级提升重建结果。

分层三维重建理论可以说是计算机视觉界继马尔计算视觉理论提出后又一个最重要和最具有影响力的理论。目前,很多大公司的三维视觉应用,如苹果公司的三维地图、百度公司的三维地图、诺基亚的 Streetview、微软的虚拟地球,其后台核心支撑技术的一项重要技术就是分层三维重建技术。

(3)摄像机自标定。所谓摄像机标定,狭义上讲,就是确定摄像机内部机械和光电参数的过程,如焦距,光轴与像平面的交点等。尽管相机出厂时都标有一些标准参数,但这些参数一般不够精确,很难直接在三维重建和视觉测量中应用。因此,为了提高三维重建的精度,需要对这些相机内参数(Intrinsic Parameters)进行估计。估计相机的内参数的过程,称为相机标定。在文献中,有时把估计相机在给定物体坐标系下的坐标,或相机之间相互之间的位置关系,称为相机外参数(Extrinsic Parameters)标定。但一般无明确指定时,相机标定就是指对相机内参数的标定。

相机标定包含两方面的内容:"成像模型选择"和"模型参数估计"。相机标定时首先需要确定"合理的相机成像模型",如是不是针孔模型,有没有畸变等。目前关于相机模型选择方面,没有太好的指导理论,只能根据具体相机和具体应用确定。随着相机加工工艺的提高,一般来说,普通相机(非鱼眼或大广角镜头等特殊相机)一般使用针孔成像模型(加一阶或二阶径向畸变)就足够了。其他畸变很小,可以不加考虑。在相机成像模型确定后,进一步需要估计对应的模型参数。文献中人们往往将成像模型参数估计简单地认为就是相机标定,是不全面的。事实上,相机模型选择是相机标定最关键的步骤。一种相机如果无畸变而在标定时考虑了畸变,或有畸变而未加考虑,都会产生大的误差。视觉应用人员应该特别关注"相机模型选择"问题。

相机参数估计原则上均需要一个"已知三维结构"的"标定参考物",如平面棋盘格、立体块等。所谓相机标定,就是利用已知标定参考物和其投影图像,在已知成像模型下建立模型参数的约束方程,进而估计模型参数的过程。所谓自标定,就是指"仅仅利用图像特征点之间的对应关系,不需要借助具体物理标定参考物,进行模型参数估计的过程"。"传统标定"需要使用加工尺寸已知的标定参考物,自标定不需要这类物理标定物,正像前面多视几何部分所言,使用的是抽象的无穷远平面上的绝对二次曲线和绝对二次曲面。从这个意义上来说,自标定也需要参考物,仅仅是"虚拟的无穷远处的参考物"而已。

4. 基于学习的视觉(Learning based vision)

基于学习的视觉,是指以机器学习为主要技术手段的计算机视觉研究。基于学习的视觉研究,文献中大体分为两个阶段:21世纪初的以流形学习(Manifold Learning)为代表的子空间法(Subspace Method)和目前以深度神经网络和深度学习(Deep Neural Networks and Deep Learning)为代表的视觉方法。

(1)流形学习。正像前面所指出的,物体表达是物体识别的核心问题。给定图像物体,如人脸图像,不同的表达,物体的分类和识别率不同。另外,直接将图像像素作为表达是一种"过表达",也不是一种好的表达。流形学习理论认为,一种图像物体存在其"内在流形"(Intrinsic Manifold),这种内在流形是该物体的一种优质表达。因此,流形学习就是从图像表达学习其内在流形表达的过程,这种内在流形的学习过程一般是一种非线性优化过程。

流形学习始于 2000 年在 *Science* 上发表的两篇文章[25-26]。流形学习一个困难的问题是没有严格的理论来确定内在流形的维度。人们发现,很多情况下流形学习的结果还不如传统的 PCA(Principal Component Analysis)、LDA(linear DiscriminantAnalysis)、MDS(Multidimensional Scaling)等。流形学习的代表方法有 LLE(Locally Linear Embedding)[26]、Isomap[25]、Laplacian Eigenmaps[27] 等。

　　(2)深度学习(Deep Learning)。深度学习[28]的成功,主要得益于数据积累和计算能力的提高。深度网络的概念在 20 世纪 80 年代就已经提出来了,只是因为当时发现"深度网络"性能还不如"浅层网络",所以没有得到大的发展。目前似乎有点计算机视觉就是深度学习的应用之势,这可以从计算机视觉的三大国际会议:国际计算机视觉会议(ICCV)、欧洲计算机视觉会议(ECCV)和计算机视觉和模式识别会议(CVPR)上近年来发表的论文可见一斑。目前的基本状况是,人们都在利用深度学习来"取代"计算机视觉中的传统方法。"研究人员"成了"调程序的机器",这实在是一种不正常的"群众式运动"。牛顿的万有引力定律、麦克斯韦的电磁方程、爱因斯坦的质能方程、量子力学中的薛定谔方程,似乎还是人们应该追求的目标。

　　近年来,巨量数据的不断涌现与计算能力的快速提升,给以非结构化视觉数据为研究对象的计算机视觉带来了巨大的发展机遇与挑战性难题,计算机视觉也因此成为学术界和工业界公认的前瞻性研究领域,部分研究成果已实际应用,催生出人脸识别、智能视频监控等多个极具显示度的商业化应用。

　　近两年大多数研究都集中在深度学习、检测和分类以及面部/手势/姿势、3D 传感技术等方面。随着计算机视觉研究的不断推进,研究人员开始挑战更加困难的计算机视觉问题,例如图像描述、事件推理、场景理解等。单纯从图像或视频出发很难解决更加复杂的图像理解任务,一个重要的趋势是多学科的融合,例如,融合自然语言处理领域的技术来完成图像描述的任务。图像描述是一个融合计算机视觉、自然语言处理和机器学习的综合问题,其目标是翻译一幅图片为一段描述文字。目前主流框架为基于递归神经网络的编码器解码器结构,其核心思想类似于自然语言机器翻译。但是,由于递归网络不易提取输入图像和文本的空间以及层次化约束关系,层次化的卷积神经网络以及启发自认知模型的注意力机制受到关注。如何进一步从认知等多学科汲取知识,构建多模态多层次的描述模型是当前图像描述问题研究的重点。

　　事件推理目标是识别复杂视频中的事件类别并对其因果关系进行合理的推理和预测。与一般视频分析相比,其难点在于事件视频更加复杂,更加多样化,而最终目标也更具挑战性。不同于大规模图像识别任务,事件推理任务受限于训练数据的规模,还无法构建端到端的事件推理系统。目前主要使用图像深度网络作为视频的特征提取器,利用多模态特征融合模型,并利用记忆网络的推理能力,实现对事件的识别和推理认知。当前研究起源于视频的识别和检测,其方法并未充分考虑事件数据的复杂和多样性。如何利用视频数据丰富的时空关系以及事件之间的语义相关性,应是今后的关注重点。

　　场景理解的目的是计算机视觉系统通过分析处理自身所配置的传感器采集的环境感知数据,获得周围场景的几何/拓扑结构、组成要素(人、车及物体等)及其时空变化,并进行语义推理,形成行为决策与运动控制的时间、空间约束。近年来,场景理解已经从一个初期难以实现的目标成为目前几乎所有先进计算机视觉系统正在不断寻求新突破的重要研究方向。利用社会—长短记忆网络(Social-LSTM)实现多个行人之间的状态联系建模,结合各自运动历史状态,决策出未来时间内的运动走向。此外,神经网络压缩方向也是目前深度学习研究的一个热门的方向,其主要的研究技术有压缩、蒸馏、网络架构搜索、量化等。

综上所述,视觉的发展需要设计新的模型,它们需要能考虑到空间和时间信息;弱监督训练如果能做出好的结果,下一步就是自监督学习;需要高质量的人类检测和视频对象检测数据集;结合文本和声音的跨模态集成;在与世界的交互中学习。

1.6 深度学习在计算机视觉领域的研究现状

1.6.1 目标检测的研究现状

卷积神经网络(Convolutional Neural Network,CNN)是在感知机的基础上对人工神经网络的改进,是一种将人工神经网络与卷积运算相结合的多层次学习模型,主要通过局部连接和权值共享的方式来减少参数,以提升训练好的模型的性能。卷积神经网络的局部连接和权值共享的特点使得其相比于其他神经网络方法更适用于图像特征的学习和表达,广泛地应用于图像分类、图像检索、目标检测/识别、目标跟踪等应用领域。

动物的视觉神经系统结构是CNN模型建立的灵感来源。1989年,Yann LeCun等人在著名的Hubel-Wiesel动物视觉模型的启发下,提出了CNN模型[29]。1998年,LeCun等人提出了LeNet-5模型[4],采用基于梯度的反向传播算法对网络进行有监督的训练。训练好的网络使用交替连接的卷积层和下采样层将原始图像转换为一系列的特征图,最终阶段,使用全连接层对图像的特征表示进行分类。卷积层的卷积核起到了感受野的作用,可以将浅层的局部区域信息传递到神经网络的深层。LeNet-5在手写字符识别领域的成功使得卷积神经网络进入了学术界的视野。2004年,Garcia等人基于卷积神经网络研究了一种新型的人脸识别算法,该算法不需要耗时耗力的人工特征提取过程,能够识别图像中不同角度的同一人脸。这一时期的研究成果表明,起步阶段的卷积神经网络在小尺寸图像的分类和检测识别中取得了不错成绩,但是在较大尺寸的图像检测问题上未取得重大突破,故而在人工智能领域未能引起重点关注。2012年,Hinton等人采用扩展深度的CNN[5]在ILSVRC上一举夺冠,掀起了卷积神经网络研究和发展的热潮。卷积神经网络开始在图像分类、图像检索、目标检测、目标识别、目标跟踪、图像风格转换等应用领域遍地开花。

深度学习目标检测领域的发展历程如下。

2013年,Yann LeCun团队中的Zhang Xiang等人提出OverFeat[30],是对AlexNet网络的改进,是基于同一个卷积网络完成多个任务的方法。OverFeat的优点是:①共享卷积层的特征用于多任务学习;②使用了全卷积网络;④在特征图(Feature Map)上采用滑动窗口(Sliding Window)操作,避免重复运算。OverFeat的缺点是:①窗口的选择上使用贪婪算法,耗时严重;②用于多任务的共享特征层的表征能力太弱,小目标检测效果差,目标检测精度低,在ILSVRC2013数据集上的mAP仅为24.3%。

2014年,Ross Girshick提出Region CNN[31](简称R-CNN),R-CNN是使用深度学习进

行目标检测的里程碑之作,奠定了深度学习目标检测这个子领域的基础。R - CNN 检测时的步骤:①使用 Selective Search 算法从待检测图像中提取 2 000 个左右的候选框;②将所有的候选框 resize 到固定大小(原文中的区域的统一尺寸为 227×227);③使用深度卷积神经网络(Deep Convolutional Neural Network,DCNN)提取每一个候选框的特征,从而将候选框转换为长度固定的特征向量;④使用 SVM 对特征向量进行分类,得到其对应的类别信息,使用全连接网络对特征向量进行回归得到其对应的在原始图像中的位置信息[xmin,ymin,xmax,ymax]。同年,Kaiming He 等人基于 R-CNN 提出了改进网络 SPPNet[32],该方法也依赖候选框的提取,在卷积后的特征图上进行候选框特征向量的提取,将 R-CNN 的多次卷积改为一次卷积,显著地降低了计算量。

2015 年,Ross Girshick 提出 Fast RCNN[33],Fast RCNN 是对 SPPNet 的进一步改进,主要创新点是 ROI Pooling 层,其将不同尺度的候选框对应的特征图转换为固定大小的特征图。另外,Fast RCNN 针对 R-CNN 和 SPPNet 进行了训练阶段的优化,并将深度网络和 SVM 两个阶段进行整合,使用新的网络直接进行分类和回归的计算。同年,Shaoqin Ren 等人基于 Fast RCNN 提出 Faster RCNN[34],使用区域生成网络(Region Proposal Network,RPN)和一定规则的不同比例的锚点(Anchors)在 RPN 的特征层提取候选框的特征,从而替代选择性搜索等提取候选框的方式。Faster RCNN 统一了候选区域生成、候选区域特征提取、分类和预测框的回归,真正实现了网络的端到端训练。同年,J. Redmon 等人针对深度学习目标检测速度提出了另一种框架 YOLO(You Only Look Once)[35]。自 YOLO 问世以后,深度学习目标检测算法有了 two-stage 和 one-stage 之分。YOLO 摒弃了候选框生成阶段,基于 Darknet-19 基础网络在同一个无分支的网络中进行特征提取(Feature Extraction)、候选框位置回归和分类,网络结构简单,能够满足实时性的检测任务需求。也是在这一年,何凯明等人提出深度残差网络(Deep Residual Network,ResNet)[36],解决了 CNN 层数增加时出现的"梯度消失"问题,将 CNN 的基础结构从 VGGNet[37]推向了 ResNet,是 CNN 发展过程中的又一里程碑。

2016 年,Tsung-Yi Lin 等人提出了空间金字塔网络(FPN)[38],并将其应用于 Faster R-CNN算法中,通过有效的多尺度特征融合实现了检测精度的提高,此后 FPN 得到进一步的发展与应用。Liu Wei 等人借鉴 YOLO 的网格划分思想和 Faster RCNN 的 Anchor 方法提出了 SSD(Single Shot MultiBox Detector)[39]目标检测算法,在保持检测速度的同时达到了和 two-stage 深度学习目标检测算法相当的检测精度。SSD 的基础网络是 VGG-16,其基于多尺度特征图预测不同大小的目标,在浅层的特征图上预测小目标,在深层特征图上预测大目标。

2017 年,深度学习目标检测领域已经不再拘泥于传统的 Pascal VOC、ImageNet、COCO 数据集,开始研究特定场景下的特定的目标检测,如视频目标检测、3D 目标检测、文本检测、行人检测等。J. Redmon 等人在 YOLOv1 和多尺度训练的基础上借鉴 Batch Normalization (BN)、Faster RCNN 的 Anchor 思想提出了 YOLOv2[40]版本的网络结构,并且输入图像的尺寸也有提升,使基于 VOC2007 训练集和 VOC2007 测试数据集上的 mAP 相较于 YOLOv1 提升了 4%。同年,清华大学的刘壮等人提出密集连接网络(Densely Connected Convolutional Networks,DenseNet)[41],DenseNet 的基础结构是密集块(DenseBlock)和过渡层(Transition Layer)。在 DenseBlock 中,每一个特征图都是由前面的所有特征图和当前卷积层输出的特征图拼接而成的;再经由 Transition Layer 将 DenseBlock 的最后一个特征图传递到下一个 DenseBlock。DenseNet 解决了 CNN 深层网络的梯度消失问题,减少了网络的参数量,使特征的传递率和利用率更为有效。除此之外,目标检测算法也并不单一用于检测,He Kaiming 等人在 Faster R-CNN 的基础上,加入语义分割,提出了 Mask R-CNN[42]算法,从而实现了单网络多任务的效果。

2018 年,深度学习目标检测领域的研究点是网络结构的精细化改进。J. Redmon 等人借鉴 ResNet 和特征金字塔网络(Feature Pyramid Network,FPN)提出了基于骨干网络 Darknet-53 结构的 YOLOv3[43]网络,并采用 Binary Cross-Entropy 损失函数替换 SoftMax 损失函数。P. Zhou 等人采用 DenseNet 作为基础网络,使用自己提出的 Scale-Transfer Layer 进行特征图通道和尺寸的转换,在降低计算量的同时提高了检测精度[44]。Zhaowei Cai 等人针对检测框不准确带来的噪声干扰问题提出了 Cascade R-CNN[45]算法,通过设置不同的 IOU 阈值,训练多个级联的检测器,提升了算法的检测精度。

2019 年,深度学习的目标检测领域的两个发展趋势是基于无锚和自动机器学习的检测器设计[46]。Chenchen Zhu 等人提出一种自主选择特征层进行物体检测的 FSAF[47](Feature Selective Anchor-Free Module for Single-Shot Object Detection)算法,该算法在 RetinaNet 的基础上加入一个无锚特征选择模块,其检测精度超越了当时的单阶段目标检测算法。Zhi Tian 等人提出了一种全卷积单阶段目标检测算法 FCOS[48],以逐像素预测的方式解决目标检测问题,消除了锚框,避免了锚框相关的计算,显著减少了训练内存,检测精度优于 YOLOv2、SSD、RetinaNet 等单阶段目标检测算法。特征金字塔网络在目标检测算法中具有广泛的应用,Golnaz Ghaisi 等人在 FPN 的基础上提出了一种新的架构搜索方法 NAS-FPN[49],通过 NAS 利用强化学习训练控制器在给定的搜索空间中选择最优的模型架构,从而得到效果最好的 FPN 结构,该算法超越了 Mask R-CNN 的检测准确率。旷视科技的 Yukang Chen 等人提出了 DetNAS[50],这是首个用于设计更好的物体检测器 Backbone 的神经网络搜索方法,能够找到适合相应目标检测任务的最佳的特征提取网络,其在 COCO 数据集上的性能测试,该模型搜索出的框架超越了 ResNet50 和 ResNet101,同时具有更低的模型计算量。

2020 年,2D 目标检测依然火热,3D 目标检测是深度学习目标检测关注较多的领域,少样本、跨域检测也受到关注。Alexey Bochkovskiy 等人在 YOLOv3 的基础上,采用卷积神经网络效果最佳的优化策略,从数据处理、主干网络、网络训练、激活函数、损失函数等多个方面进行优化,提出了 YOLOv4[51],主干网络采用了 CSPDarknet53,同时采用 SPP 扩大感受野,检测效果进一步得到提升,COCO 数据集上的 AP 值达到了 43.5%。室内场景 3D 目标检测方面,Qian Xie 等人利用了目标和场景之间的关系信息提出了 MLCVNet[52],该算法通过两个自注意力机制模块和多尺度信息融合模块融合补丁、目标和全局场景的多级上下文信息,在 3D 检测数据集上有效提高了检测精度,优于当时的其他算法;室外场景 3D 目标检测方面,Yilun Chen 等人提出的基于双目的一阶段 3D 目标检测器 DSGN[53],算法核心为通过空间变换将 2D 特征转化成有效的 3D 特征,在 KITTI 的排行榜上超越其他基于双目深度估计的 3D 检测器。Qi Fan 等人提出了一个通用的少样本目标检测算法,该算法通过精心设计的对比训练策略以及 RPN 和检测器中加入的 attention 模块,有效利用了目标间的匹配关系,有效提高了检测性能,同时该团队还发布了一个用于少样本目标检测的数据集 FSOD[54]。

总的来说,卷积神经网络的基础网络从最初的 LeNet-5 到 AlexNet,再到 VGGNet 和 GoogLeNet[55],之后到 ResNet 和 DenseNet,最后到如今的 ResNet 改进版本 ResNeXt[56] 等。卷积神经网络的发展如火如荼,在目标检测识别领域的发展更是如此。目前深度学习目标检测的发展方向是特定场景下的特定目标的检测、模型压缩、网络的小型化、嵌入式应用等工程实际问题。

1.6.2 图像检索的研究现状

图像检索按描述图像内容方式的不同可以分为两类,一类是基于文本的图像检索(Text Based Image Retrieval,TBIR),另一类是基于内容的图像检索(Content Based Image Retrieval,CBIR)。

1.基于文本的图像检索

基于文本的图像检索方法始于 20 世纪 70 年代,它利用文本标注的方式对图像中的内容进行描述,从而为每幅图像形成描述这幅图像内容的关键词,比如图像中的物体、场景等,这种方式可以是人工标注方式,也可以通过图像识别技术进行半自动标注。在进行检索时,用户可以根据自己的兴趣提供查询关键字,检索系统根据用户提供的查询关键字找出那些标注有该查询关键字对应的图片,最后将查询的结果返回给用户。这种基于文本描述的图像检索方式由于易于实现,且在标注时有人工介入,所以其查准率也相对较高。在今天的一些中小规模图像搜索 Web 应用上仍有使用,但是这种基于文本描述的方式所带来的缺陷也是非常明显的:首先这种基于文本描述的方式需要人工介入标注过程,使得它只适用于小规模的图像数据,在大规模图像数据上要完成这一过程需要耗费大量的人力与财力,而且随时不断外来的图像在入库时离不开人工的干预;其次,"一图胜千言",对于需要精确的查询,用户有时很难用简短的关键字来描述出自己真正想要获取的图像;最后,人工标注过程不可避免地会受到标注者的认知水平、言语使用以及主观判断等的影响,因此会造成文字描述图片的差异。

伴随着互联网和大数据的发展,图像数据呈现爆炸性增长。由于基于文本查询的图像检索技术显露出许多问题,1992 年美国国家科学基金会表示对图像检索最有效、合理的方式应该是基于图像内容的。因此,基于图像内容的图像检索技术逐步建立,并且在后续的十几年间得到迅猛的发展。基于内容的图像检索方法通过计算机分析图像,提取图像的内容特征,并以特征向量的形式存储到图像特征数据库中,用户输入图像进行检索时,使用相同的特征提取方法得到查询图像的特征向量,接着利用某种相似度度量计算查询图像的特征向量和图像特征数据库中每一个特征向量的相似性,最后按照相似性大小进行排序,输出相似性大于某个阈值的所有图片。基于内容的图像检索方法利用计算机自动处理图像的特征表示和相似性度量,解决了基于文本查询的图像检索存在的问题,又同时发挥了计算机的优势,提高了图像检索的效率,使海量图像数据库的检索有了新的发展方向。不过,该方法的缺点在于现阶段图像特征的描述和图像的高层语义之间存在着不可逾越的语义鸿沟。

2.基于内容的图像检索

基于内容的图像检索方法(Content-based Image Retrieual,CBIR)是计算机视觉领域一项由来已久的研究课题。CBIR 研究在 20 世纪 90 年代早期正式开始,研究人员根据诸如纹理、颜色这样的视觉特征对图像建立索引,在这一时期大量的算法和图像检索系统被提出。其中一种简单明了的策略就是提取出图像的全局描述符,这种策略在 19 世纪和 20 世纪早期是图像检索研究的重点。然而,众所周知,全局描述符这种方法在诸如光照、形变、遮挡和裁剪这些情况下难以达到预想的效果。这些缺陷也导致了图像检索准确率的低下,也局限了全局描述符算法的应用范围。恰在这时,基于局部特征的图像检索算法给解决这一问题带来了曙光。

基于内容的图像检索方法根据检索需求的不同又可以分为相同物体的图像检索(Object Retrieval)和相同类别的图像检索(Image Retrieval)。相同物体的图像检索的目标是对查询图像中的特定物体,从图像数据库中找到包含这一特定物体的图像。用户感兴趣的不是图像本身,而是图像中的特定物体或者特定目标,因此检索系统返回的图像应该是包含该特定物体的图像。由于相同物体的图像检索容易受到拍摄环境的影响,例如光照变化、视角变化、尺度变化、遮挡和背景杂乱等因素,同时非刚性物体的形变也会对检索的准确性造成一定的影响,所以,相同物体的图像检索需要选取抗干扰性好的不变性局部特征,例如 SIFT[57]、SURF[58]、ORB[59] 等特征,在此基础上结合不同的编码方式,构建图像内容的全局性描述,代表性的工作有局部特征聚合描述符(Vector of Locally Aggregated Descriptors,VLAD)[60]、词袋模型(Bag of Words,BoW)[61] 和 Fisher 向量(Fisher Vector,FV)[62]。这些方法以类 SIFT 特征为基础,拥有类 SIFT 特征的不变性,同时又采取了由局部到全局的表达方式,整体上检索效果比较不错。相同类别的图像检索,其目的是在图像数据库中检索出和待查询图像同属于相同类别的图像。这里用户感兴趣的就是图像本身。该方法在医学影像领域和网络图像搜索引擎中广泛应用。相同类别的图像检索面临的问题主要是在图像的特征描述上,相同类别的图像类内变化大,不同类别的图像类间差异小。目前,以深度学习和卷积神经网络为代表的主流的特征提取和表达方法逐渐应用到相同类别的图像检索方法中,并且取得了极好的检索效果。

图 1.7 中展示了多年来图像检索(实例检索)任务中的里程碑时刻,并且在图中着重标注了基于 SIFT 特征和 CNN 特征算法的提出时间。2000 年可以认为是大部分传统方法结束的时间节点,当时 Smeulders 等学者撰写了《图像检索早期发展的终结》[63] 这篇综述。3 年后(2003 年),词袋模型(BoW)进入图像检索社区的视野,并在 2004 年结合了 SIFT 方法符被应用于图像分类任务。在接着的两年内,Stewenius 和 Philbin 等人分别提出了基于层次的 k-means算法[64] 和 approximate k-means算法[65],在检索中充分利用了大型编码本。在 2008 年,Jégou 提出了汉明嵌入(Hamming Embedding)[66],这是使用中型编码本的里程碑算法。2010 年,Jégou 和 Perronnin 分别提出了 VLAD 算法(局部聚合向量)[67] 和改进的 Fisher 向量编码[68]。可以说,在 2003 年之后的近 10 年时间里,社区见证了 BoW 模型的优越性,它给图像检索任务带来了各种提升。2012 年,Krizhevsky 等人使用 AlexNet[5] 神经网络模型在 ILSRVC 2012 上取得了当时世界上最高的识别准确率。从那以后,研究的重心开始向基于深度学习特别是卷积神经网络(CNN)的方法转移。

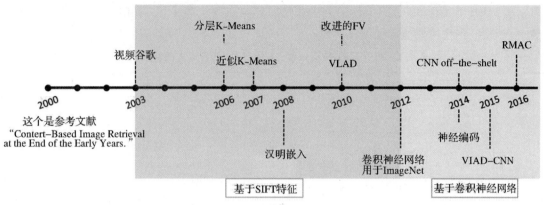

图 1.7 图像检索里程碑

根据不同的视觉表示方法,图像检索文献大致可以分为两类:基于 SIFT 特征的和基于 CNN 特征的方法。基于 SIFT 的方法在 2012 年之前一直是研究的重点。这一类方法大多数依赖于 BoW 模型。BoW 模型最初是为解决文档建模问题而提出的,因为文本本身就是由单词组成的。它通过累加单词响应到一个全局向量来给文档建立单词直方图。在图像领域,尺度不变(SIFT)特征的引入使得 BoW 模型变得可行。通过一个预训练的字典,局部特征被量化表示为视觉词汇。一张图片能够被表示成类似文档的形式,这样就可以使用经典的权重索引方案。基于 SIFT 特征的方法又可以根据编码本的大小,将基于 SIFT 的方法分为以下三类。

(1)使用小型编码本。视觉词汇少于几千个,紧凑编码向量在降维和编码之前生成。这一类的一些代表性方法有 BoW、VLAD 和 FV。

(2)使用中型编码本。鉴于 BoW 的稀疏性和视觉词汇的低区分度,使用倒排索引和二进制签名方法。准确率和效率之间的权衡是影响算法的主要因素[69]。

(3)使用大型编码本。鉴于 BoW 直方图的稀疏性和视觉词汇的高区分度,在算法中使用了倒排索引和存储友好型的签名方式[70]。在编码本的生成和编码中使用了类似的方法。

基于 CNN 的方法通常使用 CNN 模型提取特征,计算出紧密的图像表示向量,并使用欧氏距离或者 ANN(Approximate nearest neighbor)查找算法进行检索。最近的文献可能会直接使用预训练好的 CNN 模型或微调后应用于特定的检索任务。这些方法大多只将图像输入网络中一次即可以获取图像的描述符。一些基于图像块的方法则是将图像多次输入网络中。基于 CNN 的方法同样也可以分为以下三类。

(1)使用微调的模型。在训练图像与目标数据库具有相似的分布的训练集上,对 CNN 模型进行微调[71]。通过单通道 CNN 模型,运用端到端的方法提取出 CNN 特征。这种视觉表示方法提升了模型的区分能力[72-73]。

(2)使用预训练的模型。通过在大规模图像集(例如 ImageNet[74])上预训练的 CNN 模型进行单通道传播提取特征。使用紧凑编码/池化技术进行检索[75-76]。

(3)混合型方法。图像块被多次输入 CNN 用于特征提取[77]。编码与索引方法和基于 SIFT 的检索方法近似[78]。

基于 SIFT 特征和基于 CNN 的方法之间的异同点列于表 1.1。同时，基于 SIFT 特征和基于 CNN 的图像检索流程如图 1.8 所示。

表 1.1　基于 SIFT 特征和基于 CNN 特征的方法之间的异同点

基于 SIFT 特征（SIFT-based）		基于 CNN 特征（CNN-based）	
detector	DoG:高斯差分检测器	detector	Image patehes:图像区域
	Hessian-Affine:海森检测器		Column feat,or FC of pre-trained CNN models:列特征,或者预训练的 CNN 模型中的主连接层特征
	dense patches:密集区域检测器		A gobal feat is end-to-end extracted from fine-tuned CNN models:从微调的 CNN 中端到端提取的全局特征
	Local invariant descriptors such as SIFT:局部不变描述符,比如 SIFT		CNN features:CNN 特征
encoding	Hard:硬编码	encoding	VLAD:局部聚合向量
	soft:软编码		FV:Fisher 向量
	HE:汉明编码		pooling:池化
	VIAD:局部聚合向量		
	FV:Fisher 向量		
dim	High:高维	dim	Varies:可变维度
	Medium:中维		Low:低维
	Low:低维		
indexing	Inverted index:倒排索引	indexing	ANN methods:最似最近邻检索方法
	ANN methods:最似最近邻检索方法		

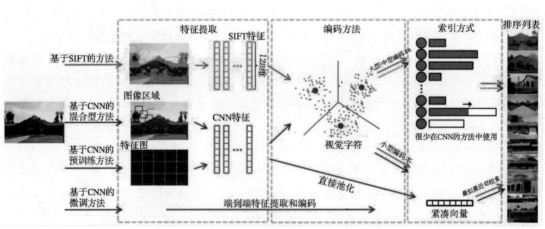

图 1.8　基于 SIFT 特征和基于 CNN 的图像检索

1.6.3　图像分割的研究现状

图像分割是计算机视觉研究中的一个经典难题,已经成为图像理解领域关注的一个热点,图像分割是图像分析的第一步,是计算机视觉的基础,是图像理解的重要组成部分,同时也是图像处理中最困难的问题之一。所谓图像分割是指根据灰度、彩色、空间纹理、几何形状等特征把图像划分成若干个互不相交的区域,使得这些特征在同一区域内表现出一致性或相似性,而在不同区域间表现出明显的不同。简单地说就是在一幅图像中,把目标从背景中分离出来。对于灰度图像来说,区域内部的像素一般具有灰度相似性,而在区域的边界上一般具有灰度不连续性。关于图像分割技术,由于问题本身的重要性和困难性,从 20 世纪 70 年代起图像分割问题就吸引了很多研究人员为之付出了巨大的努力。虽然到目前为止,还不存在一个通用的完美的图像分割的方法,但是对于图像分割的一般性规律则基本上已经达成共识,并产生了相当多的研究成果和方法。按照这些算法所采用方法的不同可分为以下几类。

1. 基于阈值的分割方法

阈值法的基本思想是基于图像的灰度特征来计算一个或多个灰度阈值,并将图像中每个像素的灰度值与阈值做比较,最后将像素根据比较结果分到合适的类别中。因此,该方法最为关键的一步就是按照某个准则函数来求解最佳灰度阈值。

阈值法特别适用于目标和背景占据不同灰度级范围的图。

图像若只有目标和背景两大类,那么只需要选取一个阈值进行分割,此方法称为单阈值分割;但是如果图像中有多个目标需要提取,单一阈值的分割就会出现错误,在这种情况下就需要选取多个阈值将每个目标分隔开,这种分割方法相应地称为多阈值分割。

基于阈值的分割方法的优点是计算简单,效率较高;缺点是只考虑像素点灰度值本身的特征,一般不考虑空间特征,因此对噪声比较敏感,鲁棒性不高。

2. 基于区域的分割方法

基于区域的分割方法是以直接寻找区域为基础的分割技术,基于区域提取方法有两种基本形式:一种是区域生长,从单个像素出发,逐步合并以形成所需的分割区域;另一种是从全局出发,逐步切割至所需的分割区域。

区域生长是从一组代表不同生长区域的种子像素开始,接下来将种子像素邻域里符合条件的像素合并到种子像素所代表的生长区域中,并将新添加的像素作为新的种子像素继续合并过程,直到找不到符合条件的新像素为止,该方法的关键是选择合适的初始种子像素以及合理的生长准则。区域生长算法需要解决以下 3 个问题如下。

(1)选择或确定一组能正确代表所需区域的种子像素。

(2)确定在生长过程中能将相邻像素包括进来的准则。

(3)指定让生长过程停止的条件或规则。

分裂合并可以说是区域生长的逆过程,从整幅图像出发,不断的分裂得到各个子区域,然后再把前景区域合并,得到需要分割的前景目标,进而实现目标的提取。区域分裂合并算法的优、缺点如下。

(1)对复杂图像分割效果好。

(2)算法复杂,计算量大。

（3）分裂有可能破坏区域的边界。

3.基于边缘检测的分割方法

基于边缘检测的图像分割算法试图通过检测包含不同区域的边缘来解决分割问题。它可以说是人们最先想到也是研究最多的方法之一。通常不同区域的边界上像素的灰度值变化比较剧烈，如果将图片从空间域通过傅里叶变换转换到频率域，边缘就对应着高频部分，这是一种非常简单的边缘检测算法。

边缘检测技术通常可以按照处理的技术分为串行边缘检测和并行边缘检测。串行边缘检测是要确定当前像素点是否属于检测边缘上的一点，取决于先前像素的验证结果。并行边缘检测是一个像素点是否属于检测边缘上的一点取决于当前正在检测的像素点以及与该像素点的一些临近像素点。

最简单的边缘检测方法是并行微分算子法，它利用相邻区域的像素值不连续的性质，采用一阶导数或者二阶导数来检测边缘点。近年来还提出了基于曲面拟合的方法、基于边界曲线拟合的方法、基于反应-扩散方程的方法、串行边界查找、基于变形模型的方法。图 1.9 是一些边缘检测算法的处理结果。

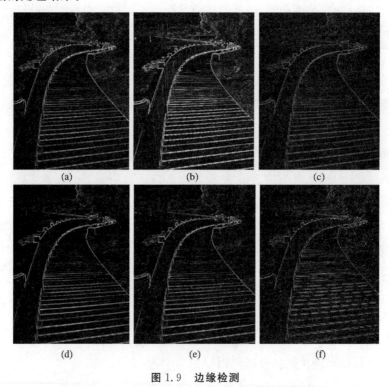

图 1.9　边缘检测

（a）梯度算法处理的结果；（b）Roberts 算法；（c）Sobel 算法；（d）Prewitt 算法；（e）Kirsch 算法；（f）Laplacian 算法

4.基于深度学习的图像分割

卷积神经网络近年来大放异彩，基于深度学习的计算机视觉算法更是层出不穷，而基于深度学习的图像分割算法近年来也成为一个研究的热点。Fully Convolutional Network

(FCN)[79]便是众多采用深度学习进行图像分割的先驱者,FCN 对图像进行像素级分类,解决了语义级别的图像分割问题,并且可以接受任意尺寸的输入图像;SegNet[80]是剑桥大学提出的旨在解决自动驾驶或者智能机器人的图像语义分割深度网络,SegNet 基于 FCN,与 FCN 的思路十分相似,只是其编码-解码器和 FCN 的稍有不同,其解码器中使用去池化对特征图进行上采样,保持了高频细节的完整性;而由于编码器不使用全连接层,所以是拥有较少参数的轻量级网络;DeepLab[81]则是结合了深度卷积神经网络和概率图模型的方法,应用在语义分割的任务上,目的是做逐像素分类,其先进性体现在 DenseCRFs(全连接条件随机场),即概率图模型和深度卷积神经网络的结合,其将每个像素视为 CRF 节点,利用远程依赖关系并使用 CRF 推理直接优化深度卷积神经网络的损失函数。Mask RCNN[42]则是在 Faster RCNN[34]的基础上添加了掩码生成分支,完成了实例级别的图像分割。

第 2 章　深度学习的框架

深度学习的发展离不开众多科研工作者在理论研究方面的贡献和工业界将理论转换为代码的贡献,后者将理论应用于实际问题,具体问题具体分析,进而转到理论优化,共同促进了深度学习的发展。

深度学习框架是一种界面、库或工具,它使我们在无须深入了解底层算法的细节的情况下,能够更容易、更快速地构建深度学习模型。深度学习框架利用预先构建和优化好的组件集合定义模型,为模型的实现提供了一种清晰而简洁的方法。利用恰当的框架来快速构建模型,而无须编写数百行代码,一个良好的深度学习框架具备以下关键特征。

(1)优化的性能。

(2)易于理解和编码。

(3)良好的社区支持。

(4)并行化的进程,以减少计算。

(5)自动计算梯度。

常见的深度学习框架有 Tensor Flow 、Caffe、Theano、Keras、Py Torch、MXNet 等。这些深度学习框架被应用于计算机视觉、语音识别、自然语言处理与生物信息学等领域,并获取了极好的效果。下面主要介绍在当前深度学习领域影响力比较大的几个框架[82-83]。

2.1　Theano 框架

Theano 框架最初诞生于蒙特利尔大学 LISA 实验室,于 2008 年开始开发,是第一个有较大影响力的 Python 语言深度学习框架。

Theano 框架是一个 Python 语言库,可用于定义、优化和计算数学表达式,特别是多维数组(numpy. ndarray)。在解决包含大量数据的问题时,使用 Theano 框架编程可实现比手写 C 语言更快的速度,而通过 GPU 加速,Theano 框架甚至可以比基于 CPU 计算的 C 语言快上好几个数量级。Theano 框架结合了计算机代数系统(Computer Algebra System,CAS)和优化编译器,还可以为多种数学运算生成定制的 C 语言代码。对于包含重复计算的复杂数学表达式的任务而言,计算速度很重要,因此这种 CAS 和优化编译器的组合是很有用的。对需要将每一种不同的数学表达式都计算一遍的情况,Theano 框架可以最小化编译/解析的计算量,但仍然会给出如自动微分那样的符号特征。

Theano 框架诞生于研究机构,服务于研究人员,其设计具有较浓厚的学术气息,但在工程设计上有较大的缺陷。一直以来,Theano 框架因为难调试、构建图慢等缺点为人所诟病。为了加速深度学习研究,人们在它的基础之上,开发了 Lasagne、Blocks、PyLearn2 和 Keras 框架等第三方框架,这些框架以 Theano 框架为基础,提供了更好的封装接口以方便用户使用。

2017 年 9 月 28 日,在 Theano 框架 1.0 正式版即将发布前夕,LISA 实验室负责人,深度学习三巨头之一的 Yoshua Bengio 教授宣布 Theano 框架即将停止开发——"Theano is Dead"。尽管 Theano 框架即将退出历史舞台,但作为第一个 Python 语言深度学习框架,它很好地完成了自己的使命,为深度学习研究人员的早期拓荒提供了极大的帮助,同时也为之后深度学习框架的开发奠定了基本设计方向:以计算图为框架的核心,采用 GPU 加速计算。

2.2　Tensor Flow 框架

Tensor Flow 框架是一个异构分布式系统上的大规模机器学习框架,移植性好,支持多种深度学习模型,由 Google Brain 团队于 2015 年推出。Tensor Flow 框架是开源的、综合的、灵活的、可移植的、易用的。Tensor Flow 框架使用数据流图来表示计算,共享状态以及改变该状态的操作。它将数据流图的节点映射到集群中的多台机器上,并跨机器跨多台计算设备映射,包括多核 CPU、通用 GPU 和定制设计的 ASIC,称为张量处理单元(TPU)。这种架构为应用程序开发人员提供了灵活性:在以前的"参数服务器"设计中,共享状态的管理内置于系统中,Tensor Flow 框架使开发人员能够尝试新颖的优化和训练算法。Tensor Flow 框架支持各种应用程序,特别强大地支持深度神经网络的训练和推理。

1. 编程语言支持

Tensor Flow 框架如此流行的最大原因之一是支持多种语言来创建深度学习模型,比如 Python、C 和 R 语言,并且有不错的文档和指南。其他编程语言(如 C++、JavaScript、Java、Go 和 Swift)为试验性绑定,这之外的编程语言依旧处于开发阶段。

2. 系统支持

Tensor Flow 框架支持主流的 Unix、Linux、Mac OS、Windows、Android 等主流操作系统。

正是由于 Tensor Flow 框架支持 Python 语言,使得其门槛低,便于学习。另外,Tensor Flow 安装方便,易跨平台,能够在 GPU 和 CPU 等设备上无缝切换,使得其能够在深度学习领域大放异彩。

3. 组件 Tensor Flow 框架

(1)框架组件。

框架有许多组件,其中最为突出的有以下两个。

1)Tensor Board。帮助使用数据流图进行有效的数据可视化。

2)Tensor Flow。用于快速部署新算法/试验。

(2)Tensor Flow 框架用例。

Tensor Flow 的灵活架构使人们能够在一个或多个 CPU(以及 GPU)上部署深度学习模型,下面是一些典型的 Tensor Flow 框架用例。

1)基于文本的应用:语言检测、文本摘要。

2)图像识别:图像字幕、人脸识别、目标检测。

3)声音识别。

4)时间序列分析。

5)视频分析。

(3)Tensor Flow 框架的缺陷。

作为当前最流行的深度学习框架,Tensor Flow 框架获得了极大的成功,对它的批评也不绝于耳,总结起来主要有以下 4 点。

1)过于复杂的系统设计,Tensor Flow 框架 在 GitHub 代码仓库的总代码量超过 100 万行。这么大的代码仓库,对于项目维护者来说维护成了一个难以完成的任务,而对读者来说,学习 Tensor Flow 框架底层运行机制更是一个极其痛苦的过程,并且大多数时候这种尝试以放弃告终。

2)频繁变动的接口。Tensor Flow 框架的接口一直处于快速迭代之中,并且没有很好地考虑向后兼容性,这导致现在许多开源代码已经无法在新版的 Tensor Flow 框架上运行,同时也间接导致了许多基于 Tensor Flow 框架的第三方框架出现 BUG。

3)接口设计过于晦涩难懂。在设计 Tensor Flow 框架时,创造了 session、graph、name_scope、Place Holder 等诸多抽象概念,对普通用户来说难以理解。同一个功能,Tensor Flow 框架提供了多种实现,这些实现良莠不齐,使用中还有细微的区别,很容易将用户带入坑中。

4)文档混乱脱节。Tensor Flow 框架作为一个复杂的系统,文档和教程众多,但缺乏明显的条理和层次,虽然查找很方便,但用户却很难找到一个真正循序渐进的入门教程。

由于直接使用 Tensor Flow 框架的生产力过于低下,包括 Google 官方等众多开发者尝试基于 Tensor Flow 框架构建一个更易用的接口,包括 Keras、Sonnet、TFLearn、Tensor Layer、Slim、Fold、Pretty Layer 等数不胜数的第三方框架每隔几个月就会在新闻中出现一次,但是又大多归于沉寂,至今 Tensor Flow 框架仍没有一个统一易用的接口。

凭借着 Google 强大的推广能力,Tensor Flow 框架已经成为当今最炙手可热的深度学习框架,但是由于自身的缺陷,Tensor Flow 框架离最初的设计目标还很遥远。另外,由于 Google 对 Tensor Flow 略显严格地把控,目前各大公司都在开发自己的深度学习框架。

2.3 Keras 框架

Keras 框架用 Python 语言编写,可以在 Tensor Flow 框架(以及 CNTK 和 Theano)之上运行。Tensor Flow 框架的接口具备挑战性,因为它是一个低级库,新用户可能会很难理解某些实现。而 Keras 框架是一个高层的 API,它为快速实验而开发。因此,如果希望获得快速结果,Keras 框架会自动处理核心任务并生成输出。Keras 框架支持卷积神经网络和递归神经网络,可以在 CPU 和 GPU 上无缝运行。

严格意义上讲,Keras 框架并不能称为一个深度学习框架,它更像一个深度学习接口,它构建于第三方框架之上。Keras 框架的缺点很明显:过度封装导致丧失灵活性。Keras 框架最初作为 Theano 框架的高级 API 而诞生,后来增加了 Tensor Flow 框架和 CNTK 作为后端。为了屏蔽后端的差异性,提供一致的用户接口,Keras 框架做了层层封装,导致用户在新增操作或是获取底层的数据信息时过于困难。同时,过度封装也使得 Keras 框架的程序过于缓慢,许多 BUG 都隐藏于封装之中,在绝大多数场景下,Keras 框架是本书介绍的所有框架中最慢的一个。

学习 Keras 框架十分容易,但是很快就会遇到瓶颈,因为它缺少灵活性。另外,在使用 Keras 框架的大多数时间里,用户主要是在调用接口,很难真正学习到深度学习的内容。

2.4　Py Torch 框架

2017 年 1 月,Facebook 公司人工智能研究院(FAIR)团队在 GitHub 平台上开源了 Py Torch 框架,并迅速占领 GitHub 热度榜榜首。

Py Torch 框架的历史可追溯到 2002 年就诞生于纽约大学的 Torch 框架。Torch 框架使用了一种不是很大众的语言 Lua 作为接口。Lua 语言简洁高效,但由于其过于小众,所以用的人不是很多。2017 年,Torch 的幕后团队推出了 Py Torch 框架。Py Torch 框架不是简单地封装 Lua Torch 提供 Python 语言接口,而是对 Tensor 之上的所有模块进行了重构,并新增了最先进的自动求导系统,成为当下最流行的动态图框架。

1.简洁

Py Torch 框架的设计追求最少的封装,尽量避免重复造轮子。不像 Tensor Flow 框架中充斥着 session、graph、operation、name_scope、variable、tensor、layer 等全新的概念,Py Torch 框架的设计遵循 tensor→variable(autograd)→nn. Module 三个由低到高的抽象层次,分别代表高维数组(张量)、自动求导(变量)和神经网络(层/模块),而且这三个抽象之间联系紧密,可以同时进行修改和操作。简洁的设计带来的另外一个好处就是代码易于理解。Py Torch 框架的源码只有 Tensor Flow 框架的 1/10 左右,更少的抽象、更直观的设计使得 Py Torch 框架的源码十分易于阅读。

2.速度

Py Torch 框架的灵活性不以速度为代价,在许多评测中,Py Torch 框架的速度表现胜过 Tensor Flow 框架和 Keras 框架等框架 。框架的运行速度和程序员的编码水平有极大关系,但同样的算法,使用 Py Torch 框架实现的那个更有可能快过用其他框架实现的。

3.易用

Py Torch 框架是所有的框架中面向对象设计的最优雅的一个。Py Torch 框架的面向对象的接口设计来源于 Torch,而 Torch 的接口设计以灵活易用而著称,Keras 框架创始人最初就是受 Torch 的启发才开发了 Keras 框架。Py Torch 框架继承了 Torch 的衣钵,尤其是 API 的设计和模块的接口都与 Torch 高度一致。Py Torch 框架的设计最符合人们的思维,它让用户尽可能地专注于实现自己的想法,即所思即所得,不需要考虑太多关于框架本身的束缚。

4. 活跃的社区

Py Torch 框架提供了完整的文档、循序渐进的指南、作者亲自维护的论坛供用户交流和求教问题。Facebook 人工智能研究院对 Py Torch 框架提供了强力支持,作为当今排名前三的深度学习研究机构,FAIR 的支持足以确保 Py Torch 框架获得持续的开发更新,不至于像许多由个人开发的框架那样昙花一现。

2.5　Caffe/Caffe2 框架

Caffe 框架的全称是 Convolutional Architecture for Fast Feature Embedding,它是一个清晰、高效的深度学习框架,核心语言是 C++,它支持命令行、Python 和 MATLAB 接口,既可以在 CPU 上运行,也可以在 GPU 上运行。

Caffe 框架的优点是简洁快速,缺点是缺少灵活性。不同于 Keras 框架因为太多的封装导致灵活性丧失,Caffe 框架灵活性的缺失主要是因为它的设计。在 Caffe 框架中最主要的抽象对象是层,每实现一个新的层,必须要利用 C++ 实现它的前向传播和反向传播代码,而如果想要新层运行在 GPU 上,还需要同时利用 CUDA 实现这一层的前向传播和反向传播。这种限制使得不熟悉 C++ 和 CUDA 的用户扩展 Caffe 框架十分困难。

Caffe 框架凭借其易用性、简洁明了的源码、出众的性能和快速的原型设计获取了众多用户,曾经占据深度学习领域的半壁江山。但是在深度学习新时代到来之时,Caffe 框架已经表现出明显的力不从心,诸多问题逐渐显现(包括灵活性缺失、扩展难、依赖众多环境难以配置、应用局限等)。尽管现在在 GitHub 上还能找到许多基于 Caffe 的项目,但是新的项目已经越来越少。

Caffe 框架的作者从加州大学伯克利分校毕业后加入了 Google 公司,参与过 Tensor Flow 框架的开发,后来离开 Google 公司加入 FAIR 公司,担任工程主管,并开发了 Caffe2 框架。Caffe2 框架是一个兼具表现力、速度和模块性的开源深度学习框架。它沿袭了大量的 Caffe 框架设计,可解决多年来在 Caffe 框架的使用和部署中发现的瓶颈问题。Caffe2 框架的设计追求轻量级,在保有扩展性和高性能的同时,Caffe2 框架也强调了便携性。Caffe2 框架从一开始就以性能、扩展、移动端部署作为主要设计目标。Caffe2 框架的核心 C++ 语言库能提供速度和便携性,而其 Python 和 C++ API 应用程序接口使用户可以轻松地在 Linux、Windows、iOS、Android,甚至 Raspberry Pi 和 NVIDIA Tegra 系统上进行原型设计、训练和部署。

Caffe2 框架继承了 Caffe 框架的优点,在速度上令人印象深刻。Facebook 人工智能实验室与应用机器学习团队合作,利用 Caffe2 框架大幅加速机器视觉任务的模型训练过程,仅需

1 h 就训练完 ImageNet 这样超大规模的数据集。然而尽管已经发布半年多,开发一年多,Caffe2 框架仍然是一个不太成熟的框架,官网至今没提供完整的文档,安装也比较麻烦,编译过程时常出现异常,在 GitHub 上也很少找到相应的代码。

Caffe 框架极盛的时候,占据了计算机视觉研究领域的半壁江山,虽然如今 Caffe 框架已经很少用于学术界,但是仍有不少计算机视觉相关的论文使用 Caffe 框架。由于其稳定、出众的性能,不少公司还在使用 Caffe 框架部署模型。Caffe2 框架尽管做了许多改进,但是还远没有达到替代 Caffe 框架的地步。

2.6　MXNet 框架

MXNet 框架是一个深度学习库,支持 C^{++}、Python、R、Scala、Julia、MATLAB 及 JavaScript 等语言,支持命令和符号编程,可以运行在 CPU、GPU、集群、服务器、台式机或者移动设备上。MXNet 框架是 CXXNet 框架的下一代,CXXNet 框架借鉴了 Caffe 框架的思想,但是在实现上更干净。在 2014 年的 NIPS 国际会议上,同为上海交通大学校友的陈天奇与李沐碰头,讨论到各自在做深度学习 Toolkits 的项目组,发现大家普遍在做很多重复性的工作,例如文件 loading 等。于是他们决定组建 DMLC(Distributied (Deep) Machine Learning Community),号召大家一起合作开发 MXNet 框架,发挥各自的特长,避免重复造轮子。

MXNet 框架以其超强的分布式支持,明显的内存、显存优化为人所称道。同样的模型,MXNet 框架往往占用更小的内存和显存,并且在分布式环境下,MXNet 框架展现出了明显优于其他框架的扩展性能。

由于 MXNet 框架最初由一群学生开发,缺乏商业应用,极大地限制了 MXNet 框架的使用。2016 年 11 月,MXNet 框架被 AWS 正式选择为其云计算的官方深度学习平台。2017 年 1 月,MXNet 框架项目进入 Apache 基金会,成为 Apache 基金会的孵化器项目。

尽管 MXNet 框架拥有最多的接口,也获得了不少人的支持,但其始终处于一种不温不火的状态。这在很大程度上归结于推广不给力及接口文档不够完善。MXNet 框架长期处于快速迭代的过程,其文档却长时间未更新,导致新手用户难以掌握 MXNet 框架,老用户常常需要查阅源代码才能真正理解 MXNet 框架接口的用法。

为了完善 MXNet 框架的生态圈,推广 MXNet 框架,MXNet 框架先后推出了包括 MinPy、Keras 框架和 Gluon 等框架诸多接口,但前两个接口目前基本停止了开发,Gluon 框架模仿 Py Torch 框架的接口设计,MXNet 框架的作者李沐更是亲自上阵,在线讲授如何从零开始利用 Gluon 学习深度学习,诚意满满,吸引了许多新用户。

2.7　CNTK 框架

2015 年 8 月,微软公司在 CodePlex 上宣布由微软研究院开发的计算网络工具集 CNTK 框架将开源。5 个月后,2016 年 1 月 25 日,微软公司在他们的 GitHub 仓库上正式开源了

CNTK 框架。早在 2014 年,在微软公司内部,黄学东博士和他的团队正在对计算机能够理解语音的能力进行改进,但当时使用的工具显然拖慢了他们的进度。于是,一组由志愿者组成的开发团队构想设计了他们自己的解决方案,最终诞生了 CNTK 框架。

根据微软开发者的描述,CNTK 框架的性能比 Caffe、Theano、TensoFlow 等主流框架都要强。CNTK 框架支持 CPU 和 GPU 模式,和 Tensor Flow/Theano 框架一样,它把神经网络描述成一个计算图的结构,叶子节点代表输入或者网络参数,其他节点代表计算步骤。CNTK框架是一个非常强大的命令行系统,可以创建神经网络预测系统。CNTK 框架最初是出于在Microsoft 内部使用的目的而开发的,一开始甚至没有 Python 语言接口,而是使用了一种几乎没什么人用的语言开发的,而且文档有些晦涩难懂,推广不是很到位,导致现在用户比较少。但就框架本身的质量而言,CNTK 框架表现得比较均衡,没有明显的短板,并且在语音领域效果比较突出。

第3章 深度学习计算机视觉的基础

3.1 线性分类

3.1.1 图像分类

图像分类问题,就是已有固定的分类标签集合,对于输入的图像,从分类标签集合中找出一个分类标签,把分类标签分配给该输入图像。虽然看起来简单,但这可是计算机视觉领域的核心问题之一,并且有着各种各样的实际应用。在后面的章节中,计算机视觉领域中很多看似不同的问题(比如物体检测和分割),都可以被归结为图像分类问题。

以图3.1为例,图像分类模型读取该图像,并生成该图像属于集合 {cat, dog, hat, mug} 中各个标签的概率。需要注意的是,对于计算机来说,图像是一个由数字组成的巨大的三维数组。在这个例子中,猫的图像尺寸是宽248像素,高400像素,有3个颜色通道,分别是红、绿和蓝(简称RGB)。如此,该图像就包含了 $248×400×3=297\ 600$ 个数字,每个数字都是在范围 $0\sim255$ 之间的整型,其中0表示全黑,255表示全白。现在的任务就是把这些上百万的数字变成一个简单的标签,比如"猫"。

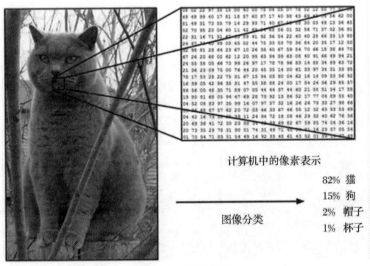

计算机中的像素表示

82% 猫
15% 狗
2% 帽子
1% 杯子

图像分类

图 3.1 图像分类

图像分类的任务,就是对于一个给定的图像,预测它属于的那个分类标签(或者给出属于一系列不同标签的可能性)。图像是三维数组,数组元素是取值范围从 0 至 255 的整数。数组的尺寸是宽度×高度×3,其中这个 3 代表的是红、绿和蓝 3 个颜色通道。

对于人们来说,识别出一个像"猫"一样视觉概念是简单至极的,然而从计算机视觉算法的角度来看就值得深思了。下面列举了计算机视觉算法在图像识别方面遇到的一些困难,要记住图像是以三维数组来表示的,数组中的元素是亮度值。

(1) 视角变化(Viewpoint Variation)。同一个物体,摄像机可以从多个角度来展现。

(2) 大小变化(Scale Variation)。物体可视的大小通常是会变化的(不仅是在图像中,在真实世界中大小也是变化的)。

(3) 形变(Deformation)。很多东西的形状并非一成不变,会有很大变化。

(4) 遮挡(Occlusion)。目标物体可能被挡住。有时候只有物体的一小部分(可以小到几个像素)是可见的。

(5) 光照条件(Illumination Conditions)。在像素层面上,光照的影响非常大。

(6) 背景干扰(Background Clutter)。物体可能混入背景之中,使之难以被辨认。

(7) 类内差异(Intra-class Variation)。一类物体的个体之间的外形差异很大,比如椅子。这一类物体有许多不同的对象,每个都有自己的外形。

面对以上所有变化及其组合,好的图像分类模型能够在维持分类结论稳定的同时,保持对类间差异足够敏感。

如何写一个图像分类的算法呢?这和写个排序算法大不一样。怎么写一个从图像中认出猫的算法?答案是不清楚。因此,与其在代码中直接写明各类物体到底看起来是什么样的,不如说我们采取的方法和教小孩儿看图识物类似:给计算机很多数据,然后实现学习算法,让计算机学习到每个类的外形。这种方法就是数据驱动方法。既然该方法的第一步就是收集已经做好分类标注的图片来作为训练集,那么下面就看看数据库到底长什么样。

图 3.2 中是一个有 4 个视觉分类的训练集。在实际中,我们可能有上千个分类,每个分类都有成千上万的图像。

图 3.2　4 个视觉分类的训练集

图像分类就是输入一个元素为像素值的数组,然后给它分配一个分类标签。完整流程如下。

(1)输入。输入是包含 N 个图像的集合,每个图像的标签是 K 种分类标签中的一种。这个集合称为训练集。

(2)学习。这一步的任务是使用训练集来学习每个类到底长什么样。一般该步骤叫作训练分类器或者学习一个模型。

(3)评价。让分类器来预测它未曾见过的图像的分类标签,并以此来评价分类器的质量。我们会把分类器预测的标签和图像真正的分类标签对比。毫无疑问,分类器预测的分类标签和图像真正的分类标签如果一致,那就是好事,这样的情况越多越好。

1. 最近邻(Nearest Neighbor)分类器

作为介绍的第一个方法,先来实现一个 Nearest Neighbor 分类器。虽然这个分类器和卷积神经网络没有任何关系,实际中也极少使用,但通过实现它,可以对解决图像分类问题有个基本的认识。最近邻分类器用到的图像分类数据集是 CIFAR-10。这个数据集包含了 60 000 张 32×32 的小图像。每张图像都有 10 种分类标签中的一种。这 60 000 张图像被分为包含了 50 000 张图像的训练集和包含 10 000 张图像的测试集。在图 3.3 中可以看见 10 组类型的随机图像,每类型图像 10 张。

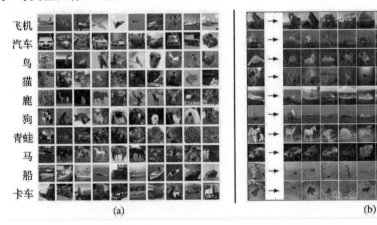

图 3.3　10 组类型的随机图像

(a)样本图像;(b)测试图像

图 3.3(a)为从 CIFAR-10 数据库来的样本图像。图 3.3(b)中第一列是测试图像,然后第一列的每个测试图像右边是使用 Nearest Neighbor 算法,根据像素差异,从训练集中选出的 10 张最类似的图像。

假设现在我们有 CIFAR-10 的 50 000 张图像(每种分类 5 000 张)作为训练集,希望将余下的 10 000 张作为测试集并给它们打上标签。Nearest Neighbor 算法将会拿着测试图像和训练集中每一张图像去比较,然后将它认为最相似的那个训练集图像的标签赋给这张测试图像。图 3.3(b)的图像就展示了这样的结果。请注意上面 10 个分类中,只有 3 个是准确的。比如第 8 行中,马头被分类为一个红色的跑车,原因在于红色跑车的黑色背景非常强烈,所以这匹马就被错误分类为跑车了。

那么具体如何比较两张图片呢?在本例中,就是比较 $32 \times 32 \times 3$ 的像素块。最简单的方法就是逐个像素比较,最后将差异值全部加起来。换句话说,就是将两张图片先转化为两个向量 I_1 和 I_2,然后计算它们的 L_1 距离:

$$d_1(I_1, I_2) = \sum_p | I_1^p - I_2^p | \tag{3.1}$$

这里的求和是针对所有的像素。下图 3.4 是整个比较流程的图例:

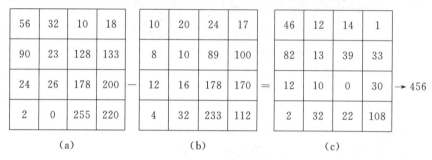

图 3.4 L_1 距离计算过程

(a) 测试集;(b) 训练集;(c) 像素差值的绝对值

以图片中的一个颜色通道为例来进行说明。两张图片使用 L_1 距离来进行比较。逐个像素求差值,然后将所有差值加起来得到一个数值。如果两张图片一模一样,那么 L_1 距离为 0,但是如果两张图片很是不同,那 L_1 值将会非常大。

下面,让我们看看如何用代码来实现这个分类器。首先,将 CIFAR-10 的数据加载到内存中,并分成 4 个数组:训练数据和标签,测试数据和标签。在下面的代码中,Xtr(大小是 $50\,000 \times 32 \times 32 \times 3$)存有训练集中所有的图像,Ytr 是对应的长度为 $50\,000$ 的 1 维数组,存有图像对应的分类标签(从 0 至 9):

```
Xtr,Ytr,Xte,Yte = load_CIFAR10('data/cifar10/') # a magic function we provide
# flatten out all images to be one-dimensional
Xtr_rows = Xtr.reshape(Xtr.shape[0],32 * 32 * 3) # Xtr_rows becomes 50000 x 3072
Xte_rows = Xte.reshape(Xte.shape[0],32 * 32 * 3) # Xte_rows becomes 10000 x 3072
```

现在得到所有的图像数据,并且把它们拉长成为行向量了。接下来展示如何训练并评价一个分类器:

```
nn = NearestNeighbor() # create a Nearest Neighbor classifier class
nn.train(Xtr_rows,Ytr) # train the classifier on the training images and labels
Yte_predict = nn.predict(Xte_rows) # predict labels on the test images
# and now print the classification accuracy, which is the average number
# of examples that are correctly predicted (i.e. label matches)
print'accuracy: %f'%(np.mean(Yte_predict == Yte))
```

作为评价标准,常常使用准确率,它描述了预测正确的得分。请注意以后实现的所有分类器都需要有这个 API:train(X,y) 函数。该函数使用训练集的数据和标签来进行训练。从其内部来看,类应该实现一些关于标签和标签如何被预测的模型。这里还有个 predict（X）函数,它的作用是预测输入的新数据的分类标签。目前还没有介绍分类器的实现,下面就是使用 L_1 距离的 Nearest Neighbor 分类器的实现:

```
importnumpyasnp

classNearestNeighbor(object):
  def__init__(self):
    pass

  deftrain(self,X,y):
    """ X is N x D where each row is an example. Y is 1 − dimension of size N """
    #  the nearest neighbor classifier simply remembers all the training data
    self. Xtr = X
    self. ytr = y

  defpredict(self,X):
    """ X is N x D where each row is an example we wish to predict label for """
    num_test = X. shape[0]
    #  lets make sure that the output type matches the input type
    Ypred = np. zeros(num_test,dtype = self. ytr. dtype)

    #  loop over all test rows
    foriinxrange(num_test):
      #  find the nearest training image to the i'th test image
      #  using the L1 distance (sum of absolute value differences)
      distances = np. sum(np. abs(self. Xtr − X[i,:]),axis = 1)
      min_index = np. argmin(distances) #  get the index with smallest distance
      Ypred[i] = self. ytr[min_index]#  predict the label of the nearest example

    returnYpred
```

如果你用这段代码运行 CIFAR-10,你会发现准确率能达到 38.6%。这比随机猜测的 10% 要好,但是比人类识别的水平(据研究推测是 94%)和卷积神经网络的 95% 还是差多了。

距离选择:计算向量间的距离有很多种方法,另一个常用的方法是 L_2 距离,从几何学的角度,可以理解为它在计算两个向量间的欧氏距离。L_2 距离的公式如下:

$$d_2(I_1,I_2) = \sum_p (I_1^p - I_2^p) \tag{3.2}$$

换句话说,这依旧是在计算像素间的差值,只是先求其二次方,然后把这些二次方全部加起来,最后对这个和开平方。在 Numpy 中,只需要替换上面程序代码中的 1 行程序代码就行:

```
distances = np. sqrt(np. sum(np. square(self. Xtr-X[i, :]), axis = 1))
```

注意在这里使用了 np. sqrt,但是在实际中可能不用。因为求二次方根函数是一个单调函数,它对不同距离的绝对值求二次方根虽然改变了数值大小,但依然保持了不同距离大小的顺序。所以用不用它,都能够对像素差异的大小进行正确比较。如果你在 CIFAR-10 上面跑这个模型,正确率是 35.4%,比刚才低了一点。

比较 L_1 和 L_2 这两个度量方式是挺有意思的。在面对两个向量之间的差异时,L_2 比 L_1 更加不能容忍这些差异。也就是说,相对于一个巨大的差异,L_2 距离更倾向于接受多个中等程度的差异。L_1 和 L_2 都是在 p-norm 常用的特殊形式。

2. k-Nearest Neighbor 分类器

上面你可能注意到了,为什么只用最相似的 1 张图像的标签来作为测试图像的标签呢?是的,使用 k–Nearest Neighbor 分类器就能做得更好。它的思想很简单:与其只找最相近的那 1 个图像的标签,找最相似的 k 个图像的标签,然后让它们针对测试图像进行投票,最后把票数最高的标签作为对测试图像的预测。当 $k = 1$ 的时候,Nearest Neighbor 分类器就是 k–Nearest Neighbor 分类器。从直观感受上就可以看到,更高的 k 值可以让分类的效果更平滑,使得分类器对于异常值更有抵抗力。

图 3.5 使用了 2 维的点来表示,分成 3 类(红、蓝、绿)。不同颜色区域代表的是使用 L_2 距离的分类器的决策边界。白色的区域是分类模糊的例子(即图像与两个以上的分类标签绑定)。需要注意的是,在 NN 分类器中,异常的数据点(比如:在蓝色区域中的绿点)制造出一个不正确预测的孤岛。5–NN 分类器将这些不规则都平滑了,使得它针对测试数据的泛化(generalization)能力更好。注意:5–NN 中也存在一些灰色区域,这些区域是因为近邻标签的最高票数相同导致的(比如:2 个邻居是红色,2 个邻居是蓝色,还有 1 个是绿色)。

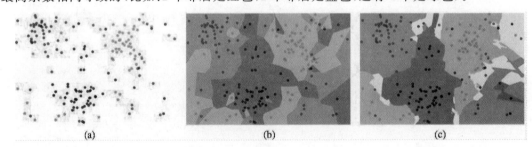

(a)   (b)   (c)

图 3.5　Nearest Neighbor 分类器和 5-Nearest Neighbor 分类器的区别

(a) 原始数据;(b)NN 分类器;(c)5-NN 分类器

3. 用于超参数调优的验证集

k–NN 分类器需要设定 k 值,那么选择哪个 k 值最合适呢?可以选择不同的距离函数,比如 L_1 范数和 L_2 范数等,那么选哪个好呢?还有不少选择,甚至人们还没有考虑到(比如点积)。所有这些选择,被称为超参数(hyperparameter)。在基于数据进行学习的机器学习算法设计中,超参数是很常见的。一般说来,这些超参数具体怎么设置或取值并不是显而易见的。

建议尝试不同的值,看哪个值表现最好就选哪个。这是个好主意!但这样做的时候要非常细心。要特别注意的是：决不能使用测试集来进行调优。当你来设计机器学习算法的时候，应该把测试集看作非常珍贵的资源，不到最后一步，绝不使用它。如果你使用测试集来调优，而且算法看起来效果不错，那么真正的危险在于：算法实际部署后，性能可能会远低于预期。这种情况称为算法对测试集过拟合。从另一个角度来说，如果使用测试集来调优，实际上就是把测试集当作训练集，由测试集训练出来的算法再跑测试集，自然性能看起来会很好。这其实过于乐观了，实际部署起来效果就会差很多。因此，最终测试的时候再使用测试集，可以很好地近似度量你所设计的分类器的泛化性能。

好在有不用测试集调优的方法。其思路是：从训练集中取出一部分数据用来调优，称之为验证集（validation set）。以 CIFAR-10 为例，可以用 49 000 个图像作为训练集，用 1 000 个图像作为验证集。验证集其实就是作为假的测试集来调优的。程序代码如下：

```
# assume we have Xtr_rows, Ytr, Xte_rows, Yte as before
# recall Xtr_rows is 50,000 x 3072 matrix
Xval_rows = Xtr_rows[:1000,:] # take first 1000 for validation
Yval = Ytr[:1000]
Xtr_rows = Xtr_rows[1000:,:] # keep last 49,000 for train
Ytr = Ytr[1000:]

# find hyperparameters that work best on the validation set
validation_accuracies = []
for k in [1,3,5,10,20,50,100]:

    # use a particular value of k and evaluation on validation data
    nn = NearestNeighbor()
    nn.train(Xtr_rows,Ytr)
    # here we assume a modified NearestNeighbor class that can take a k as input
    Yval_predict = nn.predict(Xval_rows,k = k)
    acc = np.mean(Yval_predict == Yval)
    print 'accuracy: %f' % (acc,)

    # keep track of what works on the validation set
    validation_accuracies.append((k,acc))
```

程序结束后，会作图分析出哪个 k 值表现最好，如图 3.6 所示，然后用这个 k 值来跑真正的测试集，并做出对算法的评价。

有时候，训练集数量较小（因此验证集的数量更小），我们会使用一种被称为交叉验证的方法，这种方法更加复杂些。还是用刚才的例子，如果是交叉验证集，就不是取 1 000 个图像，而是将训练集平均分成 5 份，其中 4 份用来训练，1 份用来验证。然后循环着取其中 4 份来训练，其中 1 份来验证，最后取所有 5 次验证结果的平均值作为算法验证结果。

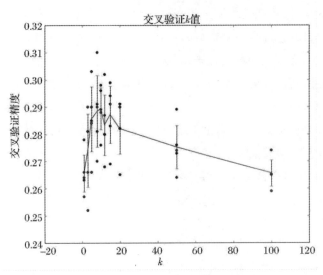

图 3.6　5 份交叉验证对 k 值调优的例子

　　针对每个 k 值,得到 5 个准确率结果,取其平均值,然后对不同 k 值的平均表现画线连接。本例中,当 $k = 7$ 时算法表现最好(对应图中的准确率峰值)。如果将训练集分成更多份数,那么直线一般会显得更加平滑(噪声更小)。

　　在实际情况下,交叉验证方法却因为会耗费较多的计算资源而不常被使用。一般直接把训练集按照 $50\% \sim 90\%$ 的比例分成训练集和验证集。但这也是根据具体情况来定的:如果超参数数量多,你可能就想用更大的验证集,而验证集的数量不够,那么最好还是用交叉验证吧。至于分成几份比较好,一般都是分成 3 份、5 份和 10 份。

　　图 3.7 给出训练集和测试集后,训练集一般会被均分。这里是分成 5 份。前面 4 份用来训练,第 5 份用作验证集调优。如果采取交叉验证,那就各份轮流作为验证集。最后模型训练完毕,超参数都定好了,让模型跑一次(而且只跑一次)测试集,依次测试结果评价算法。

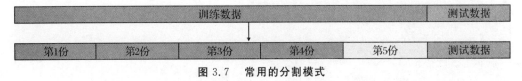

图 3.7　常用的分割模式

4. Nearest Neighbor 分类器的优劣

　　首先,Nearest Neighbor 分类器易于理解,实现简单。其次,算法的训练不需要花时间,因为其训练过程只是将训练集数据存储起来。然而测试要花费大量时间计算,因为每个测试图像需要和所有存储的训练图像进行比较,这显然是一个缺点。在实际应用中,我们关注测试效率远远高于训练效率。其实,后续要学习的卷积神经网络在这个权衡上走到了另一个极端:虽然训练花费很多时间,但是一旦训练完成,对新的测试数据进行分类会非常快。这样的模式更符合实际使用需求。

　　Nearest Neighbor 分类器的计算复杂度研究是一个活跃的研究领域,若干 ANN(Approximate Nearest Neighbor)算法和库的使用可以提升 Nearest Neighbor 分类器在数据上的计算速度(比如:FLANN)。这些算法可以在准确率和时空复杂度之间进行权衡,并通常依赖一个预处理 / 索引过程,这个过程中一般包含 kd 树的创建和 k-means 算法的运用。

Nearest Neighbor 分类器在某些特定情况(比如数据维度较低)下,可能是不错的选择。但是在实际的图像分类工作中很少使用。因为图像都是高维度数据(它们通常包含很多像素),而高维度向量之间的距离通常是反直觉的。图 3.8 所示的图像展示了基于像素的相似和基于感官的相似有很大的不同。

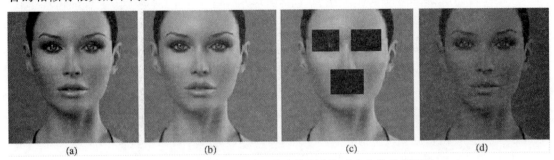

图 3.8　高维度数据上,基于像素的距离和感官上的非常不同

(a) 原始图像;(b) 平移;(c) 遮盖;(d) 变暗

图 3.8 中,图 3.8(b)(c)(d)3 张图像和图 3.8(a) 图像的 L_2 距离是一样的。很显然,基于像素比较的相似和感官上以及语义上的相似是不同的。

这里还有个视觉化证据,可以证明使用像素差异来比较图像是不够的。这是一个叫作 t-SNE 的可视化技术,它将 CIFAR-10 中的图像按照二维方式排布,这样能很好展示图像之间的像素差异值,如图 3.9 所示。在这张图像中,排列相邻的图像 L_2 距离就小。可以看出,图像的排列是被背景主导而不是图像语义内容本身主导。

图 3.9　使用 t-SNE 的可视化技术将 CIFAR-10 的图像进行了二维排列

具体来说,这些图像的排布更像是一种颜色分布函数,或者说是基于背景的,而不是图像的语义本体。比如,狗的图像可能和青蛙的图像非常接近,这是因为两张图像都是白色背景。从理想效果上来说,肯定是希望同类的图像能够聚集在一起,而不被背景或其他不相关因素干扰。为了达到这个目的,我们不能止步于原始像素比较,还得继续前进。

5. 实际应用 k-NN

如果希望将 k-NN 分类器用到实处(最好不要用到图像上,除非仅仅作为练手),那么可以按照以下流程。

(1)预处理你的数据:对你数据中的特征进行归一化(Normalize),让其具有零平均值(Zero Mean)和单位方差(Unit Variance)。在后面的小节我们会讨论这些细节。本小节不讨论,是因为图像中的像素都是同质的,不会表现出较大的差异分布,也就不需要标准化处理了。

(2)如果数据是高维数据,考虑使用降维方法,比如主成分分析(Principal Component Analysis,PCA)或随机投影。

(3)将数据随机分入训练集和验证集。按照一般规律,70% ~ 90% 数据作为训练集。这个比例根据算法中有多少超参数,以及这些超参数对于算法的预期影响来决定。如果需要预测的超参数很多,那么就应该使用更大的验证集来有效地估计它们。如果担心验证集数量不够,那么就尝试交叉验证方法。如果计算资源足够,使用交叉验证总是更加安全的(份数越多,效果越好,也更耗费计算资源)。

(4)在验证集上调优,尝试足够多的 k 值,尝试 L_1 和 L_2 两种范数计算方式。

(5)如果分类器跑得太慢,尝试使用 Approximate Nearest Neighbor 库(比如 FLANN)来加速这个过程,其代价是降低一些准确率。

(6)对最优的超参数做记录。记录最优参数后,是否应该让使用最优参数的算法在完整的训练集上运行并再次训练呢?因为如果把验证集重新放回到训练集中(自然训练集的数据量就又变大了),有可能最优参数又会有所变化。在实践中,不要这样做。千万不要在最终的分类器中使用验证集数据,这样做会破坏对于最优参数的估计。直接使用测试集来测试用最优参数设置好的最优模型,得到测试集数据的分类准确率,并以此作为你的 k-NN 分类器在该数据上的性能表现。

3.1.2 线性分类方法

我们将要实现一种更强大的方法来解决图像分类问题,该方法可以很自然地扩展到神经网络和卷积神经网络上。该方法主要由两个组成部分:一个是评分函数(Score Function),它是原始图像数据到类别分值的映射;另一个是损失函数(Loss Function),它是量化预测分类标签的得分与真实标签之间一致性的函数。该方法可转化为一个最优化问题,在最优化过程中,将通过更新评分函数的参数来最小化损失函数值。

1. 从图像到标签得分的参数化映射

该方法的第一部分是定义一个评分函数,该评分函数将图像的像素值映射为各个分类别的得分,得分高低代表图像属于该类别的可能性高低。下面将通过一个具体的例子来讲解该方法。假设有一个包含很多图像的训练集 $x_i \in RD$,每个图像都有一个对应的分类标签 y_i。这里 $i = 1, \cdots, N$ 和 $y_i \in 1, \cdots, K$。也就是说,我们有 N 个图像样例,每个图像的维度为 D,共有 K 个不同的分类。例如,在 CIFAR-10 中,我们有一个 $N = 50\,000$ 个图像的训练集,每个图像的 D

$= 32 \times 32 \times 3 = 3\ 072$ 像素，$K = 10$，因为有 10 个不同的类别（狗，猫，汽车等）。现在定义评分函数为 $f: RD \to RK$，该函数是原始图像像素到分类分值的映射。

2. 线性分类器

在本模型中，从最简单的概率函数开始，有线性映射：

$$f(x_i, W, b) = W x_i + b \tag{3.3}$$

在上面的等式中，假设每个图像数据都被拉长为一个长度为 D 的列向量，大小为 $[D \times 1]$。其中大小为 $[K \times D]$ 的矩阵 W 和大小为 $[K \times 1]$ 的列向量 b 是函数的参数。在 CIFAR-10 中，x_i 包含了第 i 个图像中的所有像素信息，这些信息被拉成为一个 $[3\ 072 \times 1]$ 列，W 大小为 $[10 \times 3\ 072]$，b 大小为 $[10 \times 1]$，因此，$3\ 072$ 个数字（原始像素值）输入函数，函数输出 10 个数字（不同分类得到的分值）。参数 W 被称为权重（weights），b 被称为偏差向量（bias vector），这是因为它影响输出数值，但并不与原始数据 x_i 产生关联。在实际应用中，常常混用权重和参数这两个术语。

有以下几点需要注意。

(1) 一个单独的矩阵乘法 $W x_i$ 高效地并行评估 10 个不同的分类器（每个分类器针对一个分类），其中每个分类器是 W 的一行。

(2) 输入数据 (x_i, y_i) 是给定且不可改变的，但参数 W 和 b 是可以控制改变的。我们的目标就是通过设置这些参数，使得计算出来的分类得分与训练集中图像数据的真实类别标签相符。后面将详细介绍如何完成此操作，目前只需要直观地让正确分类的分值比错误分类的分值高即可。

该方法的一个优势是训练数据是用来学习参数 W 和 b 的，一旦训练完成，就可以丢弃整个训练集，仅保留学习的参数即可。这是因为测试图像可以简单地输入函数，并基于计算出的分类分数进行分类。

(3) 注意只需要做一个矩阵乘法和一个矩阵加法就能对一个测试数据分类，这比 k - NN 中将测试图像与所有训练图像做比较的方法要快多了。

线性分类器计算图像中 3 个颜色通道中所有像素的值与权重的矩阵相乘，从而得到分类分值。根据对权重设置的值，对于图像中的某些位置的某些颜色，函数表现出喜好或者厌恶（根据每个权重的符号而定）。例如，可以想象"船"分类就是被大量的蓝色所包围的（对应的就是水）。那么"船"分类器在蓝色通道上的权重就有很多的正权重（它们的出现提高了"船"分类的分值），而在绿色和红色通道上的权重为负的就比较多（它们的出现降低了"船"分类的分值）。

为了便于可视化，假设图像只有 4 个像素（都是黑白像素，这里不考虑 RGB 通道），有 3 个分类（红色代表猫，绿色代表狗，蓝色代表船，注意，这里的红、绿、蓝 3 种颜色仅代表分类，和 RGB 通道没有关系）。首先将图像像素拉伸为一个列向量，与 W 进行矩阵乘，然后得到各个分类的分值。需要注意的是：这个 W 一点也不好，猫分类的分值非常低。从图 3.10 来看，算法倒是觉得这个图像是一只狗。

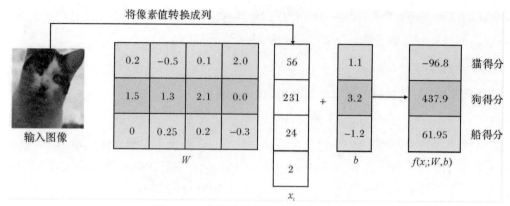

将像素值转换成列

图 3.10　将图像映射到分类分值的例子

既然图像被伸展成了一个高维度的列向量,那么我们可以把图像看作这个高维度空间中的一个点(即每张图像是 3 072 维空间中的一个点)。整个数据集就是一个点的集合,每个点都带有 1 个分类标签。既然定义每个分类类别的分值是权重和图像的矩阵乘,那么每个分类类别的分数就是这个空间中的一个线性函数的函数值。虽然没办法可视化 3 072 维空间中的线性函数,但假设把这些维度挤压到二维,那么就可以看看这些分类器在做什么了。

在图 3.11 中每个图像是一个点,有 3 个分类器。以红色的汽车分类器为例,红线表示空间中汽车分类分数为 0 的点的集合,红色的箭头表示分值上升的方向。所有红线右边的点的分数值均为正,且线性升高。红线左边的点分值为负,且线性降低。从图 3.11 中可以看出,W 的每一行都是一个分类类别的分类器。对于这些数字的几何解释是:如果改变其中一行的数字,会看见分类器在空间中对应的直线开始向着不同方向旋转。而偏差 b,则允许分类器对应的直线平移。需要注意的是,如果没有偏差,无论权重如何,在 $x_i = 0$ 时分类分值始终为 0,这样所有分类器的线都不得不穿过原点。

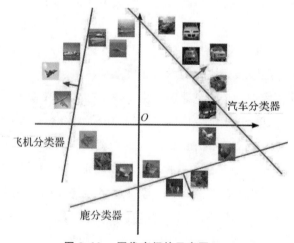

图 3.11　图像空间的示意图

将线性分类器看作模板匹配:关于权重 W 的另一个解释是它的每一行对应着一个分类的模板(有时也叫作原型)。一张图像对应不同分类的得分,是通过使用内积(也叫点积)来比较图像和模板,然后找到和哪个模板最相似。从这个角度来看,线性分类器就是在利用学习到的模板,针对图像做模板匹配。从另一个角度来看,可以认为还是在高效地使用 k-NN,不同的是没有使用所有的训练集图像来比较,而是每个类别只用了一张图像(这张图像是学习到的,而不是训练集中的某一张),而且会使用(负)内积来计算向量间的距离,而不是使用 L_1 或者 L_2 距离,如图 3.12 所示。

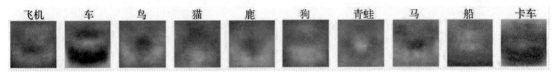

图 3.12　以 CIFAR-10 为训练集,学习结束后的权重

注意,船的模板如期望的那样有很多蓝色像素。如果图像是一艘船行驶在大海上,那么这个模板利用内积计算图像将给出很高的分数。另外,马的模板看起来似乎是两个头的马,这是因为训练集里马的图像中马头朝向各有左右而造成的。线性分类器将这两种情况融合到一起了。类似的,汽车的模板看起来也是将几个不同的模型融合到了一个模板中,并以此来分辨不同方向不同颜色的汽车。这个模板上的车是红色的,这是因为 CIFAR-10 中训练集的车大多是红色的。线性分类器对于不同颜色的车的分类能力是很弱的,但是后面可以看到神经网络是可以完成这一任务的。神经网络可以在它的隐藏层中实现中间神经元来探测不同种类的车(比如绿色车头向左,蓝色车头向前等)。而下一层的神经元通过计算不同的汽车探测器的权重和,将这些合并为一个更精确的汽车分类分值。

3. 偏差和权重的合并技巧

进一步学习前,提一下这个经常使用的技巧。它能够将人们常用的参数 $\boldsymbol{W}$ 和 $\boldsymbol{b}$ 合二为一。前面分类评分函数定义为

$$f(x_i, \boldsymbol{W}, \boldsymbol{b}) = \boldsymbol{W}x_i + \boldsymbol{b} \tag{3.4}$$

分开处理这两个参数(权重矩阵参数 $\boldsymbol{W}$ 和偏差参数 $\boldsymbol{b}$)有点笨拙,一般常用的方法是把两个参数放到同一个矩阵中,同时 $\boldsymbol{x}_i$ 向量就要增加一个维度,这个维度的数值是常量 1,这就是默认的偏差维度。这样,新的公式简化为

$$f(x_i, \boldsymbol{W}) = \boldsymbol{W}x_i \tag{3.5}$$

还是以 CIFAR-10 为例,那么 $\boldsymbol{x}_i$ 的大小就变成了[3 073×1],而不是[3 072×1]了,多出了包含常量 1 的 1 个维度。$\boldsymbol{W}$ 大小就是[10×3 073]了。$\boldsymbol{W}$ 中多出来的这一列对应的就是偏差值 $\boldsymbol{b}$,具体如图 3.13 所示。

图像数据预处理:在上面的例子中,所有图像都是使用的原始像素值(0～255)。在机器学习中,对于输入的特征做归一化(Normalization)处理是常见的套路。而在图像分类的例子中,图像上的每个像素可以看作一个特征。在实践中,对每个特征减去平均值来中心化数据是非常重要的。在这些图片的例子中,该步骤意味着根据训练集中所有的图像计算出一个平均图像值,然后每个图像都减去这个平均值,这样图像的像素值就大约分布在[-127,127]之间了。下一个常见步骤是让所有数值分布的区间变为[-1,1]。零均值的中心化是很重要的,等读者

理解了梯度下降后再详细解释。

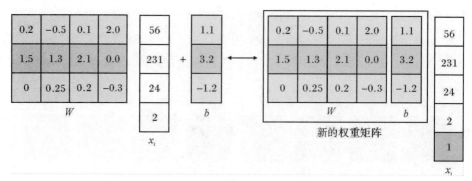

图 3.13　偏差技巧示意

4. 损失函数

在 3.1.1 小节中,定义了一个从像素值到类别的评分函数,该函数的参数是权重矩阵 $\boldsymbol{W}$。在函数中,数据(x_i,y_i)是给定的,不能修改。但是可以调整这些权重,使得评分函数的结果与训练数据中图像的真实类别一致,即评分函数在正确的分类位置应得到最高的评分。

回到之前那张猫的图像分类例子,它有针对"猫""狗"和"船"三个类别的分数。我们看到该例子中的权重集并不是非常好:因为猫分类的得分非常低,为 -96.8,而狗与船的得分分别为 437.9 和 61.95。如果想要衡量结果效果的优劣,可以使用损失函数(Loss Function)(有时也称为成本函数 Cost Function 或目标 Objective)。直观地说,当评分函数输出结果与真实结果之间差异越大时,损失函数输出越大,反之越小。

(1) 多类支持向量机损失(Multiclass Support Vector Machine Loss)。损失函数的具体形式多种多样。首先,介绍常用的称为多类支持向量机(SVM)损失函数。SVM 的损失函数希望 SVM 在正确分类上的得分始终比不正确分类上的得分高出一个边界值 Δ。可以把损失函数想象成一个人,这位 SVM 先生(女士)对于结果有自己的品位,如果某个结果能使得损失值更低,那么 SVM 就更加喜欢它。

可以更精确一些,第 i 个数据中包含图像 x_i 的像素和代表正确类别的标签 y_i。评分函数输入像素数据,然后通过公式 $f(x_i,\boldsymbol{W})$ 来计算不同分类类别的分值。这里将分值简写为 s。比如,针对第 j 个类别的得分就是第 j 个元素:$s_j=f(x_i,\boldsymbol{W})_j$。针对第 i 个数据的多类 SVM 的损失函数定义如下:

$$L_i=\sum_{j\neq y_i}\max(0,S_j-s_{y_i}+\Delta) \tag{3.6}$$

假设有三个分类,得分值为 $s=[13,-7,11]$。其中第一个类别是正确类别,即 $y_i=0$。同时假设 Δ 是 10。上面的表达式是将所有不正确的分类$(j\neq y_i)$加起来,因此得到两个部分:

$$L_i=\max(0,-7-13+10)+\max(0,11-13+10) \tag{3.7}$$

可以看到第一个部分结果为 0,这是因为$[-7-13+10]$得到的是负数,经过 $\max(0,x)$ 函数处理后得到 0。这一类别分数和标签的损失值是 0,这是因为正确分类的得分 13 与错误分类的得分 -7 的差为 20,高于边界值 10。而 SVM 只关心差距至少要大于 10,更大的差值还是算作损失值0。第二个部分计算[11-13+10]得到8。虽然正确分类的得分比不正确分类的得分要高(13>11),但是比10的边界值还是小了,分差只有2,这就是为什么损失值等于8,简而言之,SVM损失函数希望正确分类类别y_i的分数比不正确类别分数高,而且至少要高Δ。如果不满足这一点,就开始计算损失值。

如果这里面对的是线性评分函数$f(x_i,\boldsymbol{W})=\boldsymbol{W}x_i$,就可以将损失函数的公式稍微改写一下:

$$L_i = \sum_{j\neq y_i}\max(0,\boldsymbol{\omega}_j^{\mathrm{T}}x_i-\boldsymbol{\omega}_{y_i}^{\mathrm{T}}x_i+\Delta) \tag{3.8}$$

其中,向量$\boldsymbol{\omega}_j$是权重$\boldsymbol{W}$的第j行,被变形为列向量。然而,一旦开始考虑更复杂的评分函数f公式,这样做就不是必需的了。

补充说明一下在零点处的阈值,$\max(0,-)$函数,通常被称为折叶损失(hingeloss)。有时会听到人们使用平方折叶损失SVM(或L2-SVM),它使用$\max(0,-)^2$形式,将更强烈(平方而不是线性)地惩罚过界的边界值。不使用平方是更标准的版本,但在某些数据集中,平方折叶损失可以更好地工作。这可以通过交叉验证来决定到底使用哪一个。

多类SVM希望正确类别的分类分数比其他不正确分类类别的分数要高,而且至少高出Δ的边界值。如图3.14所示,如果其他分类分数进入了红色的区域,甚至更高,那么就开始计算损失。如果没有这些情况,损失值为0。目标是找到一些权重,它们既能够让训练集中的数据样例满足这些限制,也能让总的损失值尽可能的低。

图 3.14　SVM损失函数得分示意图

正则化(Regularizaition):上面损失函数有一个问题。假设有一个数据集和一个权重集$\boldsymbol{W}$能够正确分类每个数据(即所有的边界都满足,对于所有的i都有$L_i=0$)。问题在于这个$\boldsymbol{W}$并不唯一:可能会有很多相似的$\boldsymbol{W}$都能正确地分类所有的数据。一个简单的例子:如果$\boldsymbol{W}$能够正确分类所有数据,即对于每个数据,损失值都是0。那么当$\lambda>0$时,任何数乘$\lambda\boldsymbol{W}$都能使得损失值为0,因为这个变化将所有分值的大小都均等地扩大了,所以它们之间的绝对差值也扩大了。例如,如果一个正确分类的分值和距离它最近的错误分类的分值的差距是15,对$\boldsymbol{W}$乘以2将使得差距变成30。

换句话说,希望能向某些特性的权重$\boldsymbol{W}$添加一些偏好,对其他权重则不添加,以此来消除模糊性。这一点是能够实现的,方法是向损失函数增加一个正则化惩罚(regularization penalty)$R(\boldsymbol{W})$。最常见的正则化惩罚是L_2范数,通过对所有参数进行逐元素的平方惩罚来抑制大数值的权重:

$$R(\boldsymbol{W}) = \sum_k\sum_l\boldsymbol{W}_{k,l}^2 \tag{3.9}$$

上面表达式中,将$\boldsymbol{W}$中所有元素二次方后求和。注意正则化函数不是数据的函数,仅基于权重。包含正则化惩罚后,就能够给出完整的多类SVM损失函数了,它由两个部分组成:数据损失(Data Loss),即所有样例的平均损失 L_i,以及正则化损失(Regularization Loss)。完整的公式为

$$L = \underbrace{\frac{1}{N}\sum L_i}_{\text{Data Loss}} + \underbrace{\lambda R(\boldsymbol{W})}_{\text{Regularization Loss}} \tag{3.10}$$

将其展开完整公式为

$$L = \frac{1}{n}\sum_i \sum_{j \neq y_i}[\max(0, f(x_i;\boldsymbol{W})_j - f(x_i;\boldsymbol{W})_{y_i} + V)] + \lambda \sum_k \sum_l \boldsymbol{W}_{k,l}^2 \tag{3.11}$$

其中,N 是训练集的数据量。现在正则化惩罚添加到了损失函数里面,并用超参数 λ 来计算其权重。该超参数无法简单确定,需要通过交叉验证来获取。

除了上述理由外,引入正则化惩罚还带来很多良好的性质。比如引入了 L_2 惩罚后,SVM 就有了最大边界(Max Margin)这一良好性质。

其中最好的性质就是对大数值权重进行惩罚,可以提升其泛化能力,因为这就意味着没有哪个维度能够独自对于整体分值有过大的影响。例如,假设输入向量 $x = [1,1,1,1]$,两个权重向量 $w_1 = [1,0,0,0]$,$w_2 = [0.25,0.25,0.25,0.25,]$。那么 $w_1^T = w_2^T x = 1$,两个权重向量都得到同样的内积,但是 w_1 的 L_2 惩罚是 1.0,而 w_2 的惩罚是 0.25。因此,根据 L_2 惩罚来看,w_2 更好,因为它的正则化损失更小。从直观上来看,这是因为 w_2 的权重值更小且更分散。既然 L_2 惩罚倾向于更小更分散的权重向量,这就会鼓励分类器最终将所有维度上的特征都用起来,而不是强烈依赖其中少数几个维度。这一效果将会提升分类器的泛化能力,并避免过拟合。

需要注意的是,和权重不同,偏差没有这样的效果,因为它们并不控制输入维度上的影响强度。因此通常只对权重 $\boldsymbol{W}$ 正则化,而不正则化 $\boldsymbol{b}$。在实际操作中,可发现这一操作的影响可忽略不计。最后,因为正则化惩罚的存在,不可能在所有的例子中得到 0 的损失值,这是因为只有在 $\boldsymbol{W} = 0$ 的特殊情况下,才能得到损失值为 0。

代码:下面是一个无正则化部分的损失函数的 Python 实现,有非向量化和半向量化两个形式:

```
defL_i(x,y,W):
    """
    unvectorized version. Compute the multiclass svm loss for a single example (x,y)
    — x is a column vector representing an image (e. g. 3073 x 1 in CIFAR—10)
      with an appended bias dimension in the 3073—rd position (i. e. bias trick)
    — y is an integer giving index of correct class (e. g. between 0 and 9 in CIFAR—10)
    — W is the weight matrix (e. g. 10 x 3073 in CIFAR—10)
    """
    delta = 1.0 # see notes about delta later in this section
    scores = W.dot(x) # scores becomes of size 10 x 1, the scores for each class
    correct_class_score = scores[y]
```

```
D = W. shape[0] # number of classes，e. g. 10
loss_i = 0. 0
forjinxrange(D)：# iterate over all wrong classes
  if j == y：
    # skip for the true class to only loop over incorrect classes
    continue
  # accumulate loss for the i — th example
loss_i += max(0,scores[j] — correct_class_score + delta)
returnloss_i


defL_i_vectorized(x,y,W)：
"""
  A faster half — vectorized implementation. half — vectorized
  refers to the fact that for a single example the implementation contains
  no for loops，but there is still one loop over the examples (outside this function)
"""
delta = 1. 0
  scores = W. dot(x)
  # compute the margins for all classes in one vector operation
  margins = np. maximum(0,scores — scores[y] + delta)
  # on y — th position scores[y] — scores[y] canceled and gave delta. We want
  # to ignore the y — th position and only consider margin on max wrong class
  margins[y] = 0
  loss_i = np. sum(margins)
  returnloss_i


defL(X,y,W)：
  """
  fully — vectorized implementation ：
  — X holds all the training examples as columns (e. g. 3073 x 50,000 in CIFAR — 10)
  — y is array of integers specifying correct class (e. g. 50,000 — D array)
  — W are weights (e. g. 10 x 3073)
  """
    # evaluate loss over all examples in X without using any for loops
    # left as exercise to reader in the assignment
```

设置 Δ：注意到上面的内容对超参数 Δ 及其设置是一笔带过，那么它应该被设置成什么值？需要通过交叉验证来求得吗？现在看来，该超参数在绝大多数情况下设为 Δ = 1.0 都是安全的。超参数 Δ 和 λ 看起来是两个不同的超参数，但实际上它们一起控制同一个权衡：损失函数中的数据损失和正则化损失之间的权衡。理解这一点的关键是要知道，权重 $\boldsymbol{W}$ 的大小对于分类分值有直接影响（当然对它们的差异也有直接影响）：当将 $\boldsymbol{W}$ 中值缩小，分类分值之间的差异也变小，反之亦然。因此，不同分类分值之间的边界的具体值（如 $\Delta = 1$ 和 $\Delta = 100$）从某些角度来看是没有意义的，因为权重自己就可以控制差异变大或缩小。也就是说，真正的权衡是我们允许权重能够变大到何种程度（通过正则化强度 λ 来控制）。

与二元支持向量机（Binary SupportVector Machine）的关系：二元支持向量机对于第 i 个数据的损失计算公式为

$$L_i = C\max(0, 1 - y_i\boldsymbol{w}^{\mathrm{T}}x_i) + R(\boldsymbol{W}) \tag{3.12}$$

其中，C 是一个超参数，并且 $y_i \in \{-1, 1\}$。可以认为本章节介绍的 SVM 公式包含了式（3.12），式（3.12）是多类支持向量机公式只有两个分类类别的特例。也就是说，如果要分类的类别只有两个，那么公式就化为二元 SVM 公式。式（3.12）中的 C 和多类 SVM 公式中的 λ 都控制着同样的权衡，而且它们之间的关系是 $C \propto \frac{1}{\lambda}$。

（2）Softmax 分类器。SVM 是最常见的两个分类器之一，另一个就是 Softmax 分类器，它的损失函数与 SVM 的损失函数不同。对于学习过二元逻辑回归分类器的人们来说，Softmax 分类器可以理解为逻辑回归分类器面对多个分类的一般化归纳。SVM 将输入 $f(x_i, \boldsymbol{W})$ 作为每个分类的评分（因为无定标，所以难以解释）。与 SVM 不同，Softmax 的输出（归一化的分类概率）更加直观，并且从概率上可以解释。在 Softmax 分类器中，映射函数 $f(x_i, \boldsymbol{W}) = \boldsymbol{W}x_i$ 保持不变，但将这些评分值视为每个分类的未归一化的对数概率，并且将折叶损失（hingeloss）替换为交叉熵损失（cross-entropyloss）。公式如下：

$$L_i = -\lg\left[\frac{e^{f_{yi}}}{\sum_j e^{f_j}}\right] \text{ 或等价的 } L_i = -f_j + \lg\left(\sum_j e^{f_j}\right) \tag{3.13}$$

在式（3.13）中，使用 f_i 来表示分类评分向量 $\boldsymbol{f}$ 中的第 j 个元素。和之前一样，整个数据集的损失值是数据集中所有样本数据的损失值 L_i 的均值与正则化损失 $R(\boldsymbol{W})$ 之和。其中函数 $f_j(z) = \frac{e^{z_j}}{\sum_k e^{z_k}}$ 被称作 Softmax 函数：其输入值是一个向量，向量中元素为任意实数的评分值（z 中的），函数对其进行压缩，输出一个向量，其中每个元素值在 0～1 之间，且所有元素之和为 1。因此，包含 Softmax 函数的完整交叉熵损失相当大，实际上还是比较容易理解的。

信息论视角：在真实分布 p 和估计分布 q 之间的交叉熵定义为

$$H(p, q) = \sum_x p(x)\lg q(x) \tag{3.14}$$

因此，Softmax 分类器所做的就是将估计分类概率（$e^{f_{yi}}/\sum_j e^{f_j}$）和"真实"分布之间的交叉熵最小化，在这个解释中，"真实"分布就是所有概率密度都分布在正确的类别上（比如：$p = [0, 1, \cdots, 0]$ 中在 y_i 的位置就有一个单独的 1）。此外，既然交叉熵可以写成熵和相对熵（Kullback-Leibler Divergence）$H(p, q) = H(p) + D_{KL}(p \parallel q)$，并且 delta 函数 q 的熵是 0，那么就能等价地看作是对两个分布之间的相对熵做最小化操作。换句话说，交叉熵损失函数"希望"预测分布的所有概率密度都在正确分类上。

概率论解释：

$$P(y_i \mid x_i, \boldsymbol{W}) = \frac{e^{f_{y_i}}}{\sum_j e^{f_j}} \tag{3.15}$$

可以解释为给定图像数据 x_i，以 $\boldsymbol{W}$ 为参数，分配给正确分类标签 y_i 的归一化概率。为了理解这点，请回忆一下 Softmax 分类器将输出向量 f 中的评分值解释为没有归一化的对数概率。那么以这些数值做指数函数的幂就得到了没有归一化的概率，而除法操作则对数据进行了归一化处理，使得这些概率的和为 1。从概率论的角度来理解，我们就是在最小化正确分类的负对数概率，这可以看作是在进行最大似然估计（Maximum Likelihood Estimation，MLE）。该解释的另一个好处是，损失函数中的正则化部分 $R(\boldsymbol{W})$ 可以被看作是权重矩阵 $\boldsymbol{W}$ 的高斯先验，这里进行的是最大后验估计（MAP）而不是最大似然估计。

实际操作时，为了使数值稳定，编程实现 Softmax 函数计算的时候，因为中间项 $e^{f_{y_i}}$ 和 $\sum_j e^{f_i}$ 存在指数函数，所以数值可能非常大。除以大数值可能导致数值计算的不稳定，所以学会使用归一化技巧非常重要。如果在分式的分子和分母都乘以一个常数 C，并把它变换到求和之中，就能得到一个从数学上等价的公式：

$$\frac{e^{f_{y_i}}}{\sum_j e^{f_i}} = \frac{Ce^{f_{y_i}}}{C\sum_j e^{f_i}} = \frac{e^{f_{y_i}+\lg c}}{\sum_j e^{f_i+\lg c}} \tag{3.16}$$

C 的值可以自由选择，不会影响计算结果。通过使用这个技巧可以提高计算中的数值稳定性。通常将 C 设为 $\lg C = -\max_j f_j$。该技巧简单地说，就是应该将向量 f 中的数值进行平移，使得最大值为 0。代码实现如下：

```
f = np.array([123,456,789]) # 例子中有 3 个分类，每个评分的数值都很大
p = np.exp(f)/np.sum(np.exp(f)) # 不妙：数值问题，可能导致数值爆炸

# 那么将 f 中的值平移到最大值为 0：
f -= np.max(f) # f becomes [-666,-333,0]
p = np.exp(f)/np.sum(np.exp(f)) # 现在 OK 了，将给出正确结果
```

精确地说，SVM 分类器使用的是折叶损失（hingeloss），有时候又被称为最大边界损失（max-marginloss）。Softmax 分类器使用的是交叉熵损失（cross-entropyloss）。Softmax 分类器的命名是从 softmax 函数那里得来的，softmax 函数将原始分类评分变成正的归一化数值，所有数值和为 1，这样处理后交叉熵损失才能应用。注意从技术上说"softmax 损失（softmaxloss）"是没有意义的，因为 softmax 只是一个压缩数值的函数。但是这个说法常常被用来作为简称。

（3）SVM 和 Softmax 的比较。图 3.15 展示了 Softmax 和 SVM 分类器之间的区别。两个分类器都计算了同样的分值向量 f（本节中是通过矩阵乘来实现的）。不同之处在于对 f 中分值的解释：SVM 分类器将它们看作是分类评分，它的损失函数鼓励正确的分类（本例中是蓝色的

类别 2) 的分值比其他分类的分值高出至少一个边界值。Softmax 分类器将这些数值看作是每个分类没有归一化的对数概率,鼓励正确分类的归一化的对数概率变高,其余的变低。SVM 的最终损失值是 1.58,Softmax 分类器的最终损失值是 0.452,要注意这两个数值没有可比性。只在给定同样数据,在同样的分类器损失值计算中,它们才有意义。

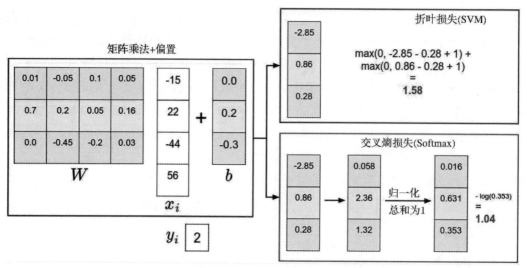

图 3.15　针对一个数据点,SVM 和 Softmax 分类器的不同处理方式

Softmax 分类器为每个分类提供了“可能性”:SVM 的计算是无标定的,而且难以针对所有分类的评分值给出直观解释。Softmax 分类器则不同,它允许我们计算出对于所有分类标签的可能性。例如,针对给出的图像,SVM 分类器可能给你的是一个 $[12.5, 0.6, -23.0]$ 分值,对应分类“猫”“狗”“船”。而 Softmax 分类器可以计算出这三个标签的“可能性”是 $[0.9, 0.09, 0.01]$,这就让你能看出对于不同分类准确性的把握。为什么我们要在“可能性”上面打引号呢?这是因为可能性分布的集中或离散程度是由正则化参数 λ 直接决定的,λ 是你能直接控制的一个输入参数。例如,假设 3 个分类的原始分数是 $[1, -2, 0]$,那么 Softmax 分类函数就会计算:

$$[1, -2, 0] \rightarrow [e^1, e^{-2}, 0] = [2.71, 0.14, 1] \rightarrow [0.7, 0.04, 0.26]$$

如果正则化参数 λ 更大,那么权重 W 就会被惩罚的更多,然后它的权重数值就会更小。这样算出来的分数也会更小,假设小了一半 $[0.5, -1, 0]$,那么 Softmax 分类函数的计算就是

$$[0.5, -1, 0] \rightarrow [e^{0.5}, e^{-1}, e^0] = [1.65, 0.73, 1] \rightarrow [0.55, 0.12, 0.33]$$

现在看起来,概率的分布就更加分散了。还有,随着正则化参数 λ 不断增强,权重数值会越来越小,最后输出的概率会接近于均匀分布。这就是说,Softmax 分类器算出来的概率最好是看成一种对于分类正确性的自信。和 SVM 一样,数字间相互比较得出的大小顺序是可以解释的,但其绝对值则难以直观解释。

在实际使用中,SVM 和 Softmax 经常是相似的:通常来说,两种分类器的表现差别很小,不同的人对于哪个分类器更好有不同的看法。相对于 Softmax 分类,SVM 更加“局部目标化(Local Objective)”,这既可以看作是一个特性,也可以看作是一个劣势。考虑一个评分 $[10, -2, 3]$ 的数据,

其中第一个分类是正确的。那么 SVM($V = 1$) 会看到正确分类，相较于不正确分类，已经得到了比边界值还要高的分数，它就会认为损失值是 0。SVM 对于数字个体的细节是不关心的：如果分数是 $[10, -100, -100]$ 或者 $[10, 9, 9]$，对于 SVM 来说没什么不同，只要满足超过边界值等于 1，那么损失值就等于 0。

对于 Softmax 分类器，情况则不同。对于 $[10, 9, 9]$ 来说，计算出的损失值就远远高于 $[10, -100, -100]$。换句话来说，Softmax 分类器对于分数是永远不会满意的：正确分类总能得到更高的可能性，错误分类总能得到更低的可能性，损失值总是能够更小。但是，SVM 只要边界值被满足了就满意了，不会超过限制去细微地操作具体分数。这可以被看作是 SVM 的一种特性。举例来说，一个汽车的分类器应该把它的大量精力放在如何分辨小轿车和大卡车上，而不应该纠结于如何与青蛙进行区分，因为区分青蛙得到的评分已经足够低了。

交互式的网页 Demo 如图 3.16 所示。

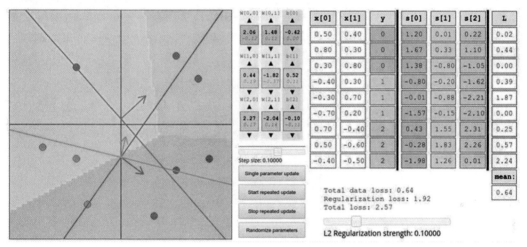

图 3.16　交互式的网页原型

原型将损失函数进行可视化，画面表现的是对于二维数据的 3 种类别的分类。

3.2　优　　化

在 3.1 节中，介绍了图像分类任务的两个关键部分。

(1) 基于参数的评分函数。该函数将原始图像像素映射为分类评分值（例如：一个线性函数）。

(2) 损失函数。该函数能够根据分类评分和训练集图像数据实际分类的一致性，衡量某个具体参数集的质量好坏。损失函数有多种版本和不同实现方式（例如：Softmax 或 SVM）。

线性函数的形式是 $f(x_i, \boldsymbol{W}) = \boldsymbol{W} x_i$，而 SVM 实现的公式为

$$L = \frac{1}{N} \sum_i \sum_{j \neq y_i} \left[\max(0, f(x_i; \boldsymbol{W})_j - f(x_i; \boldsymbol{W})_{y_i} + 1) \right] + \alpha R(\boldsymbol{W}) \tag{3.17}$$

对于图像数据 x_i，如果基于参数集 $\boldsymbol{W}$ 做出的分类预测与真实情况比较一致，那么计算出来的损失值 L 就很低。

（3）最优化（Optimization）。最优化是寻找能使损失函数值最小化的参数 W 的过程。一旦理解了这三个部分是如何相互运作的，我们将会回到基于参数的函数映射部分，然后将其拓展为一个远比线性函数复杂的函数：首先是神经网络，然后是卷积神经网络。而损失函数和最优化过程这两个部分将会保持相对稳定。

1. 损失函数可视化

这里讨论的损失函数一般都是定义在高维度的空间中（比如，在 CIFAR-10 中一个线性分类器的权重矩阵大小是[10×30 730]，就有 30 730 个参数），这样要将其可视化就很困难。不过办法还是有的，我们可以在一个维度或者两个维度的方向上对高维空间进行切片，这样可以获得一些直观感受。例如，随机生成一个权重矩阵 W，该矩阵与高维空间中的一个点对应，然后沿着某个维度方向前进的同时记录损失值的变化。换句话说，就是生成一个随机的方向 W_1 并且沿着此方向计算损失值，计算方法是根据不同的 a 值来计算 $L(W + aW_1)$。这个过程将生成一个图表，其 x 轴是 a 值，y 轴是损失函数值。同样的方法还可以用在两个维度上，通过改变 a，b 来计算损失值 $L(W + aW_1 + bW_2)$，从而给出二维的图像。在图 3.17 中，a，b 可以分别用 x 和 y 轴表示，而损失函数的值可以用颜色变化表示。

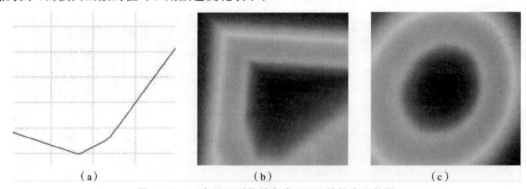

（a） （b） （c）

图 3.17 一个无正则化的多类 SVM 的损失函数图

图 3.17（a）（b）只有一个样本数据，图 3.17（c）是 CIFAR-10 中的 100 个数据。图 3.17（a）中，a 值变化在某个维度方向上对应的损失值变化。图 3.17（b）（c）两个维度方向上的损失值切片图，蓝色部分是低损失值区域，红色部分是高损失值区域。注意损失函数的分段线性结构。多个样本的损失值是总体的平均值，所有右边的碗状结构是很多的分段线性结构的平均[比如图 3.17（b）就是其中之一]。

可以通过数学公式来解释损失函数的分段线性结构。对于一个单独的数据，有损失函数的计算公式如下：

$$L_i = \sum_{j \neq y_i} [\max(0, \boldsymbol{\omega}_j^T x_i - \boldsymbol{\omega}_{y_i}^T x_i + 1)] \tag{3.18}$$

通过公式可见，每个样本的数据损失值是以 W 为参数的线性函数的总和[零阈值来源于 $\max(0, -)$ 函数]。W 的每一行（即 $\boldsymbol{\omega}_j$），有时候它前面是一个正号（比如当它对应错误分类的时候），有时候它前面是一个负号（比如当它是正确分类的时候）。为进一步阐明，假设有一个简单的数据集，其中包含有 3 个只有 1 个维度的点，数据集数据点有 3 个类别。那么完整的无正则化

SVM 的损失值计算如下：

$$
\left.\begin{aligned}
L_0 &= \max(0, \boldsymbol{\omega}_1^{\mathrm{T}} x_0 - \boldsymbol{\omega}_0^{\mathrm{T}} x_0 + 1) + \max(0, \boldsymbol{\omega}_2^{\mathrm{T}} x_0 - \boldsymbol{\omega}_0^{\mathrm{T}} x_0 + 1) \\
L_1 &= \max(0, \boldsymbol{\omega}_0^{\mathrm{T}} x_0 - \boldsymbol{\omega}_1^{\mathrm{T}} x_0 + 1) + \max(0, \boldsymbol{\omega}_2^{\mathrm{T}} x_1 - \boldsymbol{\omega}_1^{\mathrm{T}} x_1 + 1)
\end{aligned}\right\}
$$

$$
L_2 = \max(0, \boldsymbol{\omega}_1^{\mathrm{T}} x_2 - \boldsymbol{\omega}_2^{\mathrm{T}} x_2 + 1) + \max(0, \boldsymbol{\omega}_1^{\mathrm{T}} x_2 - \boldsymbol{\omega}_2^{\mathrm{T}} x_2 + 1)
$$

$$
L_1 = (L_0 + L_1 + L_2)/3
$$

(3.19)

因为这些例子都是一维的，所以数据 x_i 和 ω_j 都是数字。观察 $\boldsymbol{\omega}_0$，可以看到上面的式子中一些项是 $\boldsymbol{\omega}_0$ 的线性函数，且每一项都会与 0 比较，取两者的最大值，可作图 3.18。

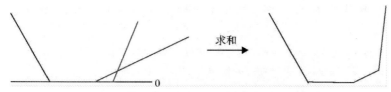

图 3.18　从一个维度方向上对数据损失值的展示

x 轴方向就是一个权重，y 轴就是损失值。数据损失是多个部分组合而成。其中每个部分要么是某个权重的独立部分，要么是该权重的线性函数与 0 阈值的比较。完整的 SVM 数据损失就是这个形状的 30 730 维版本。

虽然从 SVM 的损失函数的碗状外观猜出它是一个凸函数，但是一旦将 f 函数扩展到神经网络，目标函数就不再是凸函数了，图像也不会像上面那样是个碗状，而是凹凸不平的复杂地形形状。另外由于 max 操作，损失函数中存在一些不可导点（kinks），这些点使得损失函数不可微，因为在这些不可导点，梯度是没有定义的。但是次梯度（subgradient）依然存在且常常被使用。

2. 最优化（Optimization）

损失函数可以量化某个具体权重矩阵集 $\boldsymbol{W}$ 的质量。而最优化的目标就是找到能够最小化损失函数值的 $\boldsymbol{W}$。虽然前面使用的例子（SVM 损失函数）是一个凸函数问题，但是这里最终的目标是不仅仅对凸函数做最优化，而且能够最优化一个神经网络，对于神经网络是不能简单地使用凸函数的最优化技巧的。

策略 1：**一个不好的初始方案 —— 随机搜索。**

既然确认权重矩阵集 $\boldsymbol{W}$ 的好坏很简单，那第一个想到的方法就是可以随机尝试很多不同的权重，然后看其中哪个最好。过程如下：

```
# 假设 X_train 的每一列都是一个数据样本（比如 3073×50000）
# 假设 Y_train 是数据样本的类别标签（比如一个长 50000 的一维数组）
# 假设函数 L 对损失函数进行评价

bestloss = float("inf") # Python assigns the highest possible float value
  for num inxrange(1000):
    W = np. random. randn(10, 3073) * 0.0001# generate random parameters
```

```
loss = L(X_train, Y_train, W)  # get the loss over the entire training set
    if loss < bestloss;  # keep track of the best solution
        bestloss = loss
        bestW = W
    print'in attempt %d the loss was %f, best %f% (num, loss, bestloss)
```

```
# 输出:
# in attempt 0 the loss was 9.401632, best 9.401632
# in attempt 1 the loss was 8.959668, best 8.959668
# in attempt 2 the loss was 9.044034, best 8.959668
# in attempt 3 the loss was 9.278948, best 8.959668
# in attempt 4 the loss was 8.857370, best 8.857370
# in attempt 5 the loss was 8.943151, best 8.857370
# in attempt 6 the loss was 8.605604, best 8.605604
# ...(truncated; continues for 1000 lines)
```

在上面的代码中,尝试了若干随机生成的权重矩阵集 W,其中某些的损失值较小,而另一些的损失值大些。这里可以把这次随机搜索中找到的最好的权重矩阵集 W 取出,然后去跑测试集:

```
# 假设 X_test 尺寸是[3073 x 10000],Y_test 尺寸是[10000 x 1]
scores = Wbest.dot(Xte_cols)  # 10 x 10000, the class scores for all test examples
# 找到在每列中评分值最大的索引(即预测的分类)
Yte_predict = np.argmax(scores, axis = 0)
# 以及计算准确率
np.mean(Yte_predict == Yte)
# 返回 0.1555
```

验证集上表现最好的权重矩阵集 W 跑测试集的准确率是 15.5%,而完全随机猜的准确率是 10%,如此看来,这个准确率对于这样一个不经过大脑的策略来说,还算不错的。

当然,肯定有办法能做得更好。核心思路是:虽然找到最优的权重矩阵集 W 非常困难,甚至是不可能的(尤其当权重矩阵集 W 中存的是整个神经网络的权重的时候)。但是如果问题转化为:对一个权重矩阵集 W 取优,使其损失值稍微减少。那么问题的难度就大大降低了。换句话说,该方法可以从一个随机的权重矩阵集 W 开始,然后对其迭代取优,每次都让它的损失值变得更小一点。

可以把自己想象成一个蒙眼的徒步者,正走在山地地形上,目标是要慢慢走到山底。在 CIFAR-10 的例子中,这山是 30 730 维的(因为权重矩阵集 W 是 $3\,073 \times 10$)。在山上踩的每一点都对应一个的损失值,该损失值可以看作该点的海拔高度。

策略 2:随机本地搜索。

第一个策略可以看作是每走一步都尝试几个随机方向,如果某个方向是向山下的,就向该方向走一步。可以从一个随机的权重矩阵集 W 开始，然后生成一个随机的扰动 δW，只有当 $W+\delta W$ 的损失值变低，才会更新。这个过程的具体代码如下：

```
W = np.random.randn(10,3073) * 0.001 # 生成随机初始 W
bestloss = float("inf")
foriinxrange(1000):
    step_size = 0.0001
    Wtry = W + np.random.randn(10,3073) * step_size
    loss = L(Xtr_cols,Ytr,Wtry)
    if loss < bestloss：
      W = Wtry
      bestloss = loss
    print'iter %d loss is %f%(i,bestloss)
```

使用同样的数据（1 000），这个方法可以得到 21.4% 的分类准确率。这个策略比第一个策略好一些，但是依然过于浪费计算资源。

策略 3：跟随梯度。

前两个策略中，是尝试在权重空间中找到一个方向，沿着该方向能降低损失函数的损失值。其实不需要随机寻找方向，因为可以直接计算出最好的方向，这就是从数学上计算出最陡峭的方向。这个方向就是损失函数的梯度（gradient）。在蒙眼徒步者的比喻中，这个方法就好比是感受人们脚下山体的倾斜程度，然后向着最陡峭的下降方向下山。

在一维函数中，斜率是函数在某一点的瞬时变化率。梯度是函数的斜率的一般化表达，它不是一个值，而是一个向量。在输入空间中，梯度是各个维度的斜率组成的向量（或者称为导数 derivatives）。对一维函数的求导公式如下：

$$\frac{\mathrm{d}f(x)}{\mathrm{d}x} = \lim_{h \to 0}\frac{f(x+h)-f(x)}{h} \tag{3.20}$$

当函数有多个参数的时候，我们称导数为偏导数。而梯度就是在每个维度上偏导数所形成的向量。

3.梯度计算

计算梯度有两种方法：一种是缓慢的近似方法（数值梯度法），实现相对简单。另一种方法（解析梯度法）计算迅速，结果精确，但是实现时容易出错，且需要使用微分。

（1）利用有限差值计算数值梯度。上节中的公式 $\frac{\mathrm{d}f(x)}{\mathrm{d}x} = \lim_{h \to 0}\frac{f(x+h)-f(x)}{h}$ 已经给出了数值计算梯度的方法。下面代码是一个输入为函数 f 和向量 x，计算 f 的梯度的通用函数，它返回函数 f 在点 x 处的梯度。

```
efeval_numerical_gradient(f,x)：
    """
    一个 f 在 x 处的数值梯度法的简单实现
    一 f 是只有一个参数的函数
```

```
    — x 是计算梯度的点
    """

    fx = f(x) ♯ 在原点计算函数值
    grad = np. zeros(x. shape)
    h = 0. 00001

    ♯ 对 x 中所有的索引进行迭代
    it = np. nditer(x, flags = ['multi_index'], op_flags = ['readwrite'])
    whilenotit. finished：

        ♯ 计算 x + h 处的函数值
        ix = it. multi_index
        old_value = x[ix]
        x[ix] = old_value + h♯ 增加 h
        fxh = f(x) ♯ 计算 f(x + h)
        x[ix] = old_value♯ 存到前一个值中（非常重要）

        ♯ 计算偏导数
        grad[ix] = (fxh - fx)/h♯ 坡度
        it. iternext()♯ 到下个维度

    returngrad
```

根据上面的梯度公式，代码对所有维度进行迭代，在每个维度上产生一个很小的变化 h，通过观察函数值变化，计算函数在该维度上的偏导数。最后，所有的梯度存储在变量 **grad** 中。

注意在数学公式中，h 的取值是趋近于 0 的，然而在实际中，用一个很小的数值（比如例子中的1e−5）就足够了。在不产生数值计算出错的理想前提下，可以使用尽可能小的 h。另外，实际中使用中心差值公式（Centered Difference formula）$[f(x+h)-f(x-h)]/2h$ 效果更好。

可以使用上面的公式来计算任意函数在任意点上的梯度。下面计算权重空间中的某些随机点上，CIFAR - 10 损失函数的梯度：

```
♯ 要使用上面的代码我们需要一个只有一个参数的函数
♯ （在这里参数就是权重）所以也包含了 X_train 和 Y_train
defCIFAR10_loss_fun(W)：
    return L(X_train, Y_train, W)

W = np. random. rand(10, 3073) * 0.001♯ 随机权重向量
df = eval_numerical_gradient(CIFAR10_loss_fun, W) ♯ 得到梯度
```

梯度告诉我们损失函数在每个维度上的斜率，以此来进行更新：

```
loss_original = CIFAR10_loss_fun(W)  # 初始损失值
print'original loss：%f'% (loss_original, )


# 查看不同步长的效果
for step_size_log in [-10, -9, -8, -7, -6, -5, -4, -3, -2, -1]:
    step_size = 10 ** step_size_log
    W_new = W - step_size * df  # 权重空间中的新位置
    loss_new = CIFAR10_loss_fun(W_new)
print'for step size %f new loss：%f'% (step_size, loss_new)


# 输出：
# original loss：2.200718
# for step size 1.000000e-10 new loss：2.200652
# for step size 1.000000e-09 new loss：2.200057
# for step size 1.000000e-08 new loss：2.194116
# for step size 1.000000e-07 new loss：2.135493
# for step size 1.000000e-06 new loss：1.647802
# for step size 1.000000e-05 new loss：2.844355
# for step size 1.000000e-04 new loss：25.558142
# for step size 1.000000e-03 new loss：254.086573
# for step size 1.000000e-02 new loss：2539.370888
# for step size 1.000000e-01 new loss：25392.214036
```

计算得到梯度后，为了计算 w_new，要向着梯度 df 的负方向去更新，这是因为希望损失函数值是降低不是升高。

梯度指明了函数在哪个方向是变化率最大的，但是没有指明在这个方向上应该走多远，步长就是选择走多远的距离。选择步长（也叫作学习率）将会是神经网络训练中最重要也是最令人头疼的超参数设定之一。仍然以蒙眼徒步者下山作为比喻，就好比是人们可以感觉到脚朝向的不同方向上，地形的倾斜程度不同，如图 3.19 所示。但是该跨出多长的步长呢？结果是不确定。如果谨慎地小步走，情况可能比较稳定但是进展缓慢。相反，如果想尽快下山，步子就要跨大，但结果也不一定尽如人意。

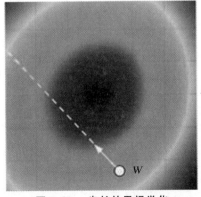

图 3.19   步长效果视觉化

从某个具体的点 W 开始计算梯度（白箭头方向是负梯度方向），由梯度可知损失函数下降最陡峭的方向。小步长下降稳定但进度慢,大步长进展快但是风险更大。采用大步长可能导致错过最优点,使损失值上升。

计算数值梯度的复杂性和参数的量线性相关。由于本例中有 30 730 个参数,所以损失函数每走一步就需要计算 30 731 次损失函数的梯度。现代神经网络很容易就有上千万的参数,因此问题只会越发严峻。显然这种计算方式不适合大规模数据,需要更好的策略。

(2) 用微积分计算解析梯度。使用有限差值近似计算梯度比较简单,但缺点在于终究只是近似(因为对于 h 值是选取了一个很小的数值,但真正的梯度定义中 h 趋向于 0 的极限),并且耗费计算资源太多。第二个梯度计算方法是利用微分来分析,能得到计算梯度的公式,用公式计算梯度速度很快,唯一不好的地方是实现的时候容易出错。为了解决这个问题,在实际操作时常常将解析梯度法的结果和数值梯度法的结果作比较,依次来检查实现的正确性,这个步骤叫作梯度检查。

用 SVM 的损失函数在某个数据点上的计算来举例:

$$L_i = \sum_{j \neq y_i} \left[\max(0, \boldsymbol{\omega}_j^{\mathrm{T}} x_i - \boldsymbol{\omega}_{y_i}^{\mathrm{T}} x_i + \Delta) \right] \tag{3.21}$$

可以对函数进行微分。比如,对 $\boldsymbol{\omega}_{y_i}$ 进行微分得到:

$$\nabla_{\boldsymbol{\omega}_j} L_i = - \left[\sum_{j \neq y_i} \boldsymbol{1}(\boldsymbol{\omega}_j^{\mathrm{T}} x_i - \boldsymbol{\omega}_{y_i}^{\mathrm{T}} x_i + \Delta > 0) \right] x_i \tag{3.22}$$

其中,$\boldsymbol{1}$ 是一个示性函数,如果括号中的条件为真,那么函数值为 1,如果为假,则函数值为 0。虽然上述公式看起来复杂,但在代码实现的时候比较简单:只需要计算没有满足边界值的分类的数量(此时对损失函数产生了贡献),然后乘以 x_i 就是梯度了。注意:这个梯度只是对应正确分类的 W 的行向量的梯度,那些 $j \neq y_i$ 行的梯度为

$$\nabla_{\boldsymbol{\omega}_j} L_i = \boldsymbol{1}(\boldsymbol{\omega}_j^{\mathrm{T}} x_i - \boldsymbol{\omega}_{y_i}^{\mathrm{T}} x_i + \Delta > 0) x_i \tag{3.23}$$

一旦将梯度的公式微分出来,代码实现公式并用于梯度更新就很顺畅了。

4. 梯度下降

现在可以计算损失函数的梯度了,程序重复地计算梯度然后对参数进行更新,这一过程被称为梯度下降。代码如下:

```
# 普通的梯度下降

whileTrue:
    weights_grad = evaluate_gradient(loss_fun,data,weights)
    weights +=- step_size * weights_grad # 进行梯度更新
```

这个简单的循环在所有的神经网络核心库中都有,虽然也有其他实现最优化的方法(比如 L-BFGS 算法),但是到目前为止,梯度下降是对神经网络的损失函数最优化中最常用的方法。虽然有其他改进的算法在它的循环细节中增加一些新的东西,但是核心思想不变,那就是优化会一直跟着梯度走,直到结果不再变化。

(1) 小批量数据梯度下降(Mini-batch gradient descent)。在大规模的应用中(比如 ILSVRC 挑战赛),训练数据可以达到百万级量级。如果像这样去计算整个训练集,来获得仅仅

一个参数的更新就太浪费了。一个常用的方法是计算训练集中的小批量(batches)数据。例如,一个典型的小批量可以包含 256 个例子,而整个训练集可以有 120 万个样例。这个小批量数据就用来实现一个参数更新:

```
# 普通的小批量数据梯度下降

whileTrue:
    data_batch = sample_training_data(data,256)# 256 个数据
    weights_grad = evaluate_gradient(loss_fun,data_batch,weights)
    weights +=— step_size * weights_grad# 参数更新
```

如果训练集中的数据都是相关的,那么这个方法效果会不错。要理解这一点,可以想象一个极端情况:在 ILSVRC 中的 120 万个图像是 1 000 张不同图像的复制(每个类别 1 张图片,每张图片有 1 200 张复制)。那么显然计算这 1 200 张复制图像的梯度就应该是一样的。对比 120 万张图片的数据损失的均值与只计算 1 000 张的子集的数据损失均值时,结果应该是一样的。实际情况中,数据集肯定不会包含重复图像,那么小批量数据的梯度就是对整个数据集梯度的一个近似。因此,在实践中通过计算小批量数据的梯度可以实现更快速地收敛,并以此来进行更频繁的参数更新。

(2) 随机梯度下降。小批量数据策略有个极端情况,那就是每个批量中只有 1 个数据样本,这种策略被称为随机梯度下降(Stochastic Gradient Descent,SGD),有时候也被称为在线梯度下降。这种策略在实际情况中相对少见,因为向量化操作的代码一次计算 100 个数据比 100 次计算 1 个数据要高效很多。即使 SGD 在技术上是指每次使用 1 个数据来计算梯度,你还是会听到人们使用 SGD(Batch Gradient Descent) 来指代小批量数据梯度下降[或者用 MGD(Mini-batch Gradient Descent) 来指代小批量数据梯度下降,而 BGD 来指代则相对少见]。小批量数据的大小是一个超参数,一般并不需要通过交叉验证来调参。它一般由存储器的限制来决定的,或者干脆设置为同样大小,比如 32,64,128 等。之所以使用 2 的指数,是因为在实际中许多向量化操作实现的时候,如果输入数据量是 2 的倍数,那么运算更快。如图 3.20 所示。

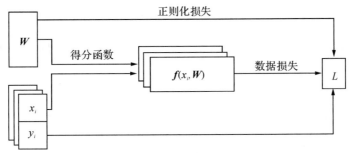

图 3.20 信息流的总结

数据集中的 (x,y) 是给定的。权重从一个随机数字开始,且可以改变。在前向传播时,评分函数计算出类别的分类评分并存储在向量 f 中。损失函数包含两个部分:数据损失和正则化损失。其中,数据损失计算的是分类评分 f 和实际标签 y 之间的差异,正则化损失只是一个关于权重的函数。在梯度下降过程中,我们计算权重的梯度,然后使用它们来实现参数的更新。

3.3 反 向 传 播

方向传播是利用链式法则递归计算表达式的梯度的方法。理解反向传播过程及其精妙之处，对于理解、实现、设计和调试神经网络非常关键。这节的核心问题是：给定函数 $f(x)$，其中 x 是输入数据的向量，需要计算函数 f 关于 x 的梯度，也就是 $\nabla f(x)$。

之所以关注上述问题，是因为在神经网络中 f 对应的是损失函数 L，输入 x 里面包含训练数据和神经网络的权重。例如，损失函数可以是 SVM 的损失函数，输入则包含了训练数据 $(x_1,y_i), i = 1, \cdots, N$，权重 W 和偏差 b。注意训练集是给定的，而权重是可以控制的变量。因此，即使能用反向传播计算输入数据 x_i 上的梯度，但在实践中为了进行参数更新，通常也只计算参数（如 W 和 b）的梯度。然而 x_i 的梯度有时仍然是有用的：比如将神经网络所做的事情可视化便于直观理解的时候，就能用上。

1. 简单表达式和理解梯度

从简单表达式入手可以为复杂表达式打好符号和规则基础。先考虑一个简单的二元乘法函数 $f(x,y) = xy$。对两个输入变量分别求偏导数还是很简单的：

$$f(x,y) = xy \rightarrow \frac{\mathrm{d}f}{\mathrm{d}x} = y \quad \frac{\mathrm{d}f}{\mathrm{d}y} = x \tag{3.24}$$

导数的意义就是当函数变量在某个点周围的极小区域内变化时导致的函数在该方向上的变化率。

$$\frac{\mathrm{d}f(x)}{\mathrm{d}x} = \lim_{h \to 0} \frac{f(x+h) - f(x)}{h} \tag{3.25}$$

注意等号左边的分号和等号右边的分号不同，不是代表分数。相反，这个符号表示操作符 $\frac{\mathrm{d}}{\mathrm{d}x}$ 被应用于函数 f，并返回一个不同的函数（导数）。对于上述公式，可以认为 h 值非常小，函数可以被一条直线近似，而导数就是这条直线的斜率。换句话说，每个变量的导数指明了整个表达式对于该变量的值的敏感程度。比如，若 $x = 4, y = -3,$，则 $f(x,y) = -12, x$ 的导数是 $\frac{\partial f}{\partial x} = -3$。这就说明如果将变量 x 的值变大一点，整个表达式的值就会变小（原因在于负号），而且变小的量是 x 变大的量的 3 倍。通过重新排列公式可以看到这一点 $\left[f(x+h) = f(x) + h\frac{\mathrm{d}f(x)}{\mathrm{d}x} \right]$。同样，$\frac{\partial f}{\partial y} = 4$，可以知道如果将 y 的值增加 h，那么函数的输出也将增加（原因在于正号），且增加量是 $4h$。

如上所述，梯度 $\nabla f(x)$ 是偏导数的向量，所以有 $\nabla f(x) = \left[\frac{\partial f}{\partial x}, \frac{\partial f}{\partial y} \right] = [y, x]$。即使梯度实际上是一个向量，仍然通常还是用类似"$x$ 上的梯度"的术语，而不是使用如"x 上的偏导数"的正确说法，原因是因为前者说起来简单。

这里也可以对加法操作求导：

$$f(x,y) = x + y \rightarrow \frac{\mathrm{d}f}{\mathrm{d}x} = 1 \quad \frac{\mathrm{d}f}{\mathrm{d}y} = 1 \tag{3.26}$$

这就是说,无论其值如何,x,y 的导数均为 1。这是有道理的,因为无论增加 x,y 中任一个的值,函数 f 的值都会增加,并且增加的变化率独立于 x,y 的具体值。

取最大值操作也是常常使用的:

$$f(x,y) = \max(x,y) \rightarrow \frac{\mathrm{d}f}{\mathrm{d}x} = 1(x \geqslant y) \quad \frac{\mathrm{d}f}{\mathrm{d}y} = 1(y \geqslant x) \tag{3.27}$$

式(3.27)是说,如果该变量比另一个变量大,那么梯度是 1,反之是 0。例如 $x = 4, y = 2$,那么 max 是 4,所以函数对于 y 就不敏感。也就是说,在 y 上增加 h,函数还是输出为 4,所以梯度为 0,因为对于函数输出是没有效果的。当然,如果给 y 增加一个很大的量,比如大于 2,那么函数 f 的值就变化了,但是导数并没有指明输入量有巨大变化情况对于函数的效果,他们只适用于输入量变化极小时的情况,因为定义已经指明:$\lim\limits_{h \to 0}$。

2. 使用链式法则计算复合表达式

现在考虑更复杂的包含多个函数的复合函数,比如 $f(x,y,z) = (x+y)z$。虽然这个表达足够简单,可以直接微分,但是在此使用一种有助于读者直观理解方向传播的方法。将公式分成两部分:$q = x + y$ 和 $f = qz$。因为 f 是 q 和 z 相乘,所以 $\frac{\partial f}{\partial q} = z, \frac{\partial f}{\partial z} = q$,又因为 q 是 $x + y$,所以 $\frac{\partial q}{\partial x} = 1, \frac{\partial q}{\partial y} = 1$。然而,并不需要关心中间量 q 的梯度,相反,函数 f 关于 x,y,z 的梯度才是需要关注的。链式法则指出将这些梯度表达式连接起来的正确方式是相乘,比如,$\frac{\partial f}{\partial x} = \frac{\partial f}{\partial q} \frac{\partial q}{\partial x}$。在实际操作中,这只是简单地将两个梯度数值相乘,示例代码如下:

```
# 设置输入值
x = -2; y = 5; z = -4


# 进行前向传播
q = x + y # q becomes 3
f = q * z # f becomes -12


# 进行反向传播:
# 首先回传到 f = q * z
dfdz = q # df/dz = q, 所以关于 z 的梯度是 3
dfdq = z # df/dq = z, 所以关于 q 的梯度是 -4
# 现在回传到 q = x + y
dfdx = 1.0 * dfdq # dq/dx = 1. 这里的乘法是因为链式法则
dfdy = 1.0 * dfdq # dq/dy = 1
```

最后得到变量的梯度$[\mathrm{d}f\mathrm{d}x, \mathrm{d}f\mathrm{d}y, \mathrm{d}f\mathrm{d}z]$,它们告诉我们函数 f 对于变量$[x,y,z]$的敏感程度。这是一个最简单的反向传播。一般会使用一个更简洁的表达符号,这样就不用写 $\mathrm{d}f$ 了。

这就是说,用 $\mathrm{d}q$ 来代替 $\mathrm{d}f\mathrm{d}q$,且总是假设梯度是关于最终输出的。

上述计算可以被可视化为如图 3.21 所示的计算线路图。

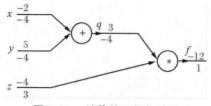

图 3.21　计算的可视化过程

前向传播从输入计算到输出(绿色),反向传播从尾部开始,根据链式法则递归地向前计算梯度(显示为红色),一直到网络的输入端。可以认为,梯度是从计算链路中回流。

3. 反向传播的直观理解

反向传播是一个优美的局部过程。在整个计算线路图中,每个门单元都会得到一些输入并立即计算两个值:① 这个门的输出值;② 其输出值关于输入值的局部梯度。门单元完成这两件事是完全独立的,它不需要知道计算线路中的其他细节。然而,一旦前向传播完毕,在反向传播的过程中,门单元将最终获得整个网络的最终输出值在自己的输出值上的梯度。链式法则指出,门单元应该将回传的梯度乘以它对其的输入的局部梯度,从而得到整个网络的输出对该门单元的每个输入值的梯度。

下面通过例子来对这一过程进行理解。加法门收到了输入 $[-2,5]$,计算输出是 3。既然这个门是加法操作,那么,对于两个输入的局部梯度都是 +1。网络的其余部分计算出最终值为 -12。在反向传播时将递归地使用链式法则,算到加法门(是乘法门的输入)的时候,知道加法门的输出的梯度是 -4。如果网络想要输出值更高,那么可以认为它会想要加法门的输出更小一点(因为负号),而且还有一个 4 的倍数。继续递归并对梯度使用链式法则,加法门拿到梯度,然后把这个梯度分别乘到每个输入值的局部梯度(就是让 -4 乘以 x 和 y 的局部梯度,x 和 y 的局部梯度都是 1,所以最终都是 -4)。可以看到得到了想要的效果:如果 x、y 减小(它们的梯度为负),那么加法门的输出值减小,这会让乘法门的输出值增大。

因此,反向传播可以看作是门单元之间在通过梯度信号相互通信,只要让它们的输入沿着梯度方向变化,无论它们自己的输出值在何种程度上升或降低,都是为了让整个网络的输出值更高。

4. Sigmoid 例子

上面介绍的门是相对随意的。任何可微分的函数都可以看作门。可以将多个门组合成一个门,也可以根据需要将一个函数分拆成多个门。来看下面的表达式:

$$f(\boldsymbol{w},\boldsymbol{x}) = \frac{1}{4} = \frac{1}{1 + \mathrm{e}^{-(w_0 x_0 + w_1 x_1 + w_2)}} \tag{3.28}$$

后面我们可以看到,这个表达式描述了一个含输入 $\boldsymbol{x}$ 和权重 $\boldsymbol{w}$ 的 2 维的神经元,该神经元使用 sigmoid 激活函数。但是现在只是个简单的看作一输入为 $\boldsymbol{x}$ 和 $\boldsymbol{w}$,输出为一个数字的函数。这个函数是由多个门组成的。除了上面介绍的加法门,乘法门,取最大值门,还有下面 4 种:

$$f(x) = \frac{1}{x} \rightarrow \frac{\mathrm{d}f}{\mathrm{d}x} = -\frac{1}{x^2}$$

$$f_c(x) = c + x \rightarrow \frac{\mathrm{d}f}{\mathrm{d}x} = 1$$

$$f(x) = \mathrm{e}^x \rightarrow \frac{\mathrm{d}f}{\mathrm{d}x} = \mathrm{e}^x$$

$$f_a(x) = ax \rightarrow \frac{\mathrm{d}f}{\mathrm{d}x} - a$$

$$\tag{3.29}$$

其中,函数 f_c 使用对输入值进行了常量 c 的平移, f_a 将输入值扩大了常量 a 倍。它们是加法和乘法的特例,但是这里将其看作一元门单元,因为确实需要就算常量 c 和 a 的梯度。整个计算线路如下:

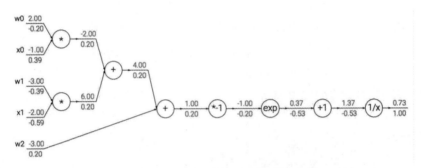

图 3.22　使用 sigmoid 激活的函数 2 维神经元例子

输入是 $[x_0, x_1]$,可学习的权重是 $[w_0, w_1, w_2]$,整个神经元对输入数据做点积运算,然后其激活数据 sigmoid 函数挤压到 $0 \sim 1$ 之间。

在上面的例子中可以看见一个函数操作的长链条,链条上的门都对 w 和 x 的点积结果进行操作。该函数被称为 sigmoid 函数 $\sigma(x)$ 。Sigmoid 函数关于其输入的求导是可以简化的:

$$\sigma(x) = \frac{1}{1 + \mathrm{e}^x}$$

$$\rightarrow \frac{\mathrm{d}\sigma(x)}{\mathrm{d}x} = \frac{\mathrm{e}^{-x}}{(1 + \mathrm{e}^{-x})^2} = \left(\frac{1 + \mathrm{e}^{-x} - 1}{1 + \mathrm{e}^{-x}}\right)\left(\frac{1}{1 + \mathrm{e}^{-x}}\right) = (1 - \sigma))\sigma(x) \tag{3.30}$$

可以看到梯度计算简单了很多。举个例子,sigmoid 表达式输入为 1.0,则在前向传播中计算出输出为 0.73。根据上面的公式,局部梯度为 $(1 - 0.07) \times 0.73 \approx 0.2$,这和之前的计算流程比起来,现在的计算使用一个单独的简单表达式即可。因此,在实际应用中将这些操作装进一个单独的门单元中将会非常有用。该神经元反向传播的代码实现如下:

```
w = [2, −3, −3] ♯ 假设一些随机数据和权重
x = [−1, −2]

♯ 前向传播
dot = w[0] * x[0] + w[1] * x[1] + w[2]
f = 1.0 / (1 + math.exp(− dot)) ♯ sigmoid 函数
```

```
# 对神经元反向传播
ddot = (1 - f) * f # 点积变量的梯度，使用 sigmoid 函数求导
dx = [w[0] * ddot, w[1] * ddot] # 回传到 x
dw = [x[0] * ddot, x[1] * ddot, 1.0 * ddot] # 回传到 w
# 完成!得到输入的梯度
```

上面的代码展示了在实际操作中,为了使反向传播过程更加简洁,把向前传播分成不同的阶段将是很有帮助的。比如创建了一个中间变量 *dot*,它装着 *w* 和 *x* 的点乘结果。在反向传播时,就可以反向地计算出装着 *w* 和 *x* 等的梯度的对应的变量(比如 **ddot**、d*x* 和 d*w*)。

看另一个例子,假设有如下函数:

$$f(x,y) = \frac{x + \sigma(y)}{\sigma(x) + (x + y)^2} \tag{3.31}$$

首先要说的是,这个函数完全没用,我们是不会用到它来进行梯度计算的,这里只是用来作为实践反向传播的一个例子。需要强调的是,如果对 x 或 y 进行微分运算,运算结束后会得到一个巨大而复杂的表达式,然而做如此复杂的运算实际上并无必要,因为我们不需要一个明确的函数来计算梯度,只需要知道如何使用反向传播计算梯度即可。下面是构建前向传播的代码模式:

```
x = 3 # 例子数值
y = -4

# 前向传播
sigy = 1.0 / (1 + math.exp(-y)) # 分子中的 sigmoi           #(1)
num = x + sigy # 分子                                        #(2)
sigx = 1.0 / (1 + math.exp(-x)) # 分母中的 sigmoid           #(3)
xpy = x + y                                                  #(4)
xpysqr = xpy ** 2 #(5)
den = sigx + xpysqr # 分母                                   #(6)
invden = 1.0 / den                                          #(7)
f = num * invden # 搞定!                                    #(8)
```

到了表达式的最后,就完成了前向传播。注意在构建代码时创建了多个中间变量,每个都是比较简单的形式,计算局部梯度的方法是已知的。这样计算反向传播就简单了:对前向传播时产生的每个变量(sigy,num,sigx,xpy,xpysqr,den,invden)进行回传。会有同样数量的变量,但是都以 d 开头,用来存储对应变量的梯度。注意在反向传播的每一小块中都将包含了表达式的局部梯度,然后根据使用链式法则乘以上游梯度。对于每行代码,将指明其对应的是前向传播的哪部分。

```
# 回传 f = num * invden
dnum = invden # 分子的梯度                                   #(8)
dinvden = num                                               #(8)
# 回传 invden = 1.0 / den
```

```
dden = (− 1.0 / (den * * 2)) * dinvden                                    #(7)
# 回传 den = sigx + xpysqr
dsigx = (1) * dden                                                        #(6)
dxpysqr = (1) * dden                                                      #(6)
# 回传 xpysqr = xpy * * 2
dxpy = (2 * xpy) * dxpysqr                                                #(5)
# 回传 xpy = x + y
dx = (1) * dxpy                                                           #(4)
dy = (1) * dxpy                                                           #(4)
# 回传 sigx = 1.0 / (1 + math.exp(− x))
dx += ((1 − sigx) * sigx) * dsigx # Notice += !! See notes below          #(3)
# 回传 num = x + sigy
dx += (1) * dnum                                                          #(2)
dsigy = (1) * dnum                                                        #(2)
# 回传 sigy = 1.0 / (1 + math.exp(− y))
dy += ((1 − sigy) * sigy) * dsigy                                         #(1)
```

需要注意以下几方面。

(1) 对前向传播变量进行缓存。在计算反向传播时,前向传播过程中得到的一些中间变量非常有用。在实际操作中,最好代码实现对于这些中间变量的缓存,这样在反向传播的时候也能用上它们。如果这样做过于困难,也可以重新计算它们,但是这样会浪费计算资源。

(2) 在不同分支的梯度要相加。如果变量 x, y 在前向计算的表达式中出现多次,那么进行反向传播的时候就要非常小心,使用 += 而不是 = 来累计这些变量的梯度(不然就会造成覆写)。这是遵循了在微积分中的多元链式法则,该法则指出如果变量在线路中分支走向不同的部分,那么梯度在回传的时候,就应该进行累加。

一个有趣的现象是,在回传流中的模式多数情况下,反向传播中的梯度可以被很直观地解释,如图 3.23 所示。例如神经网络中最常用的加法、乘法和取最大值这三个门单元,它们在反向传播过程中的行为都有非常简单的解释,如图 3.23 所示。

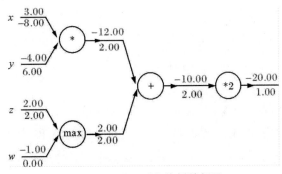

图 3.23　展示反向传播的例子

从图 3.23 中可知,加法门单元可以把输出的梯度相等地分发给它所有的输入,这一行为与输入值在前向传播时的值无关。这是因为加法操作的局部梯度都是简单的＋1，所以所有输入的梯度实际上就等于输出的梯度，因为乘以 1.0 保持不变。上例中，加法门把梯度 2.0 不变且相等地路由给了两个输入。

取最大值门单元对梯度做路由。和加法门不同，取最大值门将梯度转给其中一个输入，这个输入是在前向传播中值最大的那个输入。这是因为在取最大值门中，最高值的局部梯度是 1.0，其余的是 0。上例中，取最大值门将梯度 2.0 转给了 z 变量，因为 z 的值比 w 高，于是 w 的梯度保持为 0。

乘法门单元相对不容易解释。它的局部梯度就是输入值，但是是相互交换之后的，然后根据链式法则乘以输出值的梯度。上例中，x 的梯度是 $-4 \times 2 = -8$。

非直观影响及其结果。注意一种比较特殊的情况，如果乘法门单元的其中一个输入非常小，而另一个输入非常大，那么乘法门的操作将会不那么直观：它将会把大的梯度分配给小的输入，把小的梯度分配给大的输入。在线性分类器中，权重和输入是进行点积 $w^{\mathrm{T}} x_i$，这说明输入数据的大小对于权重梯度的大小有影响。例如，在计算过程中对所有输入数据样本 x_i 乘以 1 000，那么权重的梯度将会增大 1 000 倍，这样就必须降低学习率来弥补。这就是为什么数据预处理关系重大，它即使只是有微小变化，也会产生巨大影响。对于梯度在计算线路中如何流动的有一个直观的理解，可以帮助我们调试网络。

5. 用向量化操作计算梯度

上述内容考虑的虽然都是单个变量情况，但是所有概念都适用于矩阵和向量操作。在操作的时候要注意关注维度和转置操作。

矩阵相乘的梯度：可能最有技巧的操作是矩阵相乘（也适用于矩阵和向量，向量和向量相乘）的乘法操作：

```
                                                                    # 前向传播
W = np. random. randn(5,10)
X = np. random. randn(10,3)
D = W. dot(X)


# 假设我们得到了 D 的梯度
dD = np. random. randn( * D. shape) # 和 D 一样的尺寸
dW = dD. dot(X. T) # . T 就是对矩阵进行转置
dX = W. T. dot(dD)
```

注意不需要去记忆 dW 和 dX 的表达，因为它们很容易通过维度推导出来。例如，权重的梯度 dW 的尺寸肯定和权重矩阵 W 的尺寸是一样的，而这又是由 X 和 dD 的矩阵乘法决定的（图3.23例子中 X 和 W 都是数字不是矩阵）。总有一个方式是能够让维度之间匹配的。例如，X 的尺寸是[10×3]，dD 的尺寸是[5×3]，如果你想要 dW 和 W 的尺寸是[5×10]，那就要 dD. dot($X. T$)。

3.4　神　经　网　络

在线性分类一节中,在给出图像的情况下,是使用 $s = Wx$ 来计算不同视觉类别的评分,其中 W 是一个矩阵,x 是一个输入列向量,它包含了图像的全部像素数据。在使用 CIFAR-10 的案例中,x 是一个[3 072×1]的列向量,W 是一个[10×3 072]的矩阵,所以输出的评分是一个包含 10 个分类评分的向量。

神经网络算法则不同,它的计算公式是 $s = W_2 \max(0, W_1 x)$。其中 W_1 的含义是这样的:举个具体例子,它可以是一个[100×3 072]的矩阵,其作用是将图像转化为一个 100 维的过渡向量。函数 $\max(0, -)$ 是非线性的,它会作用到每个元素。这个非线性函数有多种选择,但这个形式是一个非常常用的选择,它就是简单地设置阈值,将所有小于 0 的值变成 0。最终,矩阵 W_2 的尺寸是[10×100],因此将得到 10 个数字,这 10 个数字可以解释为是分类的评分。注意非线性函数在计算上时至关重要的,如果略去这一步,那么两个矩阵将会合二为一,对于分类的评分计算将重新变成关于输入的线性函数。这个非线性函数就是改变的关键点。参数 W_1,W_2 将通过随机梯度下降来学习到,他们的梯度在反向传播过程中,通过链式法则来求导计算得到。

一个三层的神经网络可以类比地看作 $s = W_3 \max[0, W_2 \max(0, W_1 x)]$,其中 W_1,W_2,W_3 是需要进行学习的参数。现在我们先从神经元或者网络的角度理解上述计算。

3.4.1　单个神经元建模

神经网络算法领域最初是被生物神经系统建模这一目标启发,但随后与之分道扬镳,成为一个工程问题,并在机器学习领域取得良好效果。然而,讨论将还是从生物系统的一个高层次的简略描述开始,因为神经网络毕竟是从这里得到了启发。

1. 生物动机与连接

大脑的基本计算单元是神经元(neuron)。人类的神经系统中大约有 860 亿个神经元,它们被 $10^{14} \sim 10^{15}$ 个突触(synapses)连接起来。图 3.24 的左边展示了一个生物学的神经元,右边展示了一个常用的数学模型。每个神经元都从它的树突获得输入信号,然后沿着它唯一的轴突(axon)产生输出信号。轴突在末端会逐渐分支,通过突触和其他神经元的树突相连。

在神经元的计算模型中,沿着轴突传播的信号(比如 x_0)将基于突触的突触强度(w_0),与其他神经元的树突进行乘法交互(比如 $w_0 x_0$)。其观点是,突触的强度(也就是权重 w),是可学习的且可以控制一个神经元对另一个神经元的影响强度[还可控制影响方向:使其兴奋(正权重)或使其抑制(负权重)]。在基本模型中,树突将信号传递到细胞体,信号在细胞体中相加。如果最终之和高于某个阈值,那么神经元将会激活,向其轴突输出一个峰值信号。在计算模型中,这里假设峰值信号的准确时间点不重要,是激活信号的频率在交流信息。基于这个速率编码的观点,将神经元的激活率建模为激活函数(Activation Function)f,它表达了轴突上激活信号的频率。由于历史原因,激活函数常常选择使用 sigmoid 函数 σ,该函数输入是数值(求和后的信号强度),然后将输入值压缩到 $0 \sim 1$ 之间。

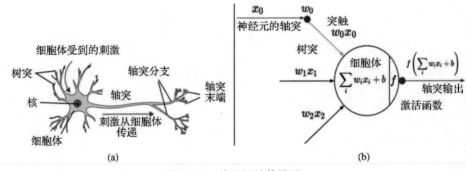

图 3.24 神经元计算模型

(a) 生物神经元；(b) 数学模型

一个神经元前向传播的实例代码如下：

```
classNeuron(object):
    # ...
    defforward(inputs):
        """ 假设输入和权重是 1－D 的 numpy 数组,偏差是一个数字 """
        cell_body_sum = np.sum(inputs * self.weights) + self.bias
        firing_rate = 1.0/(1.0 + math.exp(− cell_body_sum)) # sigmoid 激活函数
        returnfiring_rate
```

换句话说,每个神经元都对它的输入和权重进行点积,然后加上偏差,最后使用非线性函数(或称为激活函数)。本例中使用的是 sigmoid 函数 $\sigma(x) = \left(\dfrac{1}{1 + e^x}\right)$。

注意这个对于生物神经元的建模是非常粗糙的:在实际中,有很多不同类型的神经元,每种都有不同的属性。生物神经元的树突可以进行复杂的非线性计算。突触并不就是一个简单的权重,它们是复杂的非线性动态系统。很多系统中,输出的峰值信号的精确时间点非常重要,说明速率编码的近似是不够全面的。

2. 作为线性分类器的单个神经元

神经元模型的前向计算数学公式看起来可能比较眼熟。就像在线性分类器中看到的那样,神经元有能力"喜欢"(激活函数值接近 1),或者"不喜欢"(激活函数值接近 0)输入空间中的某些线性区域。因此,只要在神经元的输出端有一个合适的损失函数,就能让单个神经元变成一个线性分类器。

(1) 二分类 softmax 分类器。举例来说,可以把 $\sigma(\sum_i w_i x_i + b)$ 看作其中一个分类的概率 $P(y_i = 1 \mid x_i; w)$,其他分类的概率为 $P(y_i = 0 \mid x_i; w) = 1 - p(y_i = 1 \mid x_i; w)$,因为它们加起来必须为 1。根据这种理解,可以得到交叉熵损失。然后将它最优化为二分类的 Softmax 分类器(也就是逻辑回归)。因为 sigmoid 函数输出限定在 $0 \sim 1$ 之间,所以分类器做出预测的基准是神经元的输出是否大于 0.5。

(2) 二分类 SVM 分类器。或者可以在神经元的输出处增加一个最大边界折叶损失(max-marginhingeloss) 函数,将其训练成一个二分类的支持向量机。

（3）理解正则化。在 SVM/Softmax 的例子中，正则化损失从生物学角度可以看作逐渐遗忘，因为它的效果是让所有突触权重 **w** 在参数更新过程中逐渐向着 0 变化。

3. 常用激活函数

每个激活函数（或非线性函数）的输入都是一个数字，然后对其进行某种固定的数学操作。图 3.25 是在实践中可能遇到的两种激活函数。

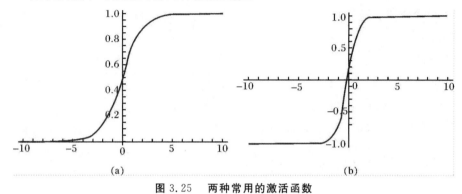

图 3.25　两种常用的激活函数

(a)Sigmoid 函数；(b)tanh 函数

图 3.25(a) 是 sigmoid 非线性函数，将实数压缩到 0～1 之间。图 3.25(b) 是 tanh 函数，将实数压缩到 -1～1。

Sigmoid 非线性函数的数学公式是 $\sigma(x) = \left(\dfrac{1}{1 + \mathrm{e}^x}\right)$，函数图像如上图的左边所示。在 3.3 节已经提到过，它输入实数值并将其"挤压"到 0～1 范围内。更具体来说，很大的负数变成 0，很大的正数变成 1。在历史上，sigmoid 函数非常常用，这是因为它对于神经元的激活频率有良好的解释：从完全不激活（0）到在求和后的最大频率处的完全饱和（saturated）的激活（1）。然而现在 sigmoid 函数已经不太受欢迎，实际很少使用了，这是因为它有两个主要缺点：

Sigmoid 函数饱和使梯度消失。Sigmoid 神经元有一个不好的特性，就是当神经元的激活在接近 0 或 1 处时会饱和：在这些区域，梯度几乎为 0。回忆一下，在反向传播的时候，这个（局部）梯度将会与整个损失函数关于该门单元输出的梯度相乘。因此，如果局部梯度非常小，那么相乘的结果也会接近 0，这会有效地"杀死"梯度，几乎就没有信号通过神经元传到权重再到数据了。还有，为了防止饱和，必须对于权重矩阵初始化特别留意。比如，如果初始化权重过大，那么大多数神经元将会饱和，导致网络就几乎不学习了。

Sigmoid 函数的输出不是零中心的。这个性质并不是我们想要的，因为在神经网络后面层中的神经元得到的数据将不是零中心的。这一情况将影响梯度下降的运作，因为如果输入神经元的数据总是正数（比如在 $f = w^{\mathrm{T}}x + b$ 中每个元素都 $x > 0$），那么关于 **w** 的梯度在反向传播的过程中，将会要么全部是正数，要么全部是负数（具体根据整个表达式 f 而定）。这将会导致梯度下降权重更新时出现 z 字形的下降。然而，可以看到整个批量的数据的梯度加起来后，对于权重的最终更新将会有不同的正负，这样就从一定程度上减轻了这个问题。因此，该问题相对于上面的神经元饱和问题来说只是个小麻烦,没有那么严重。

Tanh 非线性函数图像如图 3.25(b) 所示。它将实数值压缩到 $-1 \sim 1$ 之间。和 sigmoid 神经元一样,它也存在饱和问题,但是和 sigmoid 神经元不同的是,它的输出是零中心的。因此,在实际操作中,tanh 非线性函数比 sigmoid 函数更受欢迎。注意 tanh 神经元是一个简单放大的 sigmoid 神经元,具体说来就是:$\tanh(x) = 2\sigma(2x - 1)$。

ReLU 函数及其收敛效率如图 3.26 所示。

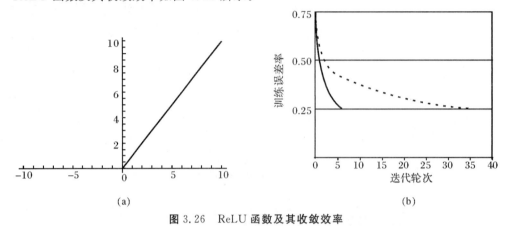

(a)　　　　　　　　　　　　　　　　　　　(b)

图 3.26　ReLU 函数及其收敛效率

(a)ReLU 激活函数;(b)ReLU 函数和 tanh 函数的收敛效果对比

图 3.26(a) 是 ReLU(校正线性单元:Rectified Linear Unit) 激活函数,当 $x = 0$ 时函数值为 0。当 $x > 0$ 时函数的斜率为 1。图 3.26(b) 是从 Krizhevsky 等人的论文中截取的图表[5],指明使用 ReLU 比使用 tanh 的收敛快 6 倍。

近些年 ReLU 变得非常流行。它的函数公式是 $f(x) = \max(0, x)$。换句话说,这个激活函数就是一个关于 0 的阈值。使用 ReLU 有以下一些优缺点:

(1) 优点。① 相较于 sigmoid 和 tanh 函数,ReLU 对于随机梯度下降的收敛有巨大的加速作用(Krizhevsky 等的论文指出有 6 倍之多)。据称这是由它的线性、非饱和的公式导致的。②Sigmoid 和 tanh 神经元含有指数运算等耗费计算资源的操作,而 ReLU 可以简单地通过对一个矩阵进行阈值计算得到。

(2) 缺点。在训练的时候,ReLU 单元比较脆弱并且可能“死掉”。举例来说,当一个很大的梯度流过 ReLU 的神经元的时候,可能会导致梯度更新到一种特别的状态,在这种状态下神经元将无法被其他任何数据点再次激活。如果这种情况发生,那么从此所以流过这个神经元的梯度将都变成 0。也就是说,这个 ReLU 单元在训练中将不可逆转的死亡,因为这导致了数据多样化的丢失。例如,如果学习率设置得太高,可能会发现网络中 40% 的神经元都会死掉(在整个训练集中这些神经元都不会被激活)。通过合理设置学习率,这种情况的发生概率会降低。

LeakyReLU 是解决“ReLU 死亡”问题的尝试。ReLU 中当 $x > 0$ 时,函数值为 0。而 LeakyReLU 则是给出一个很小的负数梯度值,比如 0.01。所以其函数公式为 $f(x) = 1(x < 0)(ax) + 1(x \geqslant 0)(x)$,其中 a 是一个很小的常量。有研究者指出这个激活函数表现很不错,但是其效果并不是很稳定。Kaiming He 等人在 2015 年发布的论文[84]中介绍了一种新方法 PReLU,把负区间上

的斜率当做每个神经元中的一个参数。然而该激活函数在不同任务中均有益处的一致性并没有特别清晰。

一些其他类型的单元被提了出来,比如 Maxout,它们对于权重和数据的内积结果不再使用 $f(w^T x + b)$ 函数形式。Maxout 是对 ReLU 和 LeakyReLU 的一般化归纳,它的函数是: $\max(w_1^T x + b_1, w_2^T x + b_2)$。ReLU 和 LeakyReLU 都是这个公式的特殊情况(比如 ReLU 就是当 $w_1, b_1 = 0$ 的时候)这样 Maxout 神经元就拥有 ReLU 单元的所有优点(线性操作和不饱和),而没有它的缺点(死亡的 ReLU 单元)。然而和 ReLU 对比,它每个神经元的参数数量增加了一倍,这就导致整体参数的数量激增。

以上就是一些常用的神经元及其激活函数。最后需要注意一点:在同一个网络中混合使用不同类型的神经元是非常少见的,虽然没有什么根本性问题来禁止这样做。

小结一下,那么该用哪种激活函数呢?用 ReLU 非线性函数。注意设置好学习率,或许可以监控网络中死亡神经元占的比例。如果单元死亡问题困扰,就试试 LeakyReLU 或者 Maxout,不要再用 Sigmoid 函数了。也可以试试 tanh 函数,但是其效果应该不如 ReLU 和 Maxout。

3.4.2　神经网络结构

神经网络被建模成神经元的集合,神经元之间以无环图的形式进行连接。也就是说,一些神经元的输出是另一些神经元的输入。在网络中是不允许循环的,因为这样会导致前向传播的无限循环。通常神经网络模型中神经元是分层的,而不是像生物神经元一样聚合成大小不一的团状。对于普通神经网络,最普通的层的类型是全连接层(Fully-Connected-Layer)。全连接层中的神经元与其前后两层的神经元是完全成对连接的,但是在同一个全连接层内的神经元之间没有连接。图 3.27 是两个神经网络的图例,都使用的全连接层。

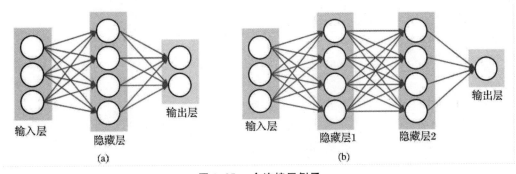

图 3.27　全连接层例子

(a)2 层神经网络;(b)3 层神经网络

图 3.27(a) 是一个 2 层神经网络,隐层由 4 个神经元[也可称为单元(unit)]组成,输出层由 2 个神经元组成,输入层是 3 个神经元。图 3.27(b) 是一个 3 层神经网络,两个含 4 个神经元的隐层。注意:层与层之间的神经元是全连接的,但是层内的神经元不连接。

(1)命名规则。当说 N 层神经网络的时候,并没有把输入层算入。因此,单层的神经网络就是没有隐层的(输入直接映射到输出)。因此,有的研究者会说逻辑回归或者 SVM 只是单层神经网络的一个特例。研究者们也会使用人工神经网络(Artificial Neural Networks,ANN)或者多层感知器(Multi-Layer Perceptrons,MLP)来指代神经网络。很多研究者并不喜欢神经网络算法和人类大脑之间的类比,他们更倾向于用单元(unit)而不是神经元作为术语。

(2)输出层。和神经网络中其他层不同,输出层的神经元一般是不会有激活函数的(或者也可以认为它们有一个线性相等的激活函数)。这是因为最后的输出层大多用于表示分类评分值,因此是任意值的实数,或者某种实数值的目标数(比如在回归中)。

(3)确定网络尺寸。用来度量神经网络的尺寸的标准主要有两个:一个是神经元的个数,另一个是参数的个数,用上面图示的两个网络举例:

第一个网络有 $4+2=6$ 个神经元(输入层不算),$[3\times4]+[4\times2]=20$ 个权重,还有 $4+2=6$ 个偏置,共26个可学习的参数。

第二个网络有 $4+4+1=9$ 个神经元,$[3\times4]+[4\times4]+[4\times1]=32$ 个权重,$4+4+1=9$ 个偏置,共41个可学习的参数。

为了方便对比,现代卷积神经网络能包含约1亿个参数,可由 $10\sim20$ 层构成(这就是深度学习)。然而,有效(effective)连接的个数因为参数共享的缘故大大增多。

1.前向传播算法举例

将神经网络组织成层状的一个主要原因,就是这个结构让神经网络算法使用矩阵向量操作变得简单和高效。用上面那个3层神经网络举例,输入是 $[3\times1]$ 的向量。一个层所有连接的强度可以存在一个单独的矩阵中。比如第一个隐层的权重 W_1 是 $[4\times3]$,所有单元的偏置储存在 b_1 中,尺寸 $[4\times1]$。这样,每个神经元的权重都在 W 的一个行中,于是矩阵乘法 np.dot(W_1,x) 就能计算该层中所有神经元的激活数据。类似的,W_2 将会是 $[4\times4]$ 矩阵,存储着第二个隐层的连接,W_3 是 $[1\times4]$ 的矩阵,用于输出层。完整的3层神经网络的前向传播就是简单的3次矩阵乘法,其中交织着激活函数的应用。

```
# 一个3层神经网络的前向传播:
f = lambdax:1.0/(1.0 + np.exp(- x))# 激活函数(用的sigmoid)
x = np.random.randn(3,1) # 含3个数字的随机输入向量(3x1)
h1 = f(np.dot(W1,x) + b1)# 计算第一个隐层的激活数据(4x1)
h2 = f(np.dot(W2,h1) + b2) # 计算第二个隐层的激活数据(4x1)
out = np.dot(W3,h2) + b3 # 神经元输出(1x1)
```

在上面的代码中 W_1,W_2,W_3,b_1,b_2,b_3 都是网络中可以学习的参数。注意 x 并不是一个单独的列向量,而可以是一个批量的训练数据(其中每个输入样本将会是 x 中的一列),所有的样本将会被并行化地高效计算出来。注意神经网络最后一层通常是没有激活函数的(例如,在分类任务中它给出一个实数值的分类评分)。

2.表达能力

理解具有全连接层的神经网络的一个方式是:可以认为它们定义了一个由一系列函数组成的函数族,网络的权重就是每个函数的参数。如此产生的问题是:该函数族的表达能力如何?

存在不能被神经网络表达的函数吗?

现在看来,拥有至少一个隐层的神经网络是一个通用的近似器。在文献[85]中已经证明,给出任意连续函数 $f(x)$ 和任意 $\varepsilon > 0$,均存在一个至少含一个隐层的神经网络 $f(x)$(并且网络中有合理选择的非线性激活函数,比如 sigmoid),对于 $\forall x$,使得 $|f(x) - f(x)| < \varepsilon$。换句话说,神经网络可以近似任何连续函数。

既然一个隐层就能近似任何函数,那为什么还要构建更多层来将网络做得更深?答案是:虽然一个 2 层网络在数学理论上能完美地近似所有连续函数,但在实际操作中效果相对较差。在一个维度上,虽然以 a,b,c 为参数向量"指示块之和"函数 $g(x) = \sum_i c_i 1(a_i < x < b_i)$ 也是通用的近似器,但是谁也不会建议在机器学习中使用这个函数公式。神经网络在实践中非常好用,是因为它们表达出的函数不仅平滑,而且对于数据的统计特性有很好的拟合。同时,网络通过最优化算法(例如梯度下降)能比较容易地学习到这个函数。类似的,虽然在理论上深层网络(使用了多个隐层)和单层网络的表达能力是一样的,但是就实践经验而言,深度网络效果比单层网络好。

另外,在实践中 3 层的神经网络会比 2 层的表现好,然而继续加深(做到 4,5,6 层)很少有太大帮助。卷积神经网络的情况却不同,在卷积神经网络中,对于一个良好的识别系统来说,深度是一个极端重要的因素[比如数十(以 10 为量级)个可学习的层]。对于该现象的一种解释观点是:因为图像拥有层次化结构(比如脸是由眼睛等组成,眼睛又是由边缘组成),所以多层处理对于这种数据就有直观意义。

全面的研究内容还很多,近期研究的进展也很多[86-88]。

3. 设置层的数量和尺寸

在面对一个具体问题的时候该确定网络结构呢?到底是不用隐层呢?还是一个隐层?两个隐层或更多?每个层的尺寸该多大?

首先,要知道当我们增加层的数量和尺寸时,网络的容量上升了。即神经元们可以合作表达许多复杂函数,所以表达函数的空间增加。例如,如果有一个在二维平面上的二分类问题。这里可以训练 3 个不同的神经网络,每个网络都只有一个隐层,但是每层的神经元数目不同。

更大的神经网络可以表达更复杂的函数。数据是用不同颜色的圆点表示他们的不同类别,决策边界是由训练过的神经网络做出的。读者可以在 ConvNetsJS demo(https://cs. stanford. edu/people/karpathy/convnetjs/demo/classify2d. html)上练练手。

在图 3.28 中,可以看见有更多神经元的神经网络可以表达更复杂的函数。然而这既是优势也是不足,优势是可以分类更复杂的数据,不足是可能造成对训练数据的过拟合。过拟合(Overfitting)是网络对数据中的噪声有很强的拟合能力,而没有重视数据间(假设)的潜在基本关系。举例来说,有 20 个神经元隐层的网络拟合了所有的训练数据,但是其代价是把决策边界变成了许多不相连的红绿区域。而有 3 个神经元的模型的表达能力只能用比较宽泛的方式去分类数据。它将数据看作是两个大块,并把个别在绿色区域内的红色点看作噪声。在实际中,这样可以在测试数据中获得更好的泛化(generalization)能力。

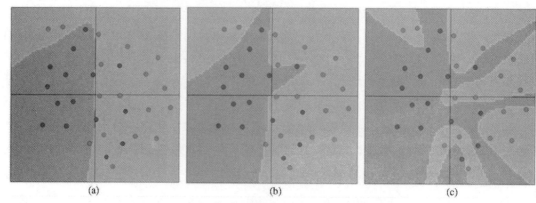

图 3.28   不同隐层神经元数目的神经网络判别结果

(a)3 个隐层神经元;(b)6 个隐层神经元;(c)20 个隐层神经元

基于上面的讨论,看起来如果数据不是足够复杂,则似乎小一点的网络更好,因为可以防止过拟合。然而并非如此,防止神经网络的过拟合有很多方法(L_2 正则化,dropout 和输入噪声等),后面会详细讨论。在实践中,使用这些方法来控制过拟合比减少网络神经元数目要好得多。

不要减少网络神经元数目的主要原因在于小网络更难使用梯度下降等局部方法来进行训练:虽然小型网络的损失函数的局部极小值更少,也比较容易收敛到这些局部极小值,但是这些最小值一般都很差,损失值很高。相反,大网络拥有更多的局部极小值,但就实际损失值来看,这些局部极小值表现更好,损失更小。因为神经网络是非凸的,就很难从数学上研究这些特性。即便如此,还是有一些文章尝试对这些目标函数进行理解,例如文献[89]。在实际中,你将发现如果训练的是一个小网络,那么最终的损失值将展现出多变性:某些情况下运气好会收敛到一个好的地方,某些情况下就收敛到一个不好的极值。从另一方面来说,如果你训练一个大的网络,你将发现许多不同的解决方法,但是最终损失值的差异将会小很多。这就是说,所有的解决办法都差不多,而且对于随机初始化参数好坏的依赖也会小很多。

正则化强度是控制神经网络过拟合的好方法,如图 3.29 所示。

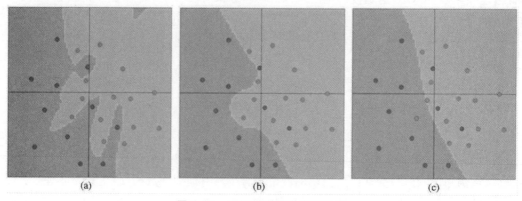

图 3.29   不同正则化强度的效果

(a)$\lambda = 0.001$;(b)$\lambda = 0.01$;(c)$\lambda = 0.1$

每个神经网络都有 20 个隐层神经元,但是随着正则化强度增加,它的决策边界变得更加平滑。读者可以在 ConvNetsJS demo 上练练手。

需要记住的是:不应该因为害怕出现过拟合而使用小网络。相反,应该进尽可能使用大网络,然后使用正则化技巧来控制过拟合。

3.4.3 设置数据和模型

在 3.4.2 节中介绍了神经元的模型,它在计算内积后进行非线性激活函数计算,神经网络将这些神经元组织成各个层。这些做法共同定义了评分函数(score function)的新形式,该形式是从前面线性分类章节中的简单线性映射发展而来的。具体来说,神经网络就是进行了一系列的线性映射与非线性激活函数交织的运算。本节将讨论更多的算法设计选项,比如数据预处理,权重初始化和损失函数。

关于数据预处理我们有 3 个常用的符号,数据矩阵 X,假设其尺寸是 $[N \times D]$(N 是数据样本的数量,D 是数据的维度)。

(1) 均值减法。均值减法(Mean subtraction)是预处理最常用的形式。它对数据中每个独立特征减去平均值,从几何上可以理解为在每个维度上都将数据云的中心都迁移到原点。在 numpy 中,该操作可以通过代码 $X -= np.mean(X, axis = 0)$ 实现。而对于图像,更常用的是对所有像素都减去一个值,可以用 $X -= np.mean(X)$ 实现,也可以在 3 个颜色通道上分别操作。

(2) 归一化。归一化(Normalization)是指将数据的所有维度都归一化,使其数值范围都近似相等。有两种常用方法可以实现归一化。第一种是先对数据做零中心化(zero-centered)处理,然后每个维度都除以其标准差,实现代码为 $X / np.std(X, axis = 0)$。第二种方法是对每个维度都做归一化,使得每个维度的最大和最小值是 1 和 -1。这个预处理操作只有在确信不同的输入特征有不同的数值范围(或计量单位)时才有意义,但要注意预处理操作的重要性几乎等同于学习算法本身。在图像处理中,由于像素的数值范围几乎是一致的(都在 $0 \sim 255$ 之间),所以进行这个额外的预处理步骤并不是很必要。一般数据预处理流程如图 3.30 的示。

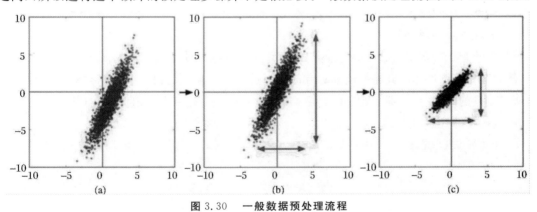

图 3.30 一般数据预处理流程

(a) 原始数据;(b) 零均值数据;(c) 归一化数据

图 3.30(a) 为原始的 2 维输入数据。图 3.30(b) 中在每个维度上都减去平均值后得到零中心化数据,现在数据云是以原点为中心的。图 3.30(c) 中每个维度都除以其标准差来调整其数

值范围。红色的线指出了数据各维度的数值范围，在中间的零中心化数据的数值范围不同，但在右边归一化数据中数值范围相同。

（3）PCA和白化。PCA和白化（Whitening）是另一种预处理形式。在这种处理中，先对数据进行零中心化处理，然后计算协方差矩阵，它展示了数据中的相关性结构。

```
# 假设输入数据矩阵 X 的尺寸为[N × D]
X -= np. mean(X, axis = 0) # 对数据进行零中心化(重要)
cov = np. dot(X. T, X)/X. shape[0] # 得到数据的协方差矩阵
```

数据协方差矩阵的第(i, j)个元素是数据第i个和第j个维度的协方差。具体来说，该矩阵的对角线上的元素是方差。还有，协方差矩阵是对称和半正定的。我们可以对数据协方差矩阵进行 SVD（奇异值分解）运算。

$U, S, V = $ np. linalg. svd(cov)

U 的列是特征向量，S 是装有奇异值的 1 维数组（因为 cov 是对称且半正定的，所以 S 中元素是特征值的平方）。为了去除数据相关性，将已经零中心化处理过的原始数据投影到特征基准上：

Xrot $= $ np. dot(X, U) # 对数据去相关性

注意：U 的列是标准正交向量的集合（范式为 1，列之间标准正交），所以可以把它们看作标准正交基向量。因此，投影对应 x 中的数据的一个旋转，旋转产生的结果就是新的特征向量。如果计算 Xrot 的协方差矩阵，将会看到它是对角对称的。np. linalg. svd 的一个良好性质是在它的返回值 U 中，特征向量是按照特征值的大小排列的。这里可以利用这个性质来对数据降维，只要使用前面的小部分特征向量，丢弃掉那些包含的数据没有方差的维度。这个操作也被称为主成分分析（Principal Component Analysis, PCA）降维：

Xrot_reduced $= $ np. dot($X, U[:,:100]$) # Xrot_reduced 变成 $[N \times 100]$

经过上面的操作，将原始的数据集的大小由 $[N \times D]$ 降到了 $[N \times 100]$，留下了数据中包含最大方差的 100 个维度。通常使用 PCA 降维过的数据训练线性分类器和神经网络会达到非常好的性能效果，同时还能节省时间和存储器空间。

最后一个在实践中会看见的变换是白化（whitening）。白化操作的输入是特征基准上的数据，然后对每个维度除以其特征值来对数值范围进行归一化。该变换的几何解释是：如果数据服从多变量的高斯分布，那么经过白化后，数据的分布将会是一个均值为零，且协方差相等的矩阵。该操作的代码如下：

```
# 对数据进行白化操作：
# 除以特征值
Xwhite = Xrot / np. sqrt(S + 1e - 5)
```

提醒：夸大的噪声。注意分母中添加了 1e-5（或一个更小的常量）来防止分母为 0。该变换的一个缺陷是在变换的过程中可能会夸大数据中的噪声，这是因为它将所有维度都拉伸到相同的数值范围，这些维度中也包含了那些只有极少差异性（方差小）而大多是噪声的维度。在实际操作中，这个问题可以用更强的平滑来解决（例如：采用比 1e-5 更大的值）。

图 3.31(a) 为二维的原始数据。图 3.31(b) 经过 PCA 操作的数据。可以看出数据首先是零

中心的,然后变换到了数据协方差矩阵的基准轴上。这样就对数据进行了解相关(协方差矩阵变成对角阵)。图 3.31(c)每个维度都被特征值调整数值范围,将数据协方差矩阵变为单位矩阵。从几何上看,就是对数据在各个方向上拉伸压缩,使之变成服从高斯分布的一个数据点分布。

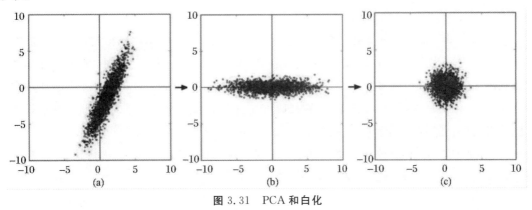

图 3.31　PCA 和白化

(a) 原始数据;(b) 去相关数据;(c) 白化数据

这里可以使用 CIFAR - 10 数据将这些变化可视化出来。CIFAR-10 训练集的大小是 50 000×3 072,其中每张图片都可以拉伸为 3 072 维的行向量。我们可以计算[3 072×3 072]的协方差矩阵然后进行奇异值分解(比较耗费计算性能),经过计算的特征向量如图 3.32 所示。

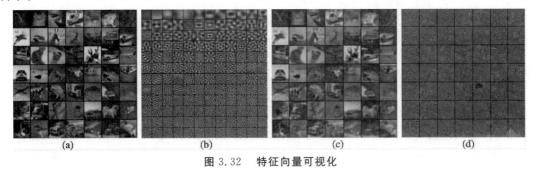

图 3.32　特征向量可视化

(a) 原始图像;(b) 排在前面的 144 个特征向量;(c) 降维后的图像;(d) 白化图像

图 3.32(a)为一个用于演示的集合,含 49 张图片。图 3.32(b)为 3 072 个特征值向量中的前 144 个。靠前面的特征向量解释了数据中大部分的方差,可以看见它们与图像中较低的频率相关。图 3.32(c)是 49 张经过了 PCA 降维处理的图片,展示了 144 个特征向量。这就是说,展示原始图像是每个图像用 3 072 维的向量,向量中的元素是图片上某个位置的像素在某个颜色通道中的亮度值。而现在每张图片只使用了一个 144 维的向量,其中每个元素表示了特征向量对于组成这张图片的贡献度。为了让图片能够正常显示,需要将 144 维度重新变成基于像素基准的 3 072 个数值。因为 U 是一个旋转,可以通过乘以 $U.\mathrm{transpose}()[:144,:]$ 来实现,然后将得到的 3 072 个数值可视化。可以看见图像变得有点模糊了,这正好说明前面的特征向量获取了较低的频率。然而,大多数信息还是保留了下来。图 3.32(d)将"白化"后的数据进行显示。其中 144 个维度中的方差都被压缩到了相同的数值范围。然后 144 个白化后的数值通过乘以 $U.$

transpose()[:144,:]转换到图像像素基准上。现在较低的频率(代表了大多数方差)忽略不计,较高的频率(代表相对少的方差)就被夸大了。

1)实践操作。上面提到 PCA 和白化主要是为了介绍的完整性,实际上在卷积神经网络中并不会采用这些变换。然而对数据进行零中心化操作还是非常重要的,对每个像素进行归一化也很常见。

2)常见错误。进行预处理很重要的一点是:任何预处理策略(比如数据均值)都只能在训练集数据上进行计算,算法训练完毕后再应用到验证集或者测试集上。例如,如果先计算整个数据集图像的平均值然后每张图片都减去平均值,最后将整个数据集分成训练 / 验证 / 测试集,那么这个做法是错误的。应该怎么做呢?应该先分成训练 / 验证 / 测试集,只是从训练集中求图片平均值,然后各个集(训练 / 验证 / 测试集)中的图像再减去这个平均值。

(4)权重初始化。由前文已知如何构建一个神经网络的结构并对数据进行预处理,但是在开始训练网络之前,还需要初始化网络的参数。

1)错误:全零初始化。在训练完毕后,虽然不知道网络中每个权重的最终值应该是多少,但如果数据经过了恰当的归一化的话,就可以假设所有权重数值中大约一半为正数,一半为负数。这样,一个听起来蛮合理的想法就是把这些权重的初始值都设为 0,因为在期望上来说 0 是最合理的猜测。这个做法错误的!因为如果网络中的每个神经元都计算出同样的输出,然后它们就会在反向传播中计算出同样的梯度,从而进行同样的参数更新。换句话说,如果权重被初始化为同样的值,神经元之间就失去了不对称性的源头。

2)小随机数初始化。权重初始值要非常接近 0 又不能等于 0。解决方法就是将权重初始化为很小的数值,以此来打破对称性。其思路是:如果神经元刚开始的时候是随机且不相等的,那么它们将计算出不同的更新,并将自身变成整个网络的不同部分。小随机数权重初始化的实现方法是:$W = 0.01 \times np.random.randn(D, H)$。其中 randn 函数是基于零均值和标准差的一个高斯分布来生成随机数的。根据这个式子,每个神经元的权重向量都被初始化为一个随机向量,而这些随机向量又服从一个多变量高斯分布,这样在输入空间中,所有的神经元的指向是随机的。也可以使用均匀分布生成的随机数,但是从实践结果来看,对于算法的结果影响极小。

注意:并不是小数值一定会得到好的结果。例如,一个神经网络的层中的权重值很小,那么在反向传播的时候就会计算出非常小的梯度(因为梯度与权重值是成比例的)。这就会很大程度上减小反向传播中的"梯度信号",在深度网络中,就会出现问题。

使用 $1/sqrt(n)$ 校准方差。上面做法存在一个问题,随着输入数据量的增长,随机初始化的神经元输出数据分布中的方差也在增大。这是可以除以输入数据量的平方根来调整其数值范围,这样神经元输出的方差就归一化到 1 了。也就是说,建议将神经元的权重向量初始化为:$w = np.random.randn(n)/sqrt(n)$。其中 n 是输入数据的数量。这样就保证了网络中所有神经元起始时有近似同样的输出分布。实践经验证明,这样做可以提高收敛的速度。

上述结论的推导过程如下:假设权重 w 和输入 x 之间的内积为 $s = \sum_i^n w_i x_i$,这是还没有进行非线性激活函数运算之前的原始数值,可以检查 s 的方差:

$$
\begin{aligned}
\mathrm{Var}(s) = \mathrm{Var}\Big(\sum_i^n w_i x_i\Big) = & \\
\sum_i^n \mathrm{Var}(w_i x_i) = & \\
\sum_i^n [\mathrm{E}(w_i)]^2 \mathrm{Var}(x_i) + [\mathrm{E}(x_i)]^2 \mathrm{Var}(x_i)\mathrm{Var}(w_i) = & \\
\sum_i^n \mathrm{Var}(w_i)\mathrm{Var}(x_i) = & \\
n\mathrm{Var}(w)\mathrm{Var}(x) &
\end{aligned}
\tag{3.32}
$$

在前两步,使用了方差的性质。在第三步,因为假设输入和权重的平均值都是 0,所以 $\mathrm{E}(w_i) = \mathrm{E}(x_i) = 0$。注意这并不是一般化情况,比如在 ReLU 单元中均值就为正。在最后一步,这里假设所有的 w_i, x_i 都服从同样的分布。从这个推导过程可以看见,如果想要 s 和 x 一样的方差,那么在初始化的时候必须保证每个权重 w 的方差是 $1/n$。又因为对于一个随机变量 X 和标量 a,有 $\mathrm{Var}(aX) = a^2 \mathrm{Var}(X)$,这就说明可以基于一个标准高斯分布,然后乘以 $a = \sqrt{1/n}$,使其方差为 $1/n$,于是得出:$w = \mathrm{np.\,random.\,randn}(n)/\mathrm{sqrt}(n)$。

Glorot 等在文献[90]中做出了类似的分析。在论文中,作者推荐初始化公式为 $\mathrm{Var}(w) = 2/(n_{\mathrm{in}} + n_{\mathrm{out}})$,其中 n_{in} 和 n_{out} 是在前一层和后一层中单元的个数。这是基于妥协和对反向传播中梯度的分析得出的结论。此外,文献[2]给出了一种针对 ReLU 神经元的特殊初始化,并给出结论:网络中神经元方差应该是 $2.0/n$。代码为 $w = \mathrm{np.\,random.\,randn}(n) \times \mathrm{sqrt}(2.0/n)$。

3)稀疏初始化(Sparse initialization)。另一个处理非标定方差的方法是将所有权重矩阵设为 0,但是为了打破对称性,每个神经元都同下一层固定数目的神经元随机连接(其权重数值由一个小的高斯分布生成)。一个比较典型的连接数目是 10 个。

4)偏置(biases)的初始化。通常将偏置初始化为 0,这是因为随机小数值权重矩阵已经打破了对称性。对于 ReLU 非线性激活函数,有研究人员喜欢使用如 0.01 这样的小数值常量作为所有偏置的初始值,这是因为他们认为这样做能让所有的 ReLU 单元一开始就激活,这样就能保存并传播一些梯度。然而,这样做是不是总是能提高算法性能并不清楚(有时候实验结果反而显示性能更差),所以通常还是使用 0 来初始化偏置参数。

5)实践。当前的推荐是使用 ReLU 激活函数,并且使用 $w = \mathrm{np.\,random.\,randn}(n) \times \mathrm{sqrt}(2.0/n)$ 来进行权重初始化,关于这一点,这篇文章有讨论。

6)批量归一化(Batch Normalization)。批量归一化是 loffe 和 Szegedy 最近才提出的方法[91],该方法较好地解决了如何合理初始化神经网络的棘手问题),其做法是让激活数据在训练开始前通过一个网络,网络处理数据使其服从标准高斯分布。因为归一化是一个简单可求导的操作,所以上述思路是可行的。在实现层面,应用这个技巧通常意味着全连接层(或者是卷积层)与激活函数之间添加一个 BatchNorm 层。在实践中,使用了批量归一化的网络对于不好的初始值有更强的鲁棒性。最后一句话总结:批量归一化可以理解为在网络的每一层之前都做预处理,只是这种操作以另一种方式与网络集成在了一起。

(5)正则化(Regularization)。有不少方法是通过控制神经网络的容量来防止其过拟合的。

L_1 正则化是另一个相对常用的正则化方法。对于每个 w 都向目标函数增加一个 $\lambda \mid w \mid$。L_1 和 L_2 正则化也可以进行组合：$\lambda_1 \mid w \mid + \lambda_2 w^2$，这也被称作 Elastic net regularizaton[92]。L_1 正则化有一个有趣的性质，它会让权重向量在最优化的过程中变得稀疏（即非常接近 0）。也就是说，使用 L_1 正则化的神经元最后使用的是它们最重要的输入数据的稀疏子集，同时对于噪声输入则几乎是不变的了。相较 L_1 正则化，L_2 正则化中的权重向量大多是分散的小数字。在实践中，如果不是特别关注某些明确的特征选择，一般说来 L_2 正则化都会比 L_1 正则化效果好。

L_2 正则化可能是最常用的正则化方法了。可以通过惩罚目标函数中所有参数的平方来实现。即对于网络中的每个权重 w，向目标函数中增加一个 $\frac{1}{2}\lambda w^2$，其中 λ 是正则化强度。前面这个 $\frac{1}{2}$ 很常见，因为加上 $\frac{1}{2}$ 后，该式子关于 w 梯度就是 λw 而不是 $2\lambda w$ 了。L_2 正则化可以直观理解为它对于大数值的权重向量进行严厉惩罚，倾向于更加分散的权重向量。在线性分类章节中讨论过，由于输入和权重之间的乘法操作，这样就有了一个优良的特性：使网络更倾向于使用所有输入特征，而不是严重依赖输入特征中某些小部分特征。最后需要注意在梯度下降和参数更新的时候，使用 L_2 正则化意味着所有的权重都以 $W += -\text{lambda} * W$ 向着 0 线性下降。

最大范式约束（Max norm constraints）是给每个神经元中权重向量的量级设定上限，并使用投影梯度下降来确保这一约束。在实践中，与之对应的是参数更新方式不变，然后要求神经元中的权重向量 w 必须满足 $\lVert w \rVert_2 < c$ 这一条件，一般 c 值为 3 或 4。有研究者发文称在使用这种正则化方法时效果更好。这种正则化还有一个良好的性质，即使在学习率设置过高的时候，网络中也不会出现数值"爆炸"，这是因为它的参数更新始终是被限制着的。

1）随机失活（Dropout）。它是一个简单又极其有效的正则化方法。该方法由 Srivastava 在文献[93] 中提出的，与 L_1 正则化，L_2 正则化和最大范式约束等方法互为补充。在训练的时候，随机失活的实现方法是让神经元以超参数的概率被激活或者被设置为 0。

在训练过程中，随机失活可以被认为是对完整的神经网络抽样出一些子集，每次基于输入数据只更新子网络的参数（然而，数量巨大的子网络们并不是相互独立的，因为它们都共享参数）。在测试过程中不使用随机失活，可以理解为是对数量巨大的子网络们做了模型集成（model ensemble），以此来计算出一个平均的预测，如图 3.33 所示。

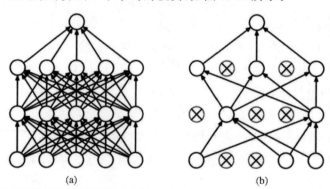

(a)   (b)

图 3.33　随机失活前后比较

(a) 标准神经网络；(b) 应用 dropout 后

一个 3 层神经网络的普通版随机失活可以用下面代码实现：

```
"""普通版随机失活:不推荐实现"""

p = 0.5# 激活神经元的概率. p 值更高 = 随机失活更弱

deftrain_step(X):
    """ X 中是输入数据 """

    # 3 层 neural network 的前向传播
    H1 = np. maximum(0, np. dot(W1, X) + b1)
    U1 = np. random. rand( * H1. shape) < p# 第一个随机失活遮罩
    H1 * = U1# drop!
    H2 = np. maximum(0, np. dot(W2, H1) + b2)
    U2 = np. random. rand( * H2. shape) < p# 第二个随机失活遮罩
    H2 * = U2# drop!
    out = np. dot(W3, H2) + b3

    # 反向传播:计算梯度...(略)
    # 进行参数更新...(略)

defpredict(X):
    # 前向传播时模型集成
    H1 = np. maximum(0, np. dot(W1, X) + b1) * p# 注意:激活数据要乘以 p
    H2 = np. maximum(0, np. dot(W2, H1) + b2) * p# 注意:激活数据要乘以 p
    out = np. dot(W3, H2) + b3
```

在上面的代码中, train_step 函数在第一个隐层和第二个隐层上进行了两次随机失活。在输入层上面进行随机失活也是可以的, 为此需要为输入数据 X 创建一个二值的遮罩。反向传播保持不变, 但是肯定需要将遮罩 U1 和 U2 加入进去。

注意:在 predict 函数中不进行随机失活, 但是对于两个隐层的输出都要乘以 p, 调整其数值范围。这一点非常重要, 因为在测试时所有的神经元都能看见它们的输入, 因此我们想要神经元的输出与训练时的预期输出是一致的。以 $p = 0.5$ 为例, 在测试时神经元必须把它们的输出减半, 这是因为在训练的时候它们的输出只有一半。为了理解这点, 先假设有一个神经元 x 的输出, 那么进行随机失活的时候, 该神经元的输出就是 $px + (1 - p)0$, 这是由 $1 - p$ 的概率神经元的输出为 0。在测试时神经元总是激活的, 就必须调整 $x \rightarrow px$ 来保持同样的预期输出。在测试时会在所有可能的二值遮罩(也就是数量庞大的所有子网络)中迭代并计算它们的协作预测, 进行这种减弱的操作也可以认为是与之相关的。

上述操作不好的性质是必须在测试时对激活数据要按照 p 进行数值范围调整。既然测试性能如此关键, 实际更倾向使用反向随机失活(inverted dropout), 它是在训练时就进行数值范围调整, 从而让前向传播在测试时保持不变。这样做还有一个好处, 无论你决定是否使用随

机失活,预测方法的代码可以保持不变.反向随机失活的代码如下:

```
"""
反向随机失活:推荐实现方式.
在训练的时候 drop 和调整数值范围,测试时不做任何事.
"""

p = 0.5 # 激活神经元的概率. p 值更高 = 随机失活更弱

deftrain_step(X):
    # 3 层 neural network 的前向传播
    H1 = np. maximum(0, np. dot(W1, X) + b1)
    U1 = (np. random. rand( * H1. shape) < p)/p # 第一个随机失活遮罩.注意 /p!
    H1 * = U1 # drop!
    H2 = np. maximum(0, np. dot(W2, H1) + b2)
    U2 = (np. random. rand( * H2. shape) < p)/p # 第二个随机失活遮罩.注意 /p!
    H2 * = U2 # drop!
    out = np. dot(W3, H2) + b3

    # 反向传播:计算梯度...(略)
    # 进行参数更新...(略)

defpredict(X):
    # 前向传播时模型集成
    H1 = np. maximum(0, np. dot(W1, X) + b1) # 不用数值范围调整了
    H2 = np. maximum(0, np. dot(W2, H1) + b2)
    out = np. dot(W3, H2) + b3
```

在随机失活发布后,很快有大量研究为什么它的实践效果如此之好,以及它和其他正则化方法之间的关系.

Wager 等人在文献[94]中提出:"我们认为:在使用费希尔信息矩阵(fisher information matrix)的对角逆矩阵的期望对特征进行数值范围调整后,再进行 L_2 正则化这一操作,与随机失活正则化是一阶相等的."

在更一般化的分类上,随机失活属于网络在前向传播中有随机行为的方法.测试时,通过分析法(在使用随机失活的本例中就是乘以 p)或数值法(例如通过抽样出很多子网络,随机选择不同子网络进行前向传播,最后对它们取平均)将噪声边缘化.在这个方向上的另一个研究是 DropConnect[95],它在前向传播的时候,一系列权重被随机设置为 0.提前说一下,卷积神经网络同样会吸取这类方法的优点,比如随机汇合(stochastic pooling),分级汇合(fractional pooling),数据增长(data augmentation).

2)偏置正则化.在线性分类器的章节中介绍过,对于偏置参数的正则化并不常见,因为它们在矩阵乘法中和输入数据并不产生互动,所以并不需要控制其在数据维度上的效果.然而在

实际应用中(使用了合理数据预处理的情况下),对偏置进行正则化也很少会导致算法性能变差。这可能是因为相较于权重参数,偏置参数实在太少,所以分类器需要它们来获得一个很好的数据损失,那么还是能够承受的。

3)每层正则化。对于不同的层进行不同强度的正则化很少见(可能除了输出层以外),关于这个思路的相关文献也很少。

通过交叉验证获得一个全局使用的 L_2 正则化强度是比较常见的。在使用 L_2 正则化的同时在所有层后面使用随机失活也很常见。p 值一般默认设为 0.5,也可能在验证集上调参。

(6)损失函数。前文已经讨论过损失函数的正则化损失部分,它可以看作是对模型复杂程度的某种惩罚。损失函数的第二个部分是数据损失,它是一个有监督学习问题,用于衡量分类算法的预测结果(即分类评分)和真实标签结果之间的一致性。数据损失是对所有样本的数据损失求平均。也就是说,$L = \dfrac{1}{N}\sum_i L_i$ 中,N 是训练集数据的样本数。若把神经网络中输出层的激活函数简写为 $f = f(x_i, W)$,在实际中,可能需要解决以下几类问题。

1)分类问题。分类问题是被一直讨论的。在该问题中,假设有一个装满样本的数据集,每个样本都有一个唯一的正确标签(是固定分类标签之一)。在这类问题中,一个最常见的损失函数就是 SVM(是 Weston Watkins 公式):

$$L_1 = \sum_{j \neq y_i} \max(0, f_j - f_{y_i} + 1) \tag{3.33}$$

之前简要提起过,在有些学者的论文中指出平方折叶损失[即使用 $\max(0, f_j - f_{y_i} + 1)^2$ 算法的结果会更好]。第二个常用的损失函数是 Softmax 分类器,它使用交叉熵损失:

$$L_i = -\log\left(\dfrac{e^{f_{y_i}}}{\sum_j e^{f_j}}\right) \tag{3.34}$$

2)类别数目巨大问题。当标签集非常庞大(例如字典中的所有英语单词,或者 ImageNet 中的 22 000 种分类),就需要使用分层 Softmax(Hierarchical Softmax)了[96]。分层 softmax 将标签分解成一个树。每个标签都表示成这个树上的一个路径,这个树的每个节点处都训练一个 Softmax 分类器来在左和右分枝之间做决策。树的结构对于算法的最终结果影响很大,而且一般需要具体问题具体分析。

3)属性(Attribute)分类。式(3.33)和式(3.34)两个损失公式的前提,都是假设每个样本只有一个正确的标签 y_i。但是如果 y_i 是一个二值向量,每个样本可能有,也可能没有某个属性,而且属性之间并不相互排斥呢?比如在 Instagram 上的图片,就可以看成是被一个巨大的标签集合中的某个子集打上标签,一张图片上可能有多个标签。在这种情况下,一个明智的方法是为每个属性创建一个独立的二分类的分类器。例如,针对每个分类的二分类器会采用下面的公式:

$$L_i = \sum_j \max(0, 1 - y_{ij} f_j) \tag{3.35}$$

式(3.35)中,求和是对所有分类 j,y_{ij} 的值为 1 或者 -1,具体根据第 i 个样本是否被第 j 个属性打标签而定,当该类别被正确预测并展示的时候,分值向量 f_j 为正,其余情况为负。可以发现,当一个正样本的得分小于 $+1$,或者一个负样本得分大于 -1 的时候,算法就会累计损失值。

另一种方法是对每种属性训练一个独立的逻辑回归分类器。二分类的逻辑回归分类器只有两个分类(0,1),其中对于分类 1 的概率计算为

$$P(y = 1 \mid x, \boldsymbol{w}, b) = \frac{1}{1 + e^{-(\boldsymbol{w}^{\mathrm{T}} x + b)}} = \sigma(\boldsymbol{w}^{\mathrm{T}} x + b) \tag{3.36}$$

因为类别 0 和类别 1 的概率和为 1,所以类别 0 的概率为

$$P(y = 0 \mid x, \boldsymbol{w}, b) = 1 - p(y = 1 \mid x; \boldsymbol{w}, b) \tag{3.37}$$

这样,如果 $\sigma(\boldsymbol{w}^{\mathrm{T}} x + b) > 0.5$ 或者 $\sigma(\boldsymbol{w}^{\mathrm{T}} x + b) > 0$,那么样本就要被分类成为正样本($y = 1$)。然后损失函数最大化这个对数似然函数,问题可以简化为

$$L_i = \sum_j y_{ij} \lg(\sigma(f_j)) + (1 - y_{ij}) \lg(1 - \sigma(f_j)) \tag{3.38}$$

式(3.68)中,假设标签 y_{ij} 非 0 即 1,$\sigma(\cdot)$ 就是 sigmoid 函数。上面的公式看起来吓人,但是 f 的梯度实际上非常简单:$\frac{\partial L_i}{\partial f_j} = y_{ij} - \sigma(f_j)$。

4) 回归问题。回归问题是预测实数的值的问题,比如预测房价,预测图片中某个东西的长度等。对于这种问题,通常是计算预测值和真实值之间的损失。然后用 L_2 二次方范式或 L_1 范式度量差异。对于某个样本,L_2 范式计算如下:

$$L_i = \| f - y_i \|_2^2 \tag{3.39}$$

之所以在目标函数中要进行平方,是因为梯度算起来更加简单。因为平方是一个单调运算,所以不用改变最优参数。L_1 范式则是要将每个维度上的绝对值加起来:

$$L_i = \| f - f_i \|_1 = \sum_j | f_j - (y_i)_j | \tag{3.40}$$

在式(3.40)中,如果有多个数量被预测了,就要对预测的所有维度的预测求和,即 $\sum_j$。观察第 i 个样本的第 j 维,用 δ_{ij} 表示预测值与真实值之间的差异。关于该维度的梯度(也就是 $\frac{\partial L_i}{\partial f_j}$)能够轻松地通过被求导为 L_2 范式的 δ_{ij} 或 $\mathrm{sign}(\delta_{ij})$。这就是说,评分值的梯度要么与误差中的差值直接成比例,要么是固定的并从差值中继承 sign。

注意:L_2 损失比起较为稳定的 Softmax 损失来,其最优化过程要困难很多。直观而言,它需要网络具备一个特别的性质,即对于每个输入(和增量)都要输出一个确切的正确值。而在 Softmax 中就不是这样,每个评分的准确值并不是那么重要:只有当它们量级适当的时候,才有意义。还有,L_2 损失鲁棒性不好,因为异常值可以导致很大的梯度。所以在面对一个回归问题时,先要考虑将输出变成二值化是否够用。例如,如果对一个产品的星级进行预测,使用 5 个独立的分类器来对 1~5 星进行打分的效果一般比使用一个回归损失要好很多。分类还有一个额外优点,就是能给出关于回归的输出的分布,而不是一个简单的毫无把握的输出值。如果确信分类不适用,那么使用 L_2 来损失,但是一定要谨慎:L_2 非常脆弱,在网络中使用随机失活(尤其是在 L_2 损失层的上一层)不是好主意。

3.4.4　学习参数和搜索最优超参数

1. 梯度检查

理论上进行梯度检查很简单,就是简单地把解析梯度和数值计算梯度进行比较。然而从实际操作层面上来说,这个过程更加复杂且容易出错。下面是一些提示、技巧和需要仔细注意的事情。

在使用有限差值近似来计算数值梯度的时候,常见的公式为

$$\frac{\mathrm{d}(x)}{\mathrm{d}x} = \frac{f(x+h) - f(x)}{h} \tag{3.41}$$

其中,h 是一个很小的数字,在实践中近似为 1×10^{-5}。在实践中证明,使用中心化公式效果更好。

$$\frac{\mathrm{d}f(x)}{\mathrm{d}x} = \frac{f(x+h) - f(x-h)}{2h} \tag{3.42}$$

该公式在检查梯度的每个维度的时候,会要求计算两次损失函数(所以计算资源的耗费也是两倍),但是梯度的近似值会准确很多。要理解这一点,对 $f(x+h)$ 和 $f(x-h)$ 使用泰勒展开,可以看到第一个公式的误差近似 $O(h)$,第二个公式的误差近似 $O(h^2)$(二阶近似)。

(1) 使用相对误差来比较。比较数值梯度 f_n' 和解析梯度 f_a' 的细节有哪些?如何得知此两者不匹配?你可能会倾向于监测它们的差的绝对值 $|f_n' - f_a'|$ 或者差的二次方值,然后定义该值如果超过某个规定阈值,就判断梯度实现失败。然而该思路是有问题的。想想,假设这个差值是 1.0×10^{-4},如果两个梯度值在 1.0 左右,这个差值看起来就很合适,可以认为两个梯度是匹配的。然而如果梯度值是 1.0×10^{-5} 或者更低,那么 1.0×10^{-4} 就是非常大的差距,梯度实现肯定就是失败的了。因此,使用相对误差总是更合适一些:

$$\frac{|f_n' - f_a'|}{\max(|f_a'|, |f_n'|)} \tag{3.43}$$

式(3.43)考虑了差值占两个梯度绝对值的比例。注意通常相对误差公式只包含两个式子中的一个(任意一个均可),但是我更倾向取两个式子的最大值或者取两个式子的和。这样做是为了防止在其中一个式子为 0 时,公式分母为 0(这种情况,在 ReLU 中是经常发生的)。然而,还必须注意两个式子都为零且通过梯度检查的情况。在实践中,要注意以下几个问题:

1) 相对误差 $> 1 \times 10^{-2}$:通常就意味着梯度可能出错。

2) $1 \times 10^{-2} >$ 相对误差 $> 1 \times 10^{-4}$:要对这个值感到不稳妥才行。

3) $1 \times 10^{-4} >$ 相对误差:这个值的相对误差对于有不可导点的目标函数好的结果。但如果目标函数中没有 kink(使用 tanh 和 softmax),那么相对误差值还是太高。

4) 1×10^{-7} 或者更小:好的结果。

(2) 使用双精度。一个常见的错误是使用单精度浮点数来进行梯度检查。这样会导致即使梯度实现正确,相对误差值也会很高(比如 1×10^{-2})。出现过使用单精度浮点数时相对误差为 1×10^{-2},换成双精度浮点数时就降低为 1×10^{-8} 的情况。

(3) 保持在浮点数的有效范围。建议通读 *What Every Computer Scientist Should Konw*

About Floating-Point Arithmetic[97] 一文,该文将阐明你可能犯的错误,促使你写下更加细心的代码。例如,在神经网络中,在一个批量的数据上对损失函数进行归一化是很常见的。但是,如果每个数据点的梯度很小,然后又用数据点的数量去除,就使得数值更小,这反过来会导致更多的数值问题。这就是为什么总是会把原始的解析梯度和数值梯度数据打印出来,确保用来比较的数字的值不是过小(通常绝对值小于 1×10^{-10} 就绝对让人担心)。如果确实过小,可以使用一个常数暂时将损失函数的数值范围扩展到一个更"好"的范围,在这个范围中浮点数变得更加致密。比较理想的是 1.0 的数量级上,即当浮点数指数为 0 时。

(4)目标函数的不可导点(kinks)。在进行梯度检查时,一个导致不准确的原因是不可导点问题。不可导点是指目标函数不可导的部分,由 ReLU($\max(0,x)$) 等函数,或 SVM 损失,Maxout 神经元等引入。考虑当 $x=1\times10^{-6}$ 时,对 ReLU 函数进行梯度检查。因为 $x<0$,所以解析梯度在该点的梯度为 0。然而,在这里数值梯度会突然计算出一个非零的梯度值,因为 $f(x+h)$ 可能越过了不可导点(例如:如果 $h>1\times10^{-6}$),导致了一个非零的结果。你可能会认为这是一个极端的案例,但实际上这种情况很常见。例如,一个用 CIFAR - 10 数据集训练的 SVM 中,因为有 50 000 个样本,且根据目标函数每个样本产生 9 个式子,所以包含有 450 000 个$\max(0,x)$式子。而一个用 SVM 进行分类的神经网络因为采用了 ReLU,还会有更多的不可导点。

注意,在计算损失的过程中是可以知道不可导点有没有被越过的。在具有 $\max(x,y)$ 形式的函数中持续跟踪所有"赢家"的身份,就可以实现这一点。其实就是看在前向传播时,到底 x 和 y 谁更大。如果在计算 $f(x+h)$ 和 $f(x-h)$ 的时候,至少有一个"赢家"的身份变了,那就说明不可导点被越过了,数值梯度会不准确。

(5)使用少量数据点。解决上面的不可导点问题的一个办法是使用更少的数据点。因为含有不可导点的损失函数(例如:因为使用了 ReLU 或者边缘损失等函数)的数据点越少,不可导点就越少,所以在计算有限差值近似时越过不可导点的概率就越小。还有,如果你的梯度检查对2～3个数据点都有效,那么基本上对整个批量数据进行梯度检查也是没问题的。所以使用很少量的数据点,能让梯度检查更迅速高效。

(6)谨慎设置步长 h。在实践中 h 并不是越小越好,因为当 h 特别小的时候,就可能就会遇到数值精度问题。有时候如果梯度检查无法进行,可以试试将 h 调到 1×10^{-4} 或者 1×10^{-6},然后突然梯度检查可能就恢复正常。

(7)在操作的特性模式中梯度检查。有一点必须要认识到:梯度检查是在参数空间中的一个特定(往往还是随机的)的单独点进行的。即使是在该点上梯度检查成功了,也不能马上确保全局上梯度的实现都是正确的。还有,一个随机的初始化可能不是参数空间最有代表性的点,这可能导致进入某种病态的情况,即梯度看起来是正确实现了,实际上并没有。例如,SVM 使用小数值权重初始化,就会把一些接近于 0 的得分分配给所有的数据点,而梯度将会在所有的数据点上展现出某种模式。一个不正确实现的梯度也许依然能够产生出这种模式,但是不能泛化到更具代表性的操作模式,比如在一些得分比另一些得分更大的情况下就不行。因此为了安全起见,最好让网络学习("预热")一小段时间,等到损失函数开始下降的之后再进行梯度检查。在第一次迭代就进行梯度检查的危险就在于,此时可能正处在不正常的边界情况,从而掩盖了梯度没有正确实现的事实。

（8）不要让正则化吞没数据。通常损失函数是数据损失和正则化损失的和（例如 L_2 对权重的惩罚）。需要注意的危险是正则化损失可能吞没掉数据损失，在这种情况下梯度主要来源于正则化部分（正则化部分的梯度表达式通常简单很多）。这样就会掩盖掉数据损失梯度的不正确实现。因此，推荐先关掉正则化对数据损失做单独检查，然后对正则化做单独检查。对于正则化的单独检查可以是修改代码，去掉其中数据损失的部分，也可以提高正则化强度，确认其效果在梯度检查中是无法忽略的，这样不正确的实现就会被观察到了。

（9）记得关闭随机失活（dropout）和数据扩张（augmentation）。在进行梯度检查时，记得关闭网络中任何不确定效果的操作，例如随机失活，随机数据扩展等。不然它们会在计算数值梯度的时候导致巨大误差。关闭这些操作不好的一点是无法对它们进行梯度检查（例如随机失活的反向传播可能有错误）。因此，一个更好的解决方案就是在计算 $f(x+h)$ 和 $f(x-h)$ 前强制增加一个特定的随机种子，在计算解析梯度时也同样如此。

（10）检查少量的维度。在实际中，梯度可以有上百万的参数，在这种情况下只能检查其中一些维度然后假设其他维度是正确的。

注意：确认在所有不同的参数中都抽取一部分来梯度检查。在某些应用中，为了方便，人们将所有的参数放到一个巨大的参数向量中。在这种情况下，例如偏置就可能只占用整个向量中的很小一部分，所以不要随机地从向量中取维度，一定要把这种情况考虑到，确保所有参数都收到了正确的梯度。

2. 学习之前合理性检查的提示与技巧

在进行费时费力的最优化之前，最好进行一些合理性检查：

（1）寻找特定情况的正确损失值。在使用小参数进行初始化时，确保得到的损失值与期望一致。最好先单独检查数据损失（让正则化强度为 0）。例如，对于一个跑 CIFAR - 10 数据集的 Softmax 分类器，一般期望它的初始损失值是 2.302，这是因为初始时预计每个类别的概率是 0.1（因为有 10 个类别），然后 Softmax 损失值正确分类的负对数概率是：$-\ln(0.1) = 2.302$。对于 Weston Watkins SVM，假设所有的边界都被越过（因为所有的分值都近似为零），所以损失值是 9（因为对于每个错误分类，边界值是 1）。如果没看到这些损失值，那么初始化中就可能有问题。

（2）提高正则化强度时导致损失值变大。这里是很重要的一个合理性检查，如果不符合，结果就可能有误。

（3）对小数据子集过拟合。最后也是最重要的一步，在整个数据集进行训练之前，尝试在一个很小的数据集上进行训练（比如 20 个数据），然后确保能到达 0 的损失值。进行这个实验的时候，最好让正则化强度为 0，不然它会阻止得到 0 的损失。除非能通过这一个正常性检查，不然进行整个数据集训练是没有意义的。但是注意，能对小数据集进行过拟合并不代表万事大吉，依然有可能存在不正确的实现。比如，因为某些错误，数据点的特征是随机的，这样算法也可能对小数据进行过拟合，但是在整个数据集上跑算法的时候，就没有任何泛化能力。

3. 检查整个学习过程

在训练神经网络的时候，应该跟踪多个重要数值。这些数值输出的图表是观察训练进程的一扇窗口，是直观理解不同的超参数设置效果的工具，从而知道如何修改超参数以获得更高效的学习过程。

在下面的图表中，x 轴通常都是表示周期（epochs）单位，该单位衡量了在训练中每个样本数据都被观察过次数的期望（一个周期意味着每个样本数据都被观察过了一次）。相较于迭代次数（iterations），一般更倾向跟踪周期，这是因为迭代次数与数据的批尺寸（batchsize）有关，而批尺寸的设置又可以是任意的。

（1）损失函数。训练期间第一个要跟踪的数值就是损失值，它在前向传播时对每个独立的批数据进行计算。图 3.34 展示的是随着损失值随时间的变化，尤其是曲线形状会给出关于学习率设置的情况。

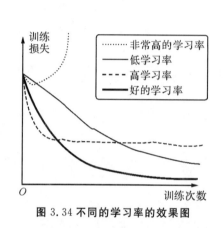

图 3.34 不同的学习率的效果图

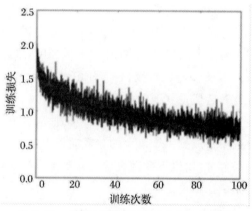

图 3.35 典型的随时间变化的损失函数值

过低的学习率导致算法的改善是线性的。高一些的学习率会看起来呈几何指数下降，更高的学习率会让损失值很快下降，但是接着就停在一个不理想的损失值上（见图 3.35 中绿线）。这是因为最优化的"能量"太大，参数在混沌中随机震荡，不能最优化到一个很好的点上。图 3.35 在 CIFAR-10 数据集上面训练了一个小的网络，这个损失函数值曲线看起来比较合理（虽然可能学习率有点小，但是很难说），而且指出了批数据的数量可能有点太小（因为损失值的噪声很大）。

损失值的震荡程度和批尺寸（batch size）有关，当批尺寸为 1 时，震荡会相对较大。当批尺寸就是整个数据集时震荡就会最小，因为每个梯度更新都是单调地优化损失函数（除非学习率设置得过高）。

有的研究者喜欢用对数域对损失函数值作图。因为学习过程一般都是采用指数型的形状，图表就会看起来更像是能够直观理解的直线，而不是呈曲棍球一样的曲线状。还有，如果多个交叉验证模型在一个图上同时输出图像，它们之间的差异就会比较明显。

（2）训练集和验证集准确率。在训练分类器的时候，需要跟踪的第二重要的数值是验证集和训练集的准确率。通过图 3.36 能够展现模型过拟合的程度。

在训练集准确率和验证集准确率中间的空隙指明了模型过拟合的程度。在图 3.36 中，蓝色的验证集曲线显示相较于训练集，验证集的准确率低了很多，这就说明模型有很强的过拟合。遇到这种情况，就应该增大正则化强度（更强的 L_2 权重惩罚，更多的随机失活等）或收集更多的数据。另一种可能就是验证集曲线和训练集曲线如影随形，这种情况说明你的模型容量还不够大：应该通过增加参数数量让模型容量更大些。

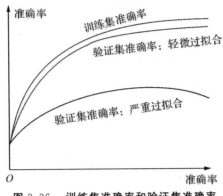

图 3.36　**训练集准确率和验证集准确率**

（3）权重更新比例。最后一个应该跟踪的量是权重中更新值的数量和全部值的数量之间的比例。注意：是更新的，而不是原始梯度（比如，在普通 SGD 中就是梯度乘以学习率）。需要对每个参数集的更新比例进行单独的计算和跟踪。一个经验性的结论是这个比例应该在 1×10^{-3} 左右。如果更低，说明学习率可能太小，如果更高，说明学习率可能太高。下面是具体例子：

```
♯ 假设参数向量为 W，其梯度向量为 dW
param_scale = np. linalg. norm(W. ravel())
update =— learning_rate * dW ♯ 简单 SGD 更新
update_scale = np. linalg. norm(update. ravel())
    W += update ♯ 实际更新
    printupdate_scale/param_scale ♯ 要得到 1e - 3 左右
```

相较于跟踪最大和最小值，有研究者更喜欢计算和跟踪梯度的范式及其更新。这些矩阵通常是相关的，也能得到近似的结果。

（4）每层的激活数据及梯度分布。一个不正确的初始化可能让学习过程变慢，甚至彻底停止。还好，这个问题可以比较简单地诊断出来。其中一个方法是输出网络中所有层的激活数据和梯度分布的柱状图。直观地说，就是如果看到任何奇怪的分布情况，那都不是好兆头。比如，对于使用 tanh 的神经元，我们应该看到激活数据的值在整个 $[-1,1]$ 区间中都有分布。如果看到神经元的输出全部是 0，或者全都饱和了往 -1 和 1 上跑，那肯定就是有问题了。

（5）第一层可视化。如果数据是图像像素数据，那么把第一层特征可视化会有帮助，如图 3.37 所示。

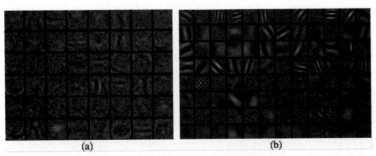

（a）　　　　　　　　　　（b）

图 3-37　**神经网络第一层的权重可视化**

图 3.37(a) 中的特征充满了噪声,这暗示了网络可能出现了问题:网络没有收敛,学习率设置不恰当,正则化惩罚的权重过低。图 3.37(b) 的特征不错,平滑、干净而且种类繁多,说明训练过程进行良好。

(6) 参数更新。一旦能使用反向传播计算解析梯度,梯度就能被用来进行参数更新了。进行参数更新有好几种方法,接下来都会进行讨论。

(7) 随机梯度下降及各种更新方法。

1) 普通更新。最简单的更新形式是沿着负梯度方向改变参数(因为梯度指向的是上升方向,但是我们通常希望最小化损失函数)。假设有一个参数向量 x 及其梯度 dx,那么最简单的更新的形式是:

```
# 普通更新
x += - learning_rate * dx
```

其中 learning_rate 是一个超参数,它是一个固定的常量。当在整个数据集上进行计算时,只要学习率足够低,总是能在损失函数上得到非负的进展。

2) 动量(Momentum)更新。这是另一个方法,这个方法在深度网络上几乎总能得到更好的收敛速度。该方法可以看成是从物理角度上对于最优化问题得到的启发。损失值可以理解为是山的高度(因此高度势能 $U = mgh$,所以有 $u \propto h$)。用随机数字初始化参数等同于在某个位置给质点设定初始速度为 0。这样最优化过程可以看作是模拟参数向量(即质点)在地形上滚动的过程。

因为作用于质点的力与梯度的潜在能量($F = -\nabla U$)有关,质点所受的力就是损失函数的(负)梯度。还有,因为 $F = ma$,所以在这个观点下(负)梯度与质点的加速度是成比例的。注意这个理解和上面的随机梯度下降(SDG)是不同的,在普通版本中,梯度直接影响位置。而在这个版本的更新中,物理观点建议梯度只是影响速度,然后速度再影响位置:

```
# 动量更新
v = mu * v - learning_rate * dx # 与速度融合
x += v # 与位置融合
```

在这里引入了一个初始化为 0 的变量 v 和一个超参数 mu。说得不恰当一点,这个变量(mu)在最优化的过程中被看作动量(一般值设为 0.9),但其物理意义与摩擦因数更一致。这个变量有效地抑制了速度,降低了系统的动能,不然质点在山底永远不会停下来。通过交叉验证,这个参数通常设为 $[0.5, 0.9, 0.95, 0.99]$ 中的一个。和学习率随着时间退火(下文有讨论)类似,动量随时间变化的设置有时能略微改善最优化的效果,其中动量在学习过程的后阶段会上升。一个典型的设置是刚开始将动量设为 0.5 而在后面的多个周期(epoch)中慢慢提升到 0.99。

Nesterov 动量(见图 3.38)与普通动量有些许不同,最近变得比较流行。在理论上对于凸函数它能得到更好的收敛,在实践中也确实比标准动量表现更好一些。

Nesterov 动量的核心思路是,当参数向量位于某个位置 x 时,观察上面的动量更新公式可以发现,动量部分(忽视带梯度的第二个部分)会通过 mu * v 稍微改变参数向量。因此,如果要计算梯度,那么可以将未来的近似位置 $x + mu * v$ 看作是"向前看",这个点在一会儿要停止的位置附近。因此,计算 $x + mu * v$ 的梯度而不是"旧"位置 x 的梯度就有意义了。

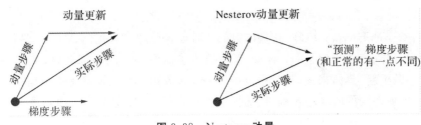

图 3.38　Nesterov 动量

既然知道动量将会把人们带到绿色箭头指向的点（见图 3.38），就不要在原点（见图 3.38 中红色点）那里计算梯度了。使用 Nesterov 动量，就在这个"向前看"的地方计算梯度。

也就是说，添加一些注释后，实现代码如下：

```
x_ahead = x + mu * v
# 计算 dx_ahead（在 x_ahead 处的梯度，而不是在 x 处的梯度）
v = mu * v − learning_rate * dx_ahead
x += v
```

然而在实践中，人们更喜欢和普通 SGD 或上面的动量方法一样简单的表达式。通过对 x_ahead = x + mu * v 使用变量变换进行改写是可以做到的，然后用 x_ahead 而不是 x 来表示上面的更新。也就是说，实际存储的参数向量总是向前一步的那个版本。x_ahead 的公式（将其重新命名为 x）就变成了：

```
v_prev = v # 存储备份
v = mu * v − learning_rate * dx # 速度更新保持不变
x += − mu * v_prev + (1 + mu) * v # 位置更新变了形式
```

对于 NAG(Nesterov's Accelerated Momentum) 的来源和数学公式推导，推荐以下的拓展阅读：

1）Yoshua Bengio 的 Advances in optimizing Recurrent Networks[98]，Section 3.5。

2）Ilya Sutskever's thesis[99] 在 section 7.2 对于这个主题有更详尽的阐述。

（8）学习率退火。在训练深度网络的时候，让学习率随着时间退火通常是有帮助的。可以这样理解：如果学习率很高，系统的动能就过大，参数向量就会无规律地跳动，不能够稳定到损失函数更深更窄的部分去。知道什么时候开始衰减学习率是有技巧的：慢慢减小它，可能在很长时间内只能是浪费计算资源地看着它混沌地跳动，实际进展很少。但如果快速地减少它，系统可能过快地失去能量，不能到达原本可以到达的最好位置。通常，实现学习率退火有 3 种方式。

1）随步数衰减。每进行几个周期就根据一些因素降低学习率。典型的值是每过 5 个周期就将学习率减少一半，或者每 20 个周期减少到之前的 0.1。这些数值的设定是严重依赖具体问题和模型的选择的。在实践中可能看见这么一种经验做法：使用一个固定的学习率来进行训练的同时观察验证集错误率，每当验证集错误率停止下降，就乘以一个常数（比如 0.5）来降低学习率。

2）指数衰减。数学公式是 $\alpha = \alpha_0 e^{-kt}$，其中 α_0 和 k 是超参数，t 是迭代次数（也可以使用周期作为单位）。

3）$1/t$ 衰减。数学公式是 $\alpha = \alpha_0 / (1 + kt)$，其中 α_0 和 k 是超参数，t 是迭代次数。

在实践中，我们发现随步数衰减的随机失活（dropout）更受欢迎，因为它使用的超参数（衰减系数和以周期为时间单位的步数）比 k 更有解释性。最后，如果你有足够的计算资源，可以让衰减更加缓慢一些，让训练时间更长些。

（9）二阶方法。在深度网络背景下，第二类常用的最优化方法是基于牛顿法的，其迭代如下：

$$x \leftarrow x - [Hf(x)]^{-1} \nabla f(x) \qquad (3.44)$$

这里 $Hf(x)$ 是 Hessian 矩阵,它是函数的二阶偏导数的平方矩阵。$\nabla f(x)$ 是梯度向量,这和梯度下降中一样。直观理解上,Hessian 矩阵描述了损失函数的局部曲率,从而使得可以进行更高效的参数更新。具体来说,就是乘以 Hessian 转置矩阵可以让最优化过程在曲率小的时候大步前进,在曲率大的时候小步前进。需要重点注意的是,在这个公式中是没有学习率这个超参数的,这相较于一阶方法是一个巨大的优势。

然而上述更新方法很难运用到实际的深度学习应用中去,这是因为计算(以及求逆)Hessian 矩阵操作非常耗费时间和空间。举例来说,假设一个有一百万个参数的神经网络,其 Hessian 矩阵大小就是[1 000 000×1 000 000],将占用将近 3 725 GB 的内存。这样,各种各样的拟-牛顿法就被发明出来用于近似转置 Hessian 矩阵。在这些方法中最流行的是 L-BFGS,该方法使用随时间的梯度中的信息来隐式地近似(也就是说整个矩阵是从来没有被计算的)。

然而,即使解决了存储空间的问题,L-BFGS 应用的一个巨大劣势是需要对整个训练集进行计算,而整个训练集一般包含几百万的样本。和小批量随机梯度下降(mini-batch SGD)不同,让 L-BFGS 在小批量上运行起来是很需要技巧,同时也是研究热点。

在深度学习和卷积神经网络中,使用 L-BFGS 之类的二阶方法并不常见。相反,基于(Nesterov 的)动量更新的各种随机梯度下降方法更加常用,因为它们更加简单且容易扩展。

参考资料:

• *Large Scale Distributed Deep Networks*[100] 一文来自谷歌大脑团队,比较了在大规模数据情况下 L-BFGS 和 SGD 算法的表现。

• SFO[101] 算法想要把 SGD 和 L-BFGS 的优势结合起来。

(10)逐参数适应学习率方法。前面讨论的所有方法都是对学习率进行全局地操作,并且对所有的参数都是一样的。学习率调参是很耗费计算资源的过程,所以很多工作投入到发明能够适应性地对学习率调参的方法,甚至是逐个参数适应学习率调参。很多这些方法依然需要其他的超参数设置,但是其观点是这些方法对于更广范围的超参数比原始的学习率方法有更良好的表现。在本小节会介绍一些在实践中可能会遇到的常用适应算法。

1)Adagrad 算法。Adagrad 是一个由 Duchi[102] 等提出的适应性学习率算法。

```
# 假设有梯度和参数向量 x
cache += dx ** 2
x += - learning_rate * dx/(np. sqrt(cache) + eps)
```

注意,变量 cache 的尺寸和梯度矩阵的尺寸是一样的,还跟踪了每个参数的梯度的平方和。这个一会儿将用来归一化参数更新步长,归一化是逐元素进行的。注意,接收到高梯度值的权重更新的效果被减弱,而接收到低梯度值的权重的更新效果将会增强。有趣的是二次方根的操作非常重要,如果去掉,算法的表现将会糟糕很多。用于平滑的式子 eps(一般设为 1×10^{-4} ~ 1×10^{-8} 之间)是防止出现除以 0 的情况。Adagrad 的一个缺点是,在深度学习中单调的学习率被证明通常过于激进且过早停止学习。

2)RMSprop 算法。RMSprop 算法是一个非常高效,但没有公开发表的适应性学习率方法。有趣的是,每个使用这个方法的人在他们的论文中都引用自 Geoff Hinton 的 Coursera 课程的第六课的第29 页(http://www. cs. toronto. edu/ ~ tijmen/csc321/slides/lecture_slides_lec6. pdf)。

这个方法用一种很简单的方式修改了 Adagrad 方法,让它不那么激进,单调地降低了学习

率。具体说来,就是它使用了一个梯度平方的滑动平均:

```
cache = decay_rate * cache + (1 − decay_rate) * dx ∗ ∗ 2
x + = − learning_rate * dx/(np. sqrt(cache) + eps)
```

在上面的代码中,decay_rate 是一个超参数,常用的值是[0.9,0.99,0.999]。其中 x += 和 Adagrad 中是一样的,但是 cache 变量是不同的。因此,RMSProp 仍然是基于梯度的大小来对每个权重的学习率进行修改,这同样效果不错。但是和 Adagrad 不同,其更新不会让学习率单调变小。

3) Adam 算法。Adam[103] 是最近才提出的一种更新方法,它看起来像是 RMSProp 的动量版。简化的代码是下面这样:

```
m = beta1 * m + (1 − beta1) * dx
v = beta2 * v + (1 − beta2) * (dx ∗ ∗ 2)
x + = − learning_rate * m/(np. sqrt(v) + eps)
```

注意:这个更新方法看起来真的和 RMSProp 很像,除了使用的是平滑版的梯度 m,而不是用的原始梯度向量 dx。论文中推荐的参数值 eps = 1e − 8, beta1 = 0.9, beta2 = 0.999。在实际操作中,我们推荐 Adam 作为默认的算法,一般而言跑起来比 RMSProp 要好一点。但是也可以试试 SGD + Nesterov 动量。完整的 Adam 更新算法也包含了一个偏置(bias)矫正机制,因为 m,v 两个矩阵初始为 0,在没有完全热身之前存在偏差,需要采取一些补偿措施。建议读者可以阅读论文查看细节。

4) 拓展阅读。

• *Unit Tests for Stochastic Optimization*[104] 一文展示了对于随机最优化的测试。(动画过程可点击原文链接 https://cs231n. github. io/neural − networks − 3/ 查看)。

图 3.39 是不同的最优化算法的学习过程。图 3.39(a) 是一个损失函数的等高线图,上面跑的是不同最优化算法。注意基于动量的方法出现了射偏了的情况,使得最优化过程看起来像是一个球滚下山的样子。图 3.39(b) 展示了一个马鞍状的最优化地形,其中对于不同维度它的曲率不同(一个维度下降另一个维度上升)。注意 SGD 很难突破对称性,一直卡在顶部。而 RMSProp 之类的方法能够看到马鞍方向有很低的梯度。因为在 RMSProp 更新方法中的分母项,算法提高了在该方向的有效学习率,使得 RMSProp 能够继续前进。

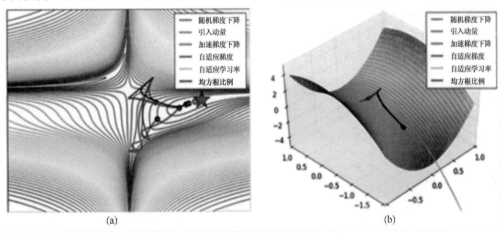

图 3.39　不同最优化算法的学习过程

(a) 损失函数的等高线图;(b) 马鞍状的最优化地形

（11）超参数调优。前文已经看到，训练一个神经网络会遇到很多超参数设置。神经网络最常用的设置有：初始学习率、学习率衰减方式（例如一个衰减常量）和正则化强度（L_2 惩罚，随机失活强度）。

但是也可以看到，还有很多相对不那么敏感的超参数。比如在逐参数适应学习方法中，对于动量及其时间表的设置等。下面将介绍一些额外的调参要点和技巧：

1）实现。更大的神经网络需要更长的时间去训练，所以调参可能需要几天甚至几周。记住这一点很重要，因为这会影响设计代码的思路。一个具体的设计是用仆程序持续地随机设置参数然后进行最优化。在训练过程中，仆程序会对每个周期后验证集的准确率进行监控，然后向文件系统写下一个模型的记录点（记录点中有各种各样的训练统计数据，比如随着时间的损失值变化等），这个文件系统最好是可共享的。在文件名中最好包含验证集的算法表现，这样就能方便地查找和排序了。然后还有一个主程序，它可以启动或者结束计算集群中的仆程序，有时候也可能根据条件查看仆程序写下的记录点，输出它们的训练统计数据等。

2）比起交叉验证最好使用一个验证集。在大多数情况下，一个尺寸合理的验证集可以让代码更简单，不需要用几个数据集来交叉验证。你可能会听到人们说他们"交叉验证"一个参数，但是大多数情况下，他们实际是使用的一个验证集。

3）超参数范围。在对数尺度上进行超参数搜索。例如，一个典型的学习率应该看起来是这样：$learning\_rate = 10^{\,uniform(-6,\,1)}$。也就是说，我们从标准分布中随机生成了一个数字，然后让它成为 10 的阶数。对于正则化强度，可以采用同样的策略。直观地说，这是因为学习率和正则化强度都对于训练的动态进程有乘的效果。例如：当学习率是 0.001 的时候，如果对其固定地增加 0.01，那么对于学习进程会有很大影响。然而当学习率是 10 的时候，影响就微乎其微了。这就是因为学习率乘以了计算出的梯度。因此，比起加上或者减少某些值，思考学习率的范围是乘以或者除以某些值更加自然。但是有一些参数（比如：随机失活）还是在原始尺度上进行搜索［例如：$dropout = uniform(0,1)$］。

4）随机搜索优于网格搜索。Bergstra 和 Bengio 在文章［105］中说"随机选择比网格化的选择更加有效"，而且在实践中也更容易实现。

通常，有些超参数比其余的更重要，通过随机搜索，而不是网格化的搜索，可以让你更精确地发现那些比较重要的超参数的好数值，如图 3.40 所示。

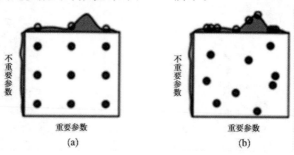

图 3.40　在文献［110］中的核心说明图

（a）网络搜索；（b）随机搜索

5) 对于边界上的最优值要小心。这种情况一般发生在你在一个不好的范围内搜索超参数（比如：学习率）的时候。比如，假设我们使用 learning_rate $= 10^{\text{uniform}(-6,1)}$ 来进行搜索。一旦我们得到一个比较好的值，一定要确认你的值不是出于这个范围的边界上，不然你可能错过更好的其他搜索范围。

6) 从粗到细地分阶段搜索。在实践中，先进行粗略范围（比如 $10^{[-6,1]}$）搜索，然后根据好的结果出现的地方，缩小范围进行搜索。进行粗搜索的时候，让模型训练一个周期就可以了，因为很多超参数的设定会让模型没法学习，或者突然就爆出很大的损失值。第二个阶段就是对一个更小的范围进行搜索，这时可以让模型运行 5 个周期，而最后一个阶段就在最终的范围内进行仔细搜索，运行很多次周期。

7) 贝叶斯超参数最优化是一整个研究领域，主要是研究在超参数空间中更高效的导航算法。其核心的思路是在不同超参数设置下查看算法性能时，要在探索和使用中进行合理的权衡。基于这些模型，发展出很多的库，比较有名的有 Spearmint (https://github.com/Jasper Snoek/spearmint)，SMAC (http://www.cs.ubc.ca/labs/beta/Projects/SMAC/)，Hyperopt (http://jaberg.github.io/hyperopt/)。

然而，在卷积神经网络的实际使用中，比起上面介绍的先认真挑选的一个范围，然后在该范围内随机搜索的方法，这个方法还是差一些。http://nlpers.blogspot.com/2014/10/hyperparameter-search-bayesian.html 有更详细的讨论。

(12) 模型集成。在实践的时候，有一个总是能提升神经网络几个百分点准确率的办法，就是在训练的时候训练几个独立的模型，然后在测试的时候平均它们预测结果。集成的模型数量增加，算法的结果也单调提升（但提升效果越来越少）。还有模型之间的差异度越大，提升效果可能越好。进行集成有以下几种方法：

1) 同一个模型，不同的初始化。使用交叉验证来得到最好的超参数，然后用最好的参数来训练不同初始化条件的模型。这种方法的风险在于多样性只来自于不同的初始化条件。

2) 在交叉验证中发现最好的模型。使用交叉验证来得到最好的超参数，然后取其中最好的几个（比如：10 个）模型来进行集成。这样就提高了集成的多样性，但风险在于可能会包含不够理想的模型。在实际操作中，这样操作起来比较简单，在交叉验证后就不需要额外的训练了。

3) 一个模型设置多个记录点。如果训练非常耗时，那就在不同的训练时间对网络留下记录点（比如：每个周期结束），然后用它们来进行模型集成。很显然，这样做多样性不足，但是在实践中效果还是不错的，这种方法的优势是代价比较小。

4) 型在训练的时候跑参数的平均值。和上面一点相关的，还有一个也能得到 $1 \sim 2$ 个百分点的提升的小代价方法，这个方法就是在训练过程中，如果损失值相较于前一次权重出现指数下降时，就在内存中对网络的权重进行一个备份。这样你就对前几次循环中的网络状态进行了平均。你会发现这个"平滑"过的版本的权重总是能得到更少的误差。直观的理解就是目标函数是一个碗状的，你的网络在这个周围跳跃，所以对它们平均一下，就更可能跳到中心去。

集成的一个劣势就是在测试数据的时候会花费更多时间。Geoff Hinton 在 "Dark Knowledge"(http://deepdish.io/2014/10/28/hintons－dark－knowledge/) 上的工作对该研

究很有启发:其思路是通过将集成似然估计纳入修改的目标函数中,从一个好的集成中抽出一个单独模型。

3.5 卷积神经网络

卷积神经网络(CNNs / ConvNets)和 3.4 节讲的常规神经网络非常相似:它们都是由神经元组成,神经元中有具有学习能力的权重和偏差。每个神经元都得到一些输入数据,进行内积运算后再进行激活函数运算。整个网络依旧是一个可导的评分函数:该函数的输入是原始的图像像素,输出是不同类别的评分。在最后一层(往往是全连接层),网络依旧有一个损失函数(比如 SVM 或 Softmax),并且在神经网络中我们实现的各种技巧和要点依旧适用于卷积神经网络。

那么有哪些地方变化了呢?卷积神经网络的结构基于一个假设,即输入数据是图像,基于该假设,我们就向结构中添加了一些特有的性质。这些特有属性使得前向传播函数实现起来更高效,并且大幅度降低了网络中参数的数量。

3.5.1 结构概述

在上一章中,神经网络的输入是一个向量,然后在一系列的隐层中对它做变换。每个隐层都是由若干的神经元组成,每个神经元都与前一层中的所有神经元连接。但是在一个隐层中,神经元相互独立不进行任何连接。最后的全连接层被称为"输出层",在分类问题中,它输出的值被看作是不同类别的评分值。

常规神经网络对于大尺寸图像效果不尽如人意。在 CIFAR-10 数据集中,图像的尺寸是 $32 \times 32 \times 3$(宽高均为 32 像素,3 个颜色通道),因此,对应的常规神经网络的第一个隐层中,每一个单独的全连接神经元就有 $32 \times 32 \times 3 = 3\ 072$ 个权重。这个数量看起来还可以接受,但是很显然这个全连接的结构不适用于更大尺寸的图像。举例说来,一个尺寸为 $200 \times 200 \times 3$ 的图像,会让神经元包含 $200 \times 200 \times 3 = 120\ 000$ 个权重值。而网络中肯定不止一个神经元,那么参数的量就会快速增加。显而易见,这种全连接方式效率低下,大量的参数也很快会导致网络过拟合。

神经元的三维排列。卷积神经网络针对输入全部是图像的情况,将结构调整得更加合理,获得了不小的优势。与常规神经网络不同,卷积神经网络的各层中的神经元是 3 维排列的:宽度、高度和深度(这里的深度指的是激活数据体的第三个维度,而不是整个网络的深度,整个网络的深度指的是网络的层数)。举个例子,CIFAR-10 数据集中的图像是作为卷积神经网络的输入,该数据体的维度是 $32 \times 32 \times 3$(宽度、高度和深度)。这是可以看到,层中的神经元将只与前一层中的一小块区域连接,而不是采取全连接方式。对于用来分类 CIFAR-10 数据集中的图像的卷积网络,其最后的输出层的维度是 $1 \times 1 \times 10$,因为在卷积神经网络结构的最后部分将会把全尺寸的图像压缩为包含分类评分的一个向量,向量是在深度方向排列的,如图 3.41 所示。

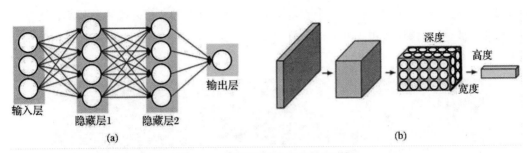

图 3.41　**神经网络和卷积神经网络**

(a)3 层神经网络；(b) 卷积神经网络

图 3.41 中网络将它的神经元都排列成三个维度（宽、高和深度）。卷积神经网络的每一层都将三维的输入数据变化为神经元三维的激活数据并输出。在这个例子中，红色的输入层装的是图像，所以它的宽度和高度就是图像的宽度和高度，它的深度是 3（代表了红、绿、蓝 3 种颜色通道）。

3.5.2　用来构建卷积网络的各种层

一个简单的卷积神经网络是由各种层按照顺序排列组成，网络中的每个层使用一个可以微分的函数将激活数据从一个层传递到另一个层。卷积神经网络主要由三种类型的层构成：卷积层，汇聚（Pooling）层和全连接层（全连接层和常规神经网络中的一样）。通过将这些层叠加起来，就可以构建一个完整的卷积神经网络。

网络结构例子：这仅仅是个概述，下面会有更详细的介绍细节。一个用于 CIFAR - 10 图像数据分类的卷积神经网络的结构可以是［输入层-卷积层- ReLU 层-汇聚层-全连接层］。细节如下。

(1) 输入［32×32×3］存有图像的原始像素值，本例中图像宽高均为 32，有 3 个颜色通道。

(2) 卷积层中，神经元与输入层中的一个局部区域相连，每个神经元都计算自己与输入层相连的小区域与自己权重的内积。卷积层会计算所有神经元的输出。如果我们用 12 个滤波器（也叫作核），得到的输出数据体的维度就是［32×32×3］。

(3)ReLU 层将会逐个元素地进行激活函数操作，比如使用以 0 为阈值的 $\max(0,x)$ 作为激活函数。该层对数据尺寸没有改变，还是［32×32×3］。

(4) 汇聚层在空间维度（宽度和高度）上进行降采样（downsampling）操作，数据尺寸变为［16×16×12］。

(5) 全连接层将计算分类评分，数据尺寸变为［1×1×10］，其中 10 个数字对应的就是 CIFAR - 10 数据集中 10 个类别的分类评分值。正如其名，全连接层与常规神经网络一样，其中每个神经元都与前一层中所有神经元相连接。

由此看来，卷积神经网络一层一层地将图像从原始像素值变换成最终的分类评分值。其中有的层含有参数，有的没有。具体说来，卷积层和全连接层（CONV/FC）对输入执行变换操作的时候，不仅会用到激活函数，还会用到很多参数（神经元的突触权值和偏差），如图 3.42 所示。而 ReLU 层和汇聚层则是进行一个固定不变的函数操作。卷积层和全连接层中的参数会随着梯度下降被训练,这样卷积神经网络计算出的分类评分就能和训练集中的每个图像的标签吻合了。

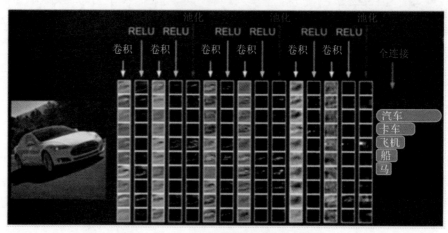

图 3.42　卷积神经网络的激活输出例子

左边的输入层存有原始图像像素,右边的输出层存有类别分类评分。在处理流程中的每个激活数据体是铺成一列来展示的。因为对 3D 数据作图比较困难,我们就把每个数据体切成层,然后铺成一列显示。最后一层装的是针对不同类别的分类得分,这里只显示了得分最高的 5 个评分值和对应的类别。本例中的结构是一个小的 VGG 网络,VGG 网络后面会有讨论。

3.5.3　卷积层

卷积层是构建卷积神经网络的核心层,它产生了网络中大部分的计算量。

1. 概述和直观介绍

首先讨论的是,在没有大脑和生物意义上的神经元之类的比喻下,卷积层到底在计算什么。卷积层的参数是由一些可学习的滤波器集合构成的。每个滤波器在空间上(宽度和高度)都比较小,但是深度和输入数据一致。举例来说,卷积神经网络第一层的一个典型的滤波器的尺寸可以是 $5 \times 5 \times 3$(宽高都是 5 像素,深度是 3 是因为图像应为颜色通道,所以有 3 的深度)。在前向传播的时候,让每个滤波器都在输入数据的宽度和高度上滑动(更精确地说是卷积),然后计算整个滤波器和输入数据任一处的内积。当滤波器沿着输入数据的宽度和高度滑过后,会生成一个二维的激活图(activation map),激活图给出了在每个空间位置处滤波器的反应。直观来说,网络会让滤波器学习到当它看到某些类型的视觉特征时就激活,具体的视觉特征可能是某些方位上的边界,或者在第一层上某些颜色的斑点,甚至可以是网络更高层上的蜂巢状或者车轮状图案。在每个卷积层上,会有一整个集合的滤波器(比如:12 个),每个都会生成一个不同的二维激活图。将这些激活映射在深度方向上层叠起来就生成了输出数据。

2. 以大脑做比喻

如果你喜欢用大脑和生物神经元来做比喻,那么输出的三维数据中的每个数据项可以被看作是神经元的一个输出,而该神经元只观察输入数据中的一小部分,并且和空间上左右两边的所有神经元共享参数(因为这些数字都是使用同一个滤波器得到的结果)。现在开始讨论神经元的连接,它们在空间中的排列,以及它们参数共享的模式。

3. 局部连接

在处理图像这样的高维度输入时,让每个神经元都与前一层中的所有神经元进行全连接是不现实的。相反,我们让每个神经元只与输入数据的一个局部区域连接。该连接的空间大小叫作神经元的感受野(Receptive Field),它的尺寸是一个超参数(其实就是滤波器的空间尺寸)。在深度方向上,这个连接的大小总是和输入量的深度相等。需要再次强调的是,我们对待空间维度(宽和高)与深度维度是不同的:连接在空间(宽高)上是局部的,但是在深度上总是和输入数据的深度一致。

【例 1】假设输入数据体尺寸为$[32 \times 32 \times 3]$(比如 CIFAR-10 数据集的 RGB 图像),如果感受野(或滤波器尺寸)是 5×5,那么卷积层中的每个神经元会有输入数据体中$[5 \times 5 \times 3]$区域的权重,共 $5 \times 5 \times 3 = 72$ 个权重(还要加一个偏差参数)。注意这个连接在深度维度上的大小必须为 3,和输入数据体的深度一致。

【例 2】假设输入数据体的尺寸是$[16 \times 16 \times 20]$,感受野尺寸是 3×3,那么卷积层中每个神经元和输入数据体就有 $3 \times 3 \times 20 = 180$ 个连接。再次提示:在空间上连接是局部的(3×3),但是在深度上是和输入数据体一致的(20)。

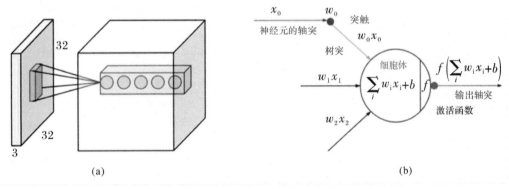

图 3.43　输入数据体与卷积神经元的连接关系

(a) 输入数据体;(b) 卷积神经元

图 3.43(a) 是红色的是输入数据体(比如 CIFAR - 10 数据集中的图像),蓝色的部分是第一个卷积层中的神经元。卷积层中的每个神经元都只是与输入数据体的一个局部在空间上相连,但是与输入数据体的所有深度维度全部相连(所有颜色通道)。在深度方向上有多个神经元(本例中 5 个),它们都接受输入数据的同一块区域(感受野相同)。图 3.43(b) 是神经网络章节中介绍的神经元,它们保持不变,还是计算权重和输入的内积,然后进行激活函数运算,只是它们的连接被限制在一个局部空间。

4. 空间排列

上文讲解了卷积层中每个神经元与输入数据体之间的连接方式,但是尚未讨论输出数据体中神经元的数量,以及它们的排列方式。3个超参数控制着输出数据体的尺寸:深度(Depth)、步长(Stride)和零填充(Zero-padding)。

(1)深度。输出数据体的深度是一个超参数:它和使用的滤波器的数量一致,而每个滤波器在输入数据中寻找一些不同的东西。举例来说,如果第一个卷积层的输入是原始图像,那么在深度维度上的不同神经元将可能被不同方向的边界,或者是颜色斑点激活。我们将这些沿着深度方向排列、感受野相同的神经元集合称为深度列(Depth Column),也有人使用纤维(Fibre)来称呼它们。

(2)步长。在滑动滤波器的时候,必须指定步长。当步长为1时,滤波器每次移动1个像素。当步长为2(或者不常用的3,或者更多,这些在实际中很少使用)时,滤波器滑动时每次移动2个像素。这个操作会让输出数据体在空间上变小。

(3)零填充。有时候将输入数据体用0在边缘处进行填充是很方便的。这个零填充(Zero-padding)的尺寸是一个超参数。零填充有一个良好性质,即可以控制输出数据体的空间尺寸(最常用的是用来保持输入数据体在空间上的尺寸,这样输入和输出的宽高都相等)。

输出数据体在空间上的尺寸可以通过输入数据体尺寸(W),卷积层中神经元的感受野尺寸(F),步长(S)和零填充的数量(P)的函数来计算。(这里假设输入数组的空间形状是正方形,即高度和宽度相等)输出数据体的空间尺寸为$(W-F+2P)/S+1$。比如输入是7×7,滤波器是3×3,步长为1,填充为0,那么就能得到一个5×5的输出。如果步长为2,那么输出就是3×3。如图3.44所示。

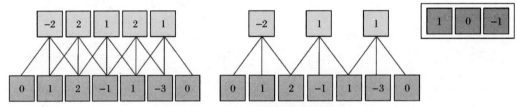

图3.44　空间排列的图示

在图3.44中只有一个空间维度(x轴),神经元的感受野尺寸$F=3$,输入尺寸$W=5$,零填充$P=1$。左边:神经元使用的步长$S=1$,所以输出尺寸是$(5-3+2)/1+1=5$。右边:神经元的步长$S=2$,则输出尺寸是$(5-3+2)/2+1=3$。注意当步长$S=3$时是无法使用的,因为它无法整齐地穿过数据体。从等式上来说,因为$(5-3+2)=4$是不能被3整除的。本例中,神经元的权重是$[1,0,-1]$,显示在图的右上角,偏差值为0。这些权重是被所有黄色的神经元共享的。

关于上面的内容,还有以下几点需要说明。

(1)使用零填充。在上面左边例子中,注意输入维度是5,输出维度也是5。之所以如此,是因为感受野是3并且使用了1的零填充。如果不使用零填充,则输出数据体的空间维度就只有3,因为这就是滤波器整齐滑过并覆盖原始数据需要的数目。一般说来,当步长$S=1$时,零填充的值是$P=(F-1)/2$,这样就能保证输入和输出数据体有相同的空间尺寸。

(3)步长的限制。注意这些空间排列的超参数之间是相互限制的。举例说来,当输入尺寸

$W=0$ 时,不使用零填充则 $P=0$,滤波器尺寸 $F=3$,这样步长 $S=2$ 就行不通,因为 $(W-F+2P)/S+1=(10-3+0)/2+1=4.5$,结果不是整数,这就是说神经元不能整齐对称地滑过输入数据体。因此,这些超参数的设定就被认为是无效的,一个卷积神经网络库可能会报出一个错误,或者修改零填充值来让设置合理,或者修改输入数据体尺寸来让设置合理,或者其他什么措施。合理地设置网络的尺寸让所有的维度都能正常工作,这件事可是相当让人头痛的。而使用零填充和遵守其他一些设计策略将会有效解决这个问题。

（3）真实案例。Krizhevsky 构架[1] 赢得了 2012 年的 ImageNet 挑战,其输入图像的尺寸是 $[227 \times 227 \times 3]$。在第一个卷积层,神经元使用的感受野尺寸 $F=11$,步长 $S=4$,不使用零填充 $P=0$。因为 $(227-11)/4+1=55$,卷积层的深度 $K=96$,则卷积层的输出数据体尺寸为 $[55 \times 55 \times 96]$。$55 \times 55 \times 96$ 个神经元中,每个都和输入数据体中一个尺寸为 $[11 \times 11 \times 3]$ 的区域全连接。在深度列上的 96 个神经元都是与输入数据体重同一个 $[11 \times 11 \times 3]$ 的区域连接,但是权重不同。有一个有趣的细节,在原论文中,说的输入图像尺寸是 224×224,这是肯定错误的,因为 $(224-11)/4+1$ 的结果不是整数。这件事在卷积神经网络的历史上让很多人迷惑,而这个错误到底是怎么发生的没人知道。有人猜测是 Alex 忘记在论文中指出自己使用了尺寸为 3 的额外的零填充。

5.参数共享

在卷积层中使用参数共享是用来控制参数的数量。就用上面的例子,在第一个卷积层就有 $55 \times 55 \times 96 = 290\,400$ 个神经元,每个有 $11 \times 11 \times 3 = 364$ 个参数和 1 个偏差。将这些合起来就是 $290\,400 \times 364 = 107\,705\,600$ 个参数。单单第一层就有这么多参数,显然这个数目是非常大的。

作一个合理的假设,如果一个特征在计算某个空间位置 (x,y) 的时候有用,那么它在计算另一个不同的位置 (x_2, y_2) 的时候也有用。基于这个假设,可以显著地减少参数数量。换言之,就是将深度维度上的一个单独的 2 维切片看作深度切片（Depth Slice）,比如一个数据体尺寸为 $[55 \times 55 \times 96]$ 的就有 96 个深度切片,每个尺寸为 $[55 \times 55]$。在每个深度切片上的神经元都使用同样的权重和偏差。在这样的参数共享下,例子中的第一个卷积层就只有 96 个不同的权重集了,一个权重集对应一个深度切片,共有 $96 \times 11 \times 11 \times 3 = 34\,848$ 个不同的权重,或 $34\,944$ 个参数（$+96$ 个偏差）。在每个深度切片中的 55×55 个权重使用的都是同样的参数。在反向传播的时候,都要计算每个神经元对它的权重的梯度,但是需要把同一个深度切片上的所有神经元对权重的梯度累加,这样就得到了对共享权重的梯度。这样,每个切片只更新一个权重集。

注意：如果在一个深度切片中的所有权重都使用一个权重向量,那么卷积层的前向传播在每个深度切片中可以看作是在计算神经元权重和输入数据体的卷积（这就是"卷积层"名字由来）。这也是为什么总是将这些权重集合称为滤波器（Filter）（或卷积核（Kernel）),因为它们和输入进行了卷积。

图 3.45 中,这 96 个滤波器的尺寸都是 $[11 \times 11 \times 3]$,在一个深度切片中,每个滤波器都被

55×55 个神经元共享。注意参数共享的假设是有道理的：如果在图像某些地方探测到一个水平的边界是很重要的，那么在其他一些地方也会同样是有用的，这是因为图像结构具有平移不变性。所以在卷积层的输出数据体的 55×55 个不同位置中，就没有必要重新学习去探测一个水平边界了。

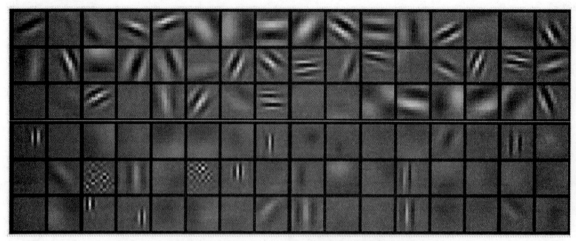

图 3.45　Krizhevsky 等学习到的滤波器例子

注意：有时候参数共享假设可能没有意义，特别是当卷积神经网络的输入图像是一些明确的中心结构时候。这时候我们就应该期望在图片的不同位置学习到完全不同的特征。一个具体的例子就是输入图像是人脸，人脸一般都处于图片中心。你可能期望不同的特征，比如眼睛特征或者头发特征可能（也应该）会在图片的不同位置被学习。在这个例子中，通常就放松参数共享的限制，将层称为局部连接层（Locally-Connected Layer）。

6. Numpy 例子

为了让讨论更加的具体，我们用代码来展示上述思路。假设输入数据体是 numpy 数组 X。那么：

- 一个位于 (x,y) 的深度列（或纤维）将会是 $X[x,y,:]$。
- 在深度为 d 处的深度切片，或激活图应该是 $X[:,:,d]$。

卷积层例子：假设输入数据体 X 的尺寸 X.shape：$(11,11,4)$，不使用零填充 $(P=0)$，滤波器的尺寸是 $F=5$，步长 $S=2$。那么输出数据体的空间尺寸就是 $(11-5)/2+1=4$，即输出数据体的看度和高度都是 4。那么在输出数据体中的激活映射（称其为 V）看起来就是下面这样（在这个例子中，只有部分元素被计算）：

- $V[0,0,0] = np.sum(X[:5,:5,:] * W0) + b0$
- $V[1,0,0] = np.sum(X[2:7,:5,:] * W0) + b0$
- $V[2,0,0] = np.sum(X[4:9,:5,:] * W0) + b0$
- $V[3,0,0] = np.sum(X[6:11,:5,:] * W0) + b0$

在 numpy 中，$*$ 操作是进行数组间的逐元素相乘。权重向量 W_0 是该神经元的权重，b_0 是其偏差。在这里,W_0 被假设尺寸是 $W0.shape$:$(5,5,4)$,因为滤波器的宽高是 5,输入数据量的深度是 4。注意在每一个点,计算点积的方式和之前的常规神经网络是一样的。同时,计算内积的时候使用的是同一个权重和偏差(因为参数共享),在宽度方向的数字每次上升 2(因为步长为 2)。要构建输出数据体中的第二张激活图,代码应该是:

- $V[0,0,1] = np.sum(X[:5,:5,:] * W1) + b1$
- $V[1,0,1] = np.sum(X[2:7,:5,:] * W1) + b1$
- $V[2,0,1] = np.sum(X[4:9,:5,:] * W1) + b1$
- $V[3,0,1] = np.sum(X[6:11,:5,:] * W1) + b1$
- $V[0,1,1] = np.sum(X[:5,2:7,:] * W1) + b1$(在 y 方向上)
- $V[2,3,1] = np.sum(X[4:9,6:11,:] * W1) + b1$(或两个方向上同时)

访问的是 V 的深度维度上的第二层(即 index1),因为是在计算第二个激活图,所以这次试用的参数集就是 W_1 了。在上面的例子中,为了简洁略去了卷积层对于输出数组 V 中其他部分的操作。还有,要记得这些卷积操作通常后面接的是 ReLU 层,对激活图 3.46 中的每个元素做激活函数运算,这里没有显示。

卷积层的性质如下。

(1) 输入数据体的尺寸为 $W_1 \times H_1 \times D_1$。

(2) 4 个超参数:滤波器的数量 K,滤波器的空间尺寸 F,步长 S,零填充数量 P。

(3) 输出数据体的尺寸为 $W_2 \times H_2 \times D_2$,其中:$W_2 = (W_1 - F + 2P)/S + 1$,$H_2 = (H_1 - F + 2P)/S + 1$,$D_2 = K$。

(4) 由于参数共享,每个滤波器包含 $F \times F \times D_1$ 个权重,卷积层一共有 $F \times F \times D_1 \times K$ 个权重和 K 个偏置。

(5) 在输出数据体中,第 d 个深度切片(空间尺寸是 $W_2 \times H_2$),用第 d 个滤波器和输入数据进行有效卷积的结果(使用步长 S),最后再加上第 d 个偏差。

对这些超参数,常见的设置是 $F = 3$,$S = 1$,$P = 1$。同时设置这些超参数也有一些约定俗成的惯例和经验,可以在下面的卷积神经网络结构章节中查看。

卷积层演示:下面是一个卷积层的运行演示。因为 3D 数据难以可视化,所以所有的数据(输入数据体是蓝色,权重数据体是红色,输出数据体是绿色)都采取将深度切片按照列的方式排列展现。输入数据体的尺寸是 $W_1 = 5$,$H_1 = 5$,$D_1 = 3$,卷积层参数 $K = 2$,$F = 3$,$S = 2$,$P = 1$。就是说,有 2 个滤波器,尺寸是 3×3,它们的步长是 2。因此,输出数据体的空间尺寸是 $(5 - 3 + 2)/2 + 1 = 3$。

注意:输入数据体使用了零填充 $P = 1$,所以输入数据体外边缘一圈都是 0。图 3.46 在绿色的输出激活数据上循环演示,展示了其中每个元素都是先通过蓝色的输入数据和红色的滤波器逐元素相乘,然后求其总和,最后加上偏差得来(动画演示请前往 https://cs231n.github.io/convolutional-networks/)。

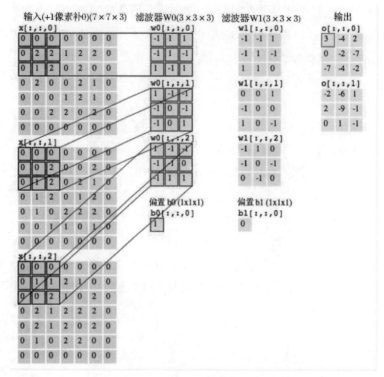

图 3.46　卷积层演示

7. 用矩阵乘法实现

卷积运算本质上就是在滤波器和输入数据的局部区域间做点积。卷积层的常用实现方式就是利用这一点,将卷积层的前向传播变成一个巨大的矩阵乘法。

(1) 输入图像的局部区域被 im2col 操作拉伸为列。比如,如果输入是 $[227 \times 227 \times 3]$,要与尺寸为 $11 \times 11 \times 3$ 的滤波器以步长为 4 进行卷积,就取输入中的 $[11 \times 11 \times 3]$ 数据块,然后将其拉伸为长度为 $11 \times 11 \times 3 = 363$ 的列向量。重复进行这一过程,因为步长为 4,所以输出的宽高为 $(227 - 11)/4 + 1 = 55$,所以得到 im2col 操作的输出矩阵 X_col 的尺寸是 $[363 \times 3\ 025]$,其中每列是拉伸的感受野,共有 $55 \times 55 = 3\ 025$ 个。

注意: 因为感受野之间有重叠,所以输入数据体中的数字在不同的列中可能有重复。

(2) 卷积层的权重也同样被拉伸成行。举例,如果有 96 个尺寸为 $[11 \times 11 \times 3]$ 的滤波器,就生成一个矩阵 W_row,尺寸为 $[96 \times 363]$。

(3) 现在卷积的结果和进行一个大矩阵乘 np. dot(W_row, X_col) 是等价的了,能得到每个滤波器和每个感受野间的点积。在的例子中,这个操作的输出是 $[96 \times 3\ 025]$,给出了每个滤波器在每个位置的点积输出。

(4) 结果最后必须被重新变为合理的输出尺寸 $[55 \times 55 \times 96]$。

这个方法的缺点就是占用内存太多,因为在输入数据体中的某些值在 X_col 中被复制了多次。但是,其优点是矩阵乘法有非常多的高效实现方式,我们都可以使用(比如常用的 BLAS API,Basic Linear Algebra Subprograms,基础线性代数程序集)。还有,同样的 im2col 思路可以用在汇聚操作中。

反向传播:卷积操作的反向传播(同时对于数据和权重)还是一个卷积(但是是和空间上翻转的滤波器卷积)。使用一个 1 维的例子比较容易演示。

8.1×1 卷积

一些论文中使用了 1×1 的卷积,这个方法最早是在文献[106]中出现。人们刚开始看见这个 1×1 卷积的时候比较困惑,尤其是那些具有信号处理专业背景的人。因为信号是 2 维的,所以 1×1 卷积就没有意义。但是,在卷积神经网络中不是这样,因为这里是对 3 个维度进行操作,滤波器和输入数据体的深度是一样的。比如,如果输入是[32×32×3],那么 1×1 卷积就是在高效地进行 3 维点积(因为输入深度是 3 个通道)。

9. 扩张卷积

最近一个研究[107]给卷积层引入了一个新的叫扩张(Dilation)的超参数。到目前为止,只讨论了卷积层滤波器是连续的情况。但是,让滤波器中元素之间有间隙也是可以的,这就叫作扩张。举例,在某个维度上滤波器 w 的尺寸是 3,那么计算输入 x 的方式是:$w[0] * x[0] + w[1] * x[1] + w[2] * x[2]$,此时扩张为 0。如果扩张为 1,那么计算为:$w[0] * x[0] + w[1] * x[2] + w[2] * x[4]$。换句话说,操作中存在 1 的间隙。在某些设置中,扩张卷积与正常卷积结合起来非常有用,因为在很少的层数内更快地汇集输入图片的大尺度特征。比如,如果上下重叠 2 个 3×3 的卷积层,那么第二个卷积层的神经元的感受野是输入数据体中 5×5 的区域(可以成这些神经元的有效感受野是 5×5)。如果我们对卷积进行扩张,那么这个有效感受野就会迅速增长。

3.5.4　汇聚层

通常,在连续的卷积层之间会周期性地插入一个汇聚层。它的作用是逐渐降低数据体的空间尺寸,这样的话就能减少网络中参数的数量,使得计算资源耗费变少,也能有效控制过拟合。汇聚层使用 MAX 操作,对输入数据体的每一个深度切片独立进行操作,改变它的空间尺寸。最常见的形式是汇聚层使用尺寸 2×2 的滤波器,以步长为 2 来对每个深度切片进行降采样,将其中 75% 的激活信息都丢掉。每个 MAX 操作是从 4 个数字中取最大值(也就是在深度切片中某个 2×2 的区域)。深度保持不变。汇聚层的一些公式如下。

(1) 输入数据体的尺寸为 $W_1 \times D_1 \times D_1$。

(2) 2 个超参数:空间大小 F,步长 S。

(3) 输出数据体的尺寸为 $W_2 \times H_2 \times D_2$,其中:$W_2 = (W_1 - F)/S + 1$, $H_2 = (H_1 - F)/S + 1$, $D_2 = D_1$。

(4) 因为对输入进行的是固定函数计算,所以没有引入参数。

(5) 在汇聚层中很少使用零填充。

在实践中,最大汇聚层通常只有两种形式:一种是 $F = 3, S = 2$,也叫重叠汇聚(Overlapping Pooling),另一种更常用的是 $F - 2, S = 3$。对更大感受野进行汇聚需要的汇聚尺寸也更大,而且往往对网络有破坏性。

1.普通汇聚(General Pooling)

除了最大汇聚,汇聚单元还可以使用其他的函数,比如平均汇聚(Average Pooling)或L-2范式汇聚(L2-norm pooling)。平均汇聚历史上比较常用,但是现在已经很少使用了。因为实践证明,最大汇聚的效果比平均汇聚要好。

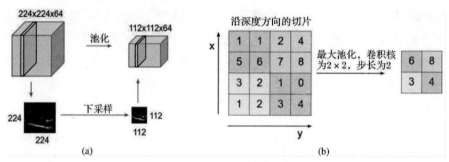

图 3.47   汇聚层降采样过程

(a) 输入数据体;(b) 最常用的降采样操作

图 3.47(a) 输入数据体尺寸$[224 \times 224 \times 64]$被降采样到了$[112 \times 112 \times 64]$,采取的滤波器尺寸是 2,步长为 2,而深度不变。图 3.47(b) 最常用的降采样操作是取最大值,也就是最大汇聚,这里步长为 2,每个取最大值操作是从 4 个数字中选取(即 2×2 的方块区域中)。

2.反向传播

$\max(x,y)$ 函数的反向传播可以简单理解为将梯度只沿最大的数回传。因此,在向前传播经过汇聚层的时候,通常会把池中最大元素的索引记录下来(有时这个也叫作道岔(Switches)),这样在反向传播的时候梯度的路由就很高效。

3.不使用汇聚层

很多人不喜欢汇聚操作,认为可以不使用它。比如在文献[108]中,提出使用一种只有重复的卷积层组成的结构,抛弃汇聚层。通过在卷积层中使用更大的步长来降低数据体的尺寸。有发现认为,在训练一个良好的生成模型时,弃用汇聚层也是很重要的。比如变化自编码器(Variational Autoencoders,VAEs)和生成性对抗网络(Generative Adversarial Networks,GANs)。现在看起来,未来的卷积网络结构中,可能会很少使用甚至不使用汇聚层。

3.5.5   归一化层

在卷积神经网络的结构中,提出了很多不同类型的归一化层,有时候是为了实现在生物大脑中观测到的抑制机制。但是这些层渐渐都不再流行,因为实践证明它们的效果即使存在,也是极其有限的。

3.5.6   全连接层

在全连接层中,神经元对于前一层中的所有激活数据是全部连接的,这个和常规神经网络中一样。它们的激活可以先用矩阵乘法,再加上偏差。

3.5.7　把全连接层转化成卷积层

全连接层和卷积层之间唯一的不同就是卷积层中的神经元只与输入数据中的一个局部区域连接,并且在卷积列中的神经元共享参数。然而在两类层中,神经元都是计算点积,所以它们的函数形式是一样的。因此,将此两者相互转化是可能的。

(1) 对于任意一个卷积层,都存在一个能实现和它一样的前向传播函数的全连接层。权重矩阵是一个巨大的矩阵,除了某些特定块(这是因为有局部连接),其余部分都是零。而在其中大部分块中,元素都是相等的(因为参数共享)。

(2) 相反,任何全连接层都可以被转化为卷积层。比如,一个 $K = 4\,096$ 的全连接层,输入数据体的尺寸是 $7 \times 7 \times 52$,这个全连接层可以被等效地看作一个 $F = 5, P = 0, S = 1, K = 4\,096$ 的卷积层。换句话说,就是将滤波器的尺寸设置为和输入数据体的尺寸一致了。因为只有一个单独的深度列覆盖并滑过数据体,所以输出将变成 $1 \times 1 \times 4\,096$,这个结果就和使用初始的那个全连接层一样了。

在两种变换中,将全连接层转化为卷积层在实际运用中更加有用。假设一个卷积神经网络的输入是 $224 \times 224 \times 3$ 的图像,一系列的卷积层和汇聚层将图像数据变为尺寸为 $7 \times 7 \times 512$ 的激活数据体(在 AlexNet 中就是这样,通过使用 5 个汇聚层来对输入数据进行空间上的降采样,每次尺寸下降一半,所以最终空间尺寸为 $224/2/2/2/2/2 = 7$)。从这里可以看到,AlexNet 使用了两个尺寸为 4 096 的全连接层,最后一个有 1 000 个神经元的全连接层用于计算分类评分。这里可以将这 3 个全连接层中的任意一个转化为卷积层。

1) 针对第一个连接区域是 $[7 \times 7 \times 512]$ 的全连接层,令其滤波器尺寸为 $F = 7$,这样输出数据体就为 $[1 \times 1 \times 4\,096]$ 了。

2) 针对第二个全连接层,令其滤波器尺寸为 $F = 7$,这样输出数据体为 $[1 \times 1 \times 4\,096]$。

3) 对最后一个全连接层也做类似的,令其 $F = 7$,最终输出为 $[1 \times 1 \times 1\,000]$。

实际操作中,每次这样的变换都需要把全连接层的权重 W 重塑成卷积层的滤波器。那么这样的转化有什么作用呢?它在下面的情况下可以更高效:让卷积网络在一张更大的输入图片上滑动(即把一张更大的图片的不同区域都分别带入到卷积网络,得到每个区域的得分),得到多个输出,这样的转化可以让我们在单个向前传播的过程中完成上述的操作。

举个例子,如果想让 224×224 尺寸的浮窗,以步长为 32 在 384×384 的图片上滑动,那么就把每个经停的位置都带入卷积网络,最后得到 6×6 个位置的类别得分。上述的把全连接层转换成卷积层的做法会更简便。如果 224×224 的输入图片经过卷积层和汇聚层之后得到了 $[7 \times 7 \times 512]$ 的数组,那么,384×384 的大图片直接经过同样的卷积层和汇聚层之后会得到 $[12 \times 12 \times 512]$ 的数组(因为途径 5 个汇聚层,尺寸变为 $384/2/2/2/2/2 = 12$)。然后再经过上面由 3 个全连接层转化得到的 3 个卷积层,最终得到 $[6 \times 6 \times 1\,000]$ 的输出[因为 $(12 - 7)/1 + 1 = 6$]。这个结果正是浮窗在原图经停的 6×6 个位置的得分。

　　自然,相较于使用被转化前的原始卷积神经网络对所有 36 个位置进行迭代计算,使用转化后的卷积神经网络进行一次前向传播计算要高效得多,因为 36 次计算都在共享计算资源。这一技巧在实践中经常使用,一次来获得更好的结果。比如,通常将一张图像尺寸变得更大,然后使用变换后的卷积神经网络来对空间上很多不同位置进行评价得到分类评分,然后在求这些分值的平均值。

　　最后,如果想用步长小于 32 的浮窗怎么办?用多次的向前传播就可以解决。比如想用步长为 16 的浮窗。那么先使用原图在转化后的卷积网络执行向前传播,然后分别沿宽度,沿高度,最后同时沿宽度和高度,把原始图片分别平移 16 个像素,然后把这些平移之后的图分别带入卷积网络。

3.5.8　卷积神经网络的结构

　　卷积神经网络通常是由三种层构成:卷积层、汇聚层(除非特别说明,一般就是最大值汇聚)和全连接层(Fully Connected,FC)。ReLU 激活函数也应该算是一层,它逐元素地进行激活函数操作。

1. 层的排列规律

　　卷积神经网络最常见的形式就是将一些卷积层和 ReLU 层放在一起,其后紧跟汇聚层,然后重复如此直到图像在空间上被缩小到一个足够小的尺寸,在某个地方过渡成全连接层也较为常见。最后的全连接层得到输出,比如分类评分等。换句话说,最常见的卷积神经网络结构如下。

INPUT->[[CONV->RELU]*N->POOL?]*M->[FC->RELU]*K->FC

其中 * 指的是重复次数,POOL?指的是一个可选的汇聚层。其中 $N>=0$,通常 $N<=3$,$M>=0$,$K>=0$,通常 $K<3$。例如,下面是一些常见的网络结构规律。

(1)INPUT-> FC,实现一个线性分类器,此处 $N = M = K = 0$。

(2)INPUT-> CONV-> RELU-> FC

(3)INPUT->[CONV-> RELU-> POOL]*2->FC-> RELU->FC。此处在每个汇聚层之间有一个卷积层。

(4)INPUT-> [CONV-> RELU-> CONV-> RELU -> POOL]*3-> [FC-> RELU]*2->FC。

　　此处每个汇聚层前有两个卷积层,这个思路适用于更大更深的网络,因为在执行具有破坏性的汇聚操作前,多重的卷积层可以从输入数据中学习到更多的复杂特征。

　　几个小滤波器卷积层的组合比一个大滤波器卷积层好:假设你一层一层地重叠了 3 个 3×3 的卷积层(层与层之间有非线性激活函数)。在这个排列下,第一个卷积层中的每个神经元都对输入数据体有一个 3×3 的视野。第二个卷积层上的神经元对第一个卷积层有一个 3×3 的视野,也就是对输入数据体有 5×5 的视野。同样,在第三个卷积层上的神经元对第二个卷积层有 3×3 的视野,也就是对输入数据体有 7×7 的视野。假设不采用这 3 个 3×3 的卷积层,而是

使用一个单独的有 7×7 的感受野的卷积层,那么所有神经元的感受野也是 7×7,但是就有一些缺点。首先,多个卷积层与非线性的激活层交替的结构,比单一卷积层的结构更能提取出深层的更好的特征。其次,假设所有的数据有 C 个通道,那么单独的 7×7 卷积层将会包含 $C\times(7\times7\times C)=49C^2$ 个参数,而 3 个 3×3 的卷积层的组合仅有 $3[C\times(3\times3\times C)]$ 个参数。直观说来,最好选择带有小滤波器的卷积层组合,而不是用一个带有大的滤波器的卷积层。前者可以表达出输入数据中更多个强力特征,使用的参数也更少。唯一的不足是,在进行反向传播时,中间的卷积层可能会导致占用更多的内存。

传统的将层按照线性进行排列的方法已经受到了挑战,挑战来自谷歌的 Inception 结构和微软亚洲研究院的残差网络(Residual Net) 结构。这两个网络的特征更加复杂,连接结构也不同。

2. 层的尺寸设置规律

到现在为止,本书都没有提及卷积神经网络中每层的超参数的使用。现在先介绍设置结构尺寸的一般性规则,然后根据这些规则进行下述讨论。

(1) 输入层。它(包含图像的)应该能被 2 整除很多次。常用数字包括 32(比如 CIFAR - 10),64,96(比如 STL - 10) 或 224(比如 ImageNet 卷积神经网络),384 和 512。

(2) 卷积层。它应该使用小尺寸滤波器(比如 3×3 或最多 5×5),使用步长 $S=1$。还有一点非常重要,就是对输入数据进行零填充,这样卷积层就不会改变输入数据在空间维度上的尺寸。比如,当 $F=3$ 时,那就使用 $P=1$ 来保持输入尺寸。当 $F=5$,$P=2$ 时,一般对于任意 F,当 $P=(F-1)/2$ 的时候能保持输入尺寸。如果必须使用更大的滤波器尺寸(比如 7×7 之类),通常只用在第一个面对原始图像的卷积层上。

(3) 汇聚层。负责对输入数据的空间维度进行降采样。最常用的一个设置是用 2×2 感受野(即 $F=2$)的最大值汇聚,步长为 2($S=2$)。

注意:这一操作将会把输入数据中 75% 的激活数据丢弃(因为对宽度和高度都进行了 2 的降采样)。另一个不常用的设置是使用 3×3 的感受野,步长为 2。最大值汇聚的感受野尺寸很少有超过 3 的,因为汇聚操作过于激烈,易造成数据信息丢失,这通常会导致算法性能变差。

1) 减少尺寸设置的问题。前文中展示的两种设置是很好的,因为所有的卷积层都能保持其输入数据的空间尺寸,汇聚层只负责对数据体从空间维度进行降采样。如果使用的步长大于 1 并且不对卷积层的输入数据使用零填充,那么就必须非常仔细地监督输入数据体通过整个卷积神经网络结构的过程,确认所有的步长和滤波器都尺寸互相吻合,卷积神经网络的结构美妙对称地联系在一起。

为什么在卷积层使用 1 的步长?在实际应用中,更小的步长效果更好。前文已经提过,步长为 1 可以让空间维度的降采样全部由汇聚层负责,卷积层只负责对输入数据体的深度进行变换。

为何使用零填充?使用零填充除了前面提到的可以让卷积层的输出数据保持和输入数据在空间维度的不变,还可以提高算法性能。如果卷积层值进行卷积而不进行零填充,那么数据体的尺寸就会略微减小,那么图像边缘的信息就会过快地损失掉。

（2）内存限制所做的妥协。在某些案例（尤其是早期的卷积神经网络结构）中，基于前面的各种规则，内存的使用量迅速飙升。例如，使用 64 个尺寸为 3×3 的滤波器对 224×224×3 的图像进行卷积，零填充为 1，得到的激活数据体尺寸是[224×224×64]。这个数量就是一千万的激活数据，或者就是 72MB 的内存（每张图就是这么多，激活函数和梯度都是）。GPU 通常因为内存导致性能瓶颈，所以做出一些妥协是必需的。在实践中，人们倾向于在网络的第一个卷积层做出妥协。例如，妥协可能是在第一个卷积层使用步长为 2，尺寸为 7×7 的滤波器（比如在 ZFnet 中）。在 AlexNet 中，滤波器的尺寸的 11×11，步长为 4。

3.5.9　理解和可视化卷积神经网络

在所有深度网络中，卷积神经网和图像处理最为密切相关，卷积网在很多图片分类竞赛中都取得了很好的效果，但卷积网络调参过程很不直观，很多时候都是碰运气。为此，卷积网发明者 Yann LeCun 的得意门生 Matthew Zeiler 在 2013 年发表了一篇论文[109]，阐述了如何用反卷积网络可视化整个卷积网络，并进行分析和调优。论文用反卷积技术可重构每层的输入特征并加以可视化，通过可视化的展示来分析"输入的色彩如何映射成不同层上的特征""特征如何随着训练过程而发生变化"等问题，甚至利用可视化技术来诊断和改进当前网络结果可能存在的问题。

采用由文献[110]提出的有监督学习的卷积网络模型，该模型通过一系列隐含层，将输入的二维彩色图像映射成长度为 C 的一维概率向量，向量中的每个概率分别对应 C 个不同分类。每层包含以下部分：① 卷积层，每个卷积层都由前面一层网络的输出结果，与学习获得的特定核进行卷积运算产生；② 激活层，对每个卷积结果都进行激活运算；③（可选）最大池化层，对激活结果进行一定邻域内的最大池化操作，获得降采样图；④（可选）对降采样图进行对比度归一化操作，使得输出特征平稳。最后几层是全连接网络，输出层是一个 softmax 分类器。图 3.48 展示了这个模型。

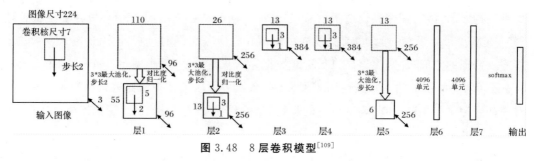

图 3.48　8 层卷积模型[109]

1. 通过反卷积网络实现可视化

要想深入了解卷积网，就需要了解中间层特征的作用。将中间层特征反向映射到像素空间，观察出什么输入会导致特定的输出，可视化过程基于[109]提出的反卷积网络实现。一层反卷积网络可以看成一层卷积网的逆过程，它们拥有相同的卷积核和池化函数，因此反卷积网是将输出特征逆映射成输入信号。

　　在模型中,卷积网的每一层都附加了一个反卷积层,如图 3.49 所示,提供了一条由输出特征到输入特征的反通路。首先,输入图像通过卷积网模型,每层都会产生特定特征;而后,将反卷积网中观测层的其他连接权值全部置零,将卷积网观测层产生的特征当作输入,送给对应的反卷积层,依次进行以下操作:反池化、反激活和反卷积。

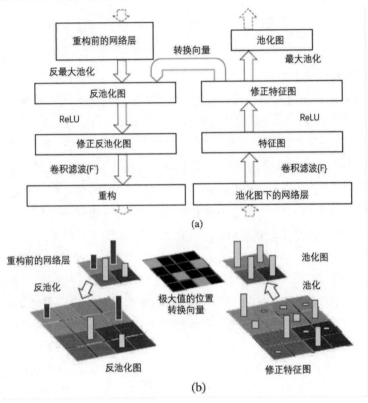

图 3.49　反卷积网络

(a) 反卷积层;(b) 反卷积网反池化过程

　　图 3.49(a) 中一层反卷积网(左) 附加在一层卷积网(右) 上。反卷积网层会近似重构出下面卷积网层产生的特征。图 3.49(b) 中反卷积网反池化过程的演示,使用转换表格记录极大值点的位置,从而近似还原出池化操作前的特征。

　　(1) 反池化。严格来讲,最大池化操作是不可逆的,论文用了一种近似方法来计算最大池化的逆过程:在最大池化过程中,用 Max Locations"Switches" 表格记录下每个最大值的位置,在反池化过程中,将最大值标注回记录所在位置,其余位置填 0。以图 3.50 为例,图 3.50 中左边表示池化过程,右边表示反池化过程。假设池化块的大小是 3×3,采用最大池化后,可以得到一个输出神经元其激活值为 9,池化是一个下采样的过程,本来是 3×3 大小,经过池化后,就变成了 1×1 大小的图片了。而反池化刚好与池化过程相反,它是一个上采样的过程,是池化的一个反向运算,当我们由一个神经元要扩展到 3×3 个神经元的时候,我们需要借助于池化过程中,记录下最大值所在的位置坐标(0,1),然后在反池化过程的时候,就把(0,1) 这个像素点的位置填上去,其他的神经元激活值全部为 0。

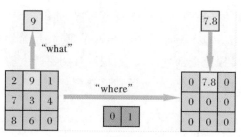

图 3.50　反池化图例子

（2）反激活。在卷积网中，为保证特征有效性，通过 ReLU 非线性函数来保证所有输出都为非负数，这个约束对反卷积过程依然成立，因此将重构信号送入 ReLU 函数中。

（3）反卷积。卷积网使用学习得到的卷积核与上层输出卷积，得到特征。为了实现逆过程，反卷积网使用相同卷积核的转置作为核，与激活后的特征进行卷积运算。

在反池化过程中，由于"Switches"只记录了极大值的位置信息，其余位置均用 0 填充，因此重构出的图片看起来会不连续，很像原始图片中的某个碎片，这些碎片就是训练出高性能卷积网络的关键。由于这些重构图像不是从模型中采样生成，因此中间不存在生成式过程。

（4）训练细节。论文选择了 ImageNet 2012 作为训练集（130 万张图片，超过 1 000 个不同类别），首先截取每张 RGB 图片最中心的 256×256 区域，然后减去整张图片颜色均值，再截出 10 个不同的 224×224 窗口（可对原图进行水平翻转，窗口可在区域中滑动）。采用随机梯度下降法学习，batchsize 选择 128，学习率选择 0.01，动量系数选择 0.9；当误差趋于收敛时，手动停止训练过程；Dropout 策略运用在全连接层中，系数设为 0.5，所有权值初始值设为 0.01，偏置值设为 0。

图 3.51（a）展示了部分训练得到的第一层卷积核，其中有一部分核数值过大，为了避免这种情况，采取如下策略：均方根超过 0.1 的核将重新进行归一化，使其均方根为 0.1。该步骤非常关键，因为第一层的输入变化范围为[−128,128]之间。通过滑动窗口截取和对原始图像的水平翻转来提高训练集的大小，这一点和文献[24]相同。整个训练过程在单块 GTX580 GPU 上运行，总共进行了 70 次全库迭代，运行了 12 天。

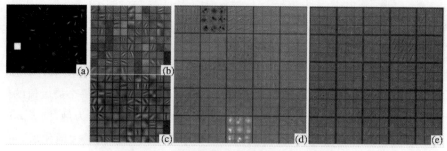

图 3.51　部分训练得到的第一层卷积核

图 3.51（a）是层 1 输出的特征，还未经过尺度约束操作，可以看到有一个特征十分巨大；图 3.51（b）是文献[5]第 1 层产生的特征。图 3.51（c）是文献[109]模型第 1 层产生的特征，更小的跨度（2vs4），更小的核尺寸（7×7 vs 11×11），从而产生了更具辨识度的特征和更少的"无用特征"；图 3.51（d）是文献[51]第 2 层产生的特征；图 3.51（e）是文献[109]模型第 2 层产生的

特征。很明显,没有图 3.51(d) 中的模糊特征。

2. 卷积网可视化

(1) 特征可视化。图 3.52 展示了训练结束后,模型各个隐含层提取的特征,显示了在给定输出特征的情况下,反卷积层产生的最强的 9 个输入特征。将这些计算所得的特征,用像素空间表示后,可以清晰地看出:一组特定的输入特征(通过重构获得),将刺激卷积网产生一个固定的输出特征。这一点解释了为什么当输入存在一定畸变时,网络的输出结果保持不变。在可视化结果的右边是对应的输入图像,和重构特征相比,输入图像之间的差异性很大,而重构特征只包含哪些具有判别能力纹理结构。例如:层 5 第 1 行第 2 列的 9 张输入图像各不相同,差异很大,而对应的重构输入特征则都显示了背景中的草地,没有显示五花八门的前景。

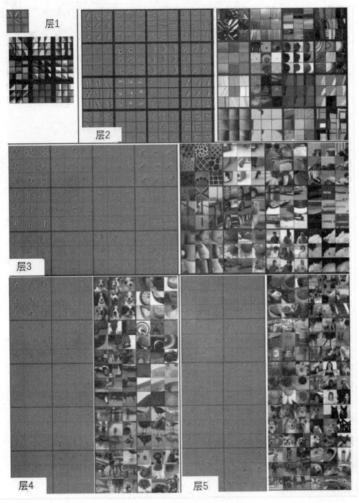

图 3.52　训练好的卷积网

每层的可视化结果都展示了网络的层次化特点。层 2 展示了物体的边缘和轮廓,以及与颜色的组合;层 3 拥有了更复杂的不变性,主要展示了相似的纹理(例如:第 1 行第 1 列的网格模型;第 2 行第 4 列的花纹);层 4 不同组重构特征存在着重大差异性,开始体现类与类之间的差异;狗狗的脸(第 1 行第 1 列),鸟的腿(第 4 行第 2 列);层 5 每组图像都展示了存在重大差异的一类物体,例如:键盘(第 1 行第 1 列),狗(第 4 行)。

图 3.52 显示了层 2 到层 5 通过反卷积层计算,得到的 9 个最强输入特征,并将输入特征映射到了像素空间。文章的重构输入特征不是采样生成的:它们是固定的,由特定的输出特征反卷积计算产生。每一个重构输入特征都对应地显示了它的输入图像。有以下三点启示:① 每组重构特征(9 个)都有强关联性;② 层次越高,不变性越强;③ 都是原始输入图像具有强辨识度部分的夸张展现。例如:狗的眼睛、鼻子(层 4,第 1 行第 1 列)。

图 3.53 中,从左至右的块,依次为层 1 到层 5 的重构特征。块展示在随机选定一个具体输入特征时,计算所得的,重构输入特征在第 1、2、5、10、20、30、40、64 次迭代时(训练集所有图片跑 1 遍为 1 次迭代),是什么样子(1 列为 1 组)。显示效果经过了人工色彩增强。

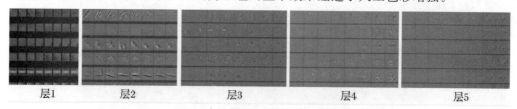

层1　　　层2　　　层3　　　层4　　　层5

图 3.53　模型特征逐层演化过程

(2) 特征在训练过程中的演化。图 3.53 展示了在训练过程中,由特定输出特征反向卷积,所获得的最强重构输入特征(从所有训练样本中选出)是如何演化的,当输入图片中的最强刺激源发生变化时,对应的输出特征轮廓发生跳变。经过一定次数的迭代后,底层特征趋于稳定,但更高层的特征则需要更多的迭代才能收敛(40 ~ 50 个周期),这表明:只有所有层都收敛时,分类模型才可用。

(3) 特征不变性。图 3.54 展示了 5 个不同的例子,它们分别被平移、旋转和缩放。右边显示了不同层特征向量所具有的不变性能力。在第 1 层,很小的微变都会导致输出特征变化明显,但越往高层走,平移和尺度变化对最终结果的影响越小。总体来讲,卷积网络无法对旋转操作产生不变性,除非物体具有很强的对称性。

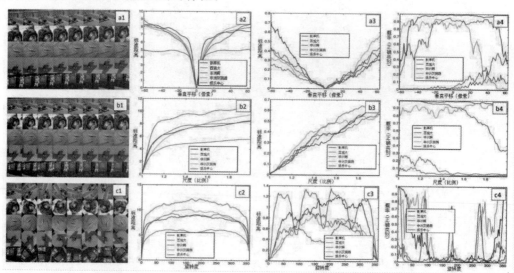

图 3.54　图像的和种变形及卷积网模型中相应的特征不变性

图 3.54(a)为图像的垂直移动;图 3.54(b)为尺度变化;图 3.54(c)为旋转以及卷积网模型中相应的特征不变性。列 1:对图像进行各种变形;列 2 和列 3:原始图像和变形图像分别在层 1~层 7 所产生特征间的欧式距离。列 4:真实类别在输出中的概率。

(4)结构选取。观察 Krizhevsky 的网络模型可以帮助用户在一开始就选择一个好的模型。反卷积网可视化技术显示了 Krizhevsky 卷积网的一些问题。如图 3.51(a)(d)所示,第 1 层卷积核混杂了大量的高频和低频信息,缺少中频信息;第 2 层由于卷积过程选择 4 作为跨度,产生了混乱无用的特征。为了解决这些问题,做了以下工作:① 将第一层的卷积核大小由 11×11 调整为 7×7;② 将卷积跨度由 4 调整为 2;新的模型不但保留了 1、2 层绝大部分的有用特征,如图 351(c)(e)所示,还提高了最终分类性能。

(5)遮挡敏感性。当模型达到预期的分类性能时,一个自然而然的想法是:分类器究竟使用了什么信息实现分类?是图像中具体位置的像素值,还是图像中的上下文。图 3.55 中使用了一个灰色矩形对输入图像的每个部分进行遮挡,并测试在不同遮挡情况下,分类器的输出结果,可以清楚地看到:当关键区域发生遮挡时,分类器性能急剧下降。图 3.55 还展示了最上层卷积网的最强响应特征,展示了遮挡位置和响应强度之间的关系:当遮挡发生在关键物体出现的位置时,响应强度急剧下降。该图真实地反映了输入什么样的刺激,会促使系统产生某个特定的输出特征,用这种方法可以一一查找出图 3.52 和图 3.53 中特定特征的最佳刺激是什么。

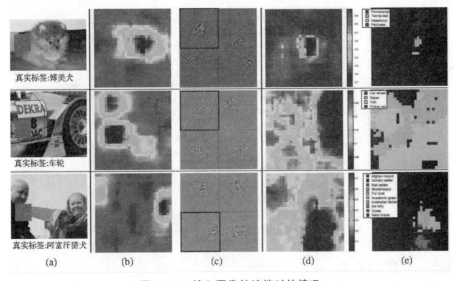

图 3.55 输入图像被遮挡时的情况

(a)输入图像;(b)层 5,特征图;(c)层 5,特征图映射;(d)分类器,正确类别的概率分布;(e)分类器,最有可能的类别分布

图 3.55 中灰色方块遮挡了不同区域(第 1 列),会对第 5 层的输出强度产生影响[见图 3.55(b)(c)],分类结果也发生改变[见图 3.55(d)(e)]。图 3.55(b)中图像遮挡位置对第 5 层特定输出强度的影响。图 3.55(c)中将第 5 层特定输出特征投影到像素空间的情形(带黑框的),第 1 行展示了狗狗图像产生的最强特征。当存在遮挡时,对应输入图像对特征产生的刺激

强度降低(蓝色区域表示降低)。图 3.55(d) 中正确分类对应的概率,是关于遮挡位置的函数,当小狗面部发生遮挡时,波西米亚小狗的概率急剧降低。图 3.55(e) 中最可能类的分布图,也是一个关于遮挡位置的函数。在第 1 行中,只要遮挡区域不在狗狗面部,输出结果都是波西米亚小狗,当遮挡区域发生在狗狗面部,但又没有遮挡网球时,输出结果是"网球"。在第 2 行中,车上的纹理是第 5 层卷积网的最强输出特征,但也很容易被误判为"车轮"。第 3 行包含了多个物体,第 5 层对应卷积网对应的最强输出特征是人脸,但分类器对"狗狗"十分敏感[见图 3.55(d) 中的蓝色区域],原因在于 softmax 分类器使用了多组特征(既有人的特征,又有狗的特征)。

(6) 图像相关性分析。与其他许多已知的识别模型不同,深度神经网络没有一套有效理论来分析特定物体部件之间的关系(例如:如何解释人脸、眼睛和鼻子在空间位置上的关系),但深度网络很可能非显示地计算了这些特征。为了验证这些假设,文章随机选择了 5 张狗狗的正面图像,并系统性地挡住了狗狗所有照片的一部分(例如:所有的左眼,见图 3.56)。对于每张图 i,计算 $\epsilon_i^l = \widetilde{x}_i^l$,其中 x_i^l 和 $\widetilde{x}_i^l$ 分别表示原始图像和被遮挡图像所产生的特征,然后测量所有图像对 (i,j) 的误差向量 ϵ 的一致性:$\Delta_l = \sum_{i1,j=1,i\neq j}^{5} H[\mathrm{sign}(\epsilon_i^l)), \mathrm{sign}(\epsilon_i^l)$,,其中 H 是 Hammingdistance,Δ_l 值越小,对应操作对狗狗分类的影响越一致,就表明这些不同图像上被遮挡的部件越存在紧密联系。可以看出遮挡左眼、右眼和鼻子的 Δ 比随机遮挡的 Δ 更低,说明眼睛图像和鼻子图像内部存在相关性。第 5 层鼻子和眼睛的得分差异明显,说明第 5 层卷积网对部件级(鼻子、眼睛等)的相关性更为关注;第 7 层各个部分得分差异不大,说明第 7 层卷积网开始关注更高层的信息(狗狗的品种等)。

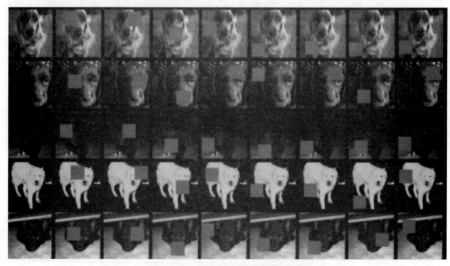

图 3.56　其他用于遮挡的图像

图 3.56 中,第 1 列为原始图像;第 2、3、4 列为遮挡分别发生在右眼、左眼和鼻子部位;其余列显示了随机遮挡。

3.6   生成模型

1. 生成模型的定义

生成模型是一个宽泛的定义。生成模型可以描述成一个生成数据的模型,属于一种概率模型。通过这个模型我们可以生成不包含在训练数据集中的新的数据。比如我们有很多马的图片通过生成模型学习这些马的图像,从中学习到马的样子,生成模型就可以生成看起来很真实的马的图像,并且这个图像是不属于训练图像的,如图 3.57 所示。

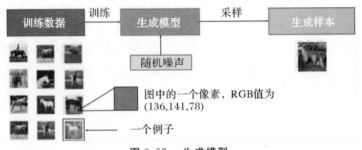

图 3.57   生成模型

训练集中的每张图片就是一个(Observation)观测,每个观测有很多我们需要生成图像所要包含的特征。这些特征往往就是一些像素值。我们的目标就是让这个生成模型生成新的特征集合,这些新生成的特征集合仿佛就是和原数据集的特征集合一样。可想而知这个生成模型完成的工作是相当复杂的,它要从每个像素的庞大可选空间中选出可用的值是多么不容易的事情。

从这个对生成模型的简单介绍我们知道,生成模型一定是一个概率模型而不是判别模型,因为每次生成模型要输出不同的内容。如果说某些特定的图片服从某些概率分布,生成模型就是尽可能地去模仿这个未知概率分布产生新的图像。

2. 生成模型和判别模型的区别

判别模型可以简单地理解为就是分类,例如把一幅图像分成猫或者狗或者其他,如图3.58所示,我们训练一个判别模型去辨别是否是梵高的画,这个判别模型会对数据集中的画的特征进行提取和分类,从而区分出那个是凡高大师所作那个不是。我们发现判别模型和生成模型有以下几点不同。

(1)生成模型的数据集是没有和判别模型类似的 label 的(即标记信息,生成模型也是可以有标签的,生成模型可以根据标签去生成相应类别的图像),生成模型像是一种非监督学习,而判别模型是一种监督学习。

(2)数学表示。

1)判别模型。$p(y \mid x)$ 即给定观测 x 得到 y 的概率。

2)生成模型。$p(x)$ 即观测 x 出现的概率。如果有标签则表示:$p(y \mid x)$ 指定标签 y 生成 x 的概率。

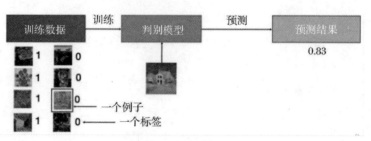

图 3.58 判别模型

正如判别模型在过去的 20 多年间对机器学习在工业和学术领域所取得的成就一样,生成学习将是下一个机器学习的前沿技术,目前判别模型相比生成模型在评估指标中有更多可以测量的维度,生成学习则更趋向于主观。所以判别模型的进展更容易被察觉到,比如众所周知的 ImageNet Large Scale Visual Recognition Challenge(ILSVRC) 从 2012 年的 16% 直到 2015 年的 4%,人们很直观地感受到了判别模型的发展。在工业和商业所要处理的问题当中大部分也是判别模型的范畴,这些年出现了大量的解决这些问题的工具,这些工具的目标就是把这些判别模型商品化。

判别模型是这些年推动机器学习发展的主要力量,但在近 3 ~ 5 年的时间里让人感到很有趣的应用都是生成模型造就的。尤其是英伟达(Nvidia)的 StyleGAN 产生超真实的图片和 OpenAI 的 GPT2 创造的高水平的文章。GPT2 可以在人给定一小段开头的情况下,把文章写完整。在面部图像生成上也取得了让人吃惊的结果,如图 3.59 所示。

图 3.59 采用生成模型生成的人脸在过去 4 年中的进步

正如我们看到的这些生成模型的应用一样,生成学习更是解锁更复杂人工智能的关键技术,有以下 3 个理由。

(1) 人们不满足于只对数据进行分类,人们对于生成数据更是充满好奇,生成数据是一个更复杂的问题:从高维的可行域中生成属于某类的数据。在这个过程中我们可以使用判别模型这种已经成功应用的深度学习技术。

(2) 辅助强化学习,为强化学习生成训练环境。比如要训练机器人在一个区域通过,生成模型可以为机器人生成地形和环境,而不是用实际的环境或计算机模拟的环境。

(3) 如果人们制造出了和人智力相当的机器人,那么人们可以肯定地说生成模型一定是其中的一部分。理由很简单人类很容易就从脑海里构思和想象出一个场景、一个电视的结局、一个度假的方案。现代神经科学也告诉人们,人们对现实世界的认知不是一个高度复杂的判别模型对人们的感官进行分类预测所形成的,而是在我们的脑海里生成了一个这个真实世界的模拟世界(可以理解为每个人的人生观、世界观、价值观等)。

3.6.1　变分自编码器[111]

变分自编码器(Variational Auto-Encoders，VAE)作为深度生成模型的一种形式，是由 Kingma 等人于 2014 年提出的基于变分贝叶斯(Variational Bayes，VB)[10] 推断的生成式网络结构。与传统的自编码器通过数值的方式描述潜在空间不同，它以概率的方式描述对潜在空间的观察，在数据生成方面表现出了巨大的应用价值。VAE 一经提出就迅速获得了深度生成模型领域广泛的关注，并和生成对抗网络(Generative Adversarial Networks，GAN)被视为无监督式学习领域最具研究价值的方法之一，在深度生成模型领域得到越来越多的应用。

1. 变分自编码器原理

传统的自编码器模型主要由两部分构成：编码器(encoder)和解码器(decoder)，如图 3.60 所示。

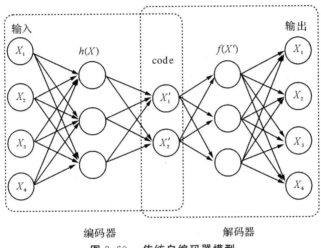

图 3.60　传统自编码器模型

在如图 3.60 所示的模型中，经过反复训练，我们的输入数据 X 最终被转化为一个编码向量 X'，其中 X' 的每个维度表示一些学到的关于数据的特征，而 X' 在每个维度上的取值代表 X 在该特征上的表现。随后，解码器网络接收 X' 的这些值并尝试重构原始输入。

举个例子，假设任何人像图片都可以由表情、肤色、性别、发型等几个特征的取值来唯一确定，那么我们将一张人像图片输入自动编码器后将会得到这张图片在表情、肤色等特征上的取值的向量 X'，而后解码器将会根据这些特征的取值重构出原始输入的这张人像图片。

在图 3.61 中，使用单个值来描述输入图像在潜在特征上的表现。但在实际情况中，可能更多时候倾向于将每个潜在特征表示为可能值的范围。例如，如果输入蒙娜丽莎的照片，将微笑特征设定为特定的单值(相当于断定蒙娜丽莎笑了或者没笑)显然不如将微笑特征设定为某个取值范围(例如将微笑特征设定为 $x\sim y$ 范围内的某个数，这个范围内既有数值可以表示蒙娜丽莎笑了又有数值可以表示蒙娜丽莎没笑)更合适。而变分自编码器便是用"取值的概率分布"代替原先的单值来描述对特征的观察的模型，如图 3.62(b) 所示，经过变分自编码器的编码，每张图片的微笑特征不再是自编码器中的单值而是一个概率分布。

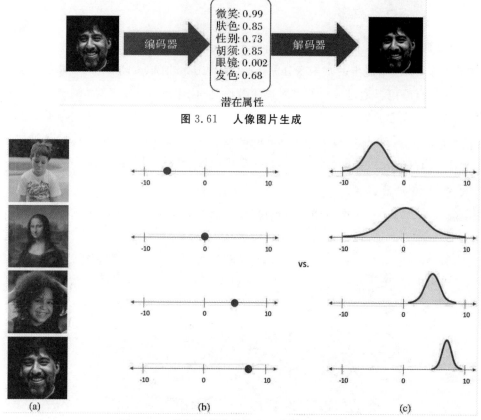

图 3.61　人像图片生成

图 3.62　特征取值的单值表示和概率分布表示

（a）微笑特征；（b）微笑（离散点）；（c）微笑（概率分布）

通过这种方法，以下现在将给定输入的每个潜在特征表示为概率分布。当从潜在状态解码时，以下将从每个潜在状态分布中随机采样，生成一个向量作为解码器模型的输入，如图3.63和图3.65所示。

通过上述的编解码过程，实质上实施了连续、平滑的潜在空间表示。对于潜在分布的所有采样，期望的解码器模型能够准确重构输入。因此，在潜在空间中彼此相邻的值应该与非常类似的重构相对应。

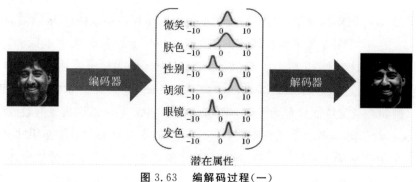

图 3.63　编解码过程（一）

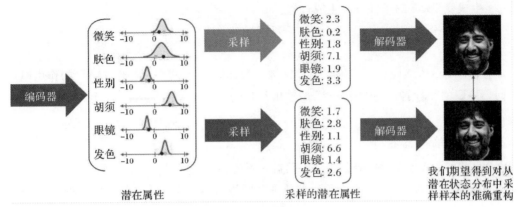

图 3.64　编解码过程(二)

如图 3.65 所示,与自动编码器由编码器与解码器两部分构成相似,VAE 利用两个神经网络建立两个概率密度分布模型:一个用于原始输入数据的变分推断,生成隐变量的变分概率分布,称为推断网络;另一个根据生成的隐变量变分概率分布,还原生成原始数据的近似概率分布,称为生成网络。

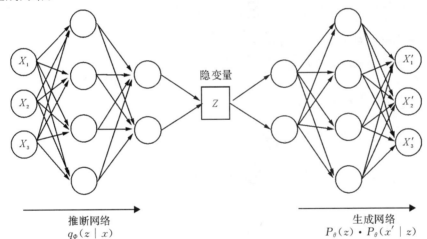

图 3.65　变分自编码器的结构

假设原始数据集为

$$X = \{x_i\}_{i=1}^N \tag{3.45}$$

每个数据样本 x_i 都是随机产生的相互独立、连续或离散的分布变量,生成数据集合为

$$X'\{x_i'\}_{i=1}^N \tag{3.46}$$

并且假设该过程产生隐变量 Z,即 Z 是决定 X 属性的神秘原因(特征)。其中可观测变量 X 是一个高维空间的随机向量,不可观测变量 Z 是一个相对低维空间的随机向量,该生成模型可以分成两个过程:

(1)隐变量 Z 后验分布的近似推断过程:

$$q_\phi(z \mid x) \tag{3.47}$$

即推断网络。

（2）生成变量 X' 的条件分布生成过程：

$$P_\theta(z)P_\theta(x' \mid z) \tag{3.48}$$

即生成网络。

尽管 VAE 整体结构与自编码器 AE 结构类似，但 VAE 的作用原理和 AE 的作用原理完全不同，VAE 的"编码器"和"解码器"的输出都是受参数约束变量的概率密度分布，而不是某种特定的编码。

2. 变分自编码器推导

在 3.5 节中，已经介绍过变分自动编码器学习的是隐变量（特征）Z 的概率分布，因此在给定输入数据 X 的情况下，变分自动编码器的推断网络输出的应该是 Z 的后验分布 $p(z \mid x)$。但是这个 $p(z \mid x)$ 后验分布本身是不好求的。所以有学者就想出了使用另一个可伸缩的分布 $q(z \mid x)$ 来近似 $p(z \mid x)$。通过深度网络来学习 $q(z \mid x)$，一步步优化 q 使其与 $p(z \mid x)$ 十分相似，就可以用它来对复杂的分布进行近似的推理。

为了使得 p 和 q 这两个分布尽可能的相似，这里可以最小化两个分布之间的 KL 散度：

$$\min \mathrm{KL}(q(z \mid x) \parallel p(z \mid x)) \tag{3.49}$$

因为 $q(z \mid x)$ 为分布函数，所以有 $\sum_z q(z \mid x) = 1$，所以

$$
\begin{aligned}
L = \lg p(x) &= \\
\sum_z q(z \mid x)\lg p(x) &= \\
\sum_z q(z \mid x)\lg \frac{p(z,x)}{p(z \mid x)} &= \\
\sum_z q(z \mid x)\lg \frac{p(z,x)p(z \mid x)}{q(z \mid x)p(z \mid x)} &= \\
\sum_z q(z \mid x)\lg \frac{p(z,x)}{q(z \mid x)} + \sum_z q(z \mid x)\log \frac{q(z \mid x)}{p(z \mid x)} &= \\
L^v + D_{KL}(q(z \mid x) \parallel p(z \mid x))
\end{aligned} \tag{3.50}
$$

因为 KL 散度是大于等于 0 的，所以 $L \geqslant L^v$，L^v 被称为 I 的变分下届。

又因为 $p(x)$ 是固定的，即 I 是一个定值，想要最小化 p 和 q 之间散度的话，便应使得 L^v 最大化。

$$
\begin{aligned}
L^v &= \sum_z q(z \mid x)\lg \frac{p(z,x)}{p(z \mid x)} = \\
&\sum_z q(z \mid x)\lg \frac{p(x \mid z)p(z)}{q(z \mid x)} = \\
&\sum_z q(z \mid x)\lg \frac{p(z)}{q(z \mid x)} + \sum_z q(z \mid x)\lg p(x \mid z)
\end{aligned} \tag{3.51}
$$

$$L^v = -D_{KL}[q(z \mid x) \parallel p(z)] + E_{q(z \mid x)}\lg p(x \mid z) \tag{3.52}$$

要最大化这个，也就是说要最小化 $q(z \mid x)$ 和 $p(z)$ 的 KL 散度，同时最大化上式右边式子的第二项。因为 $q(z \mid x)$ 是利用一个深度网络来实现的，我们事先假设 z 本身的分布是服从高斯分布，这也就是要让推断网络（编码器）的输出尽可能地服从高斯分布。

已知 $p(z)$ 是服从正态高斯分布的：

$$p_\theta(z) = N(0,1) \tag{3.53}$$

$$q_\phi(z \mid x) = N(z;u_z(x,\phi),\sigma_z^2(x,\phi)) \tag{3.54}$$

然后依据 KL 散度的定义，L^v 第一项可以分解为如下：（将第一项称为 L_1）

$$L_1 = \int q_\phi(z \mid x)\lg p(z)\mathrm{d}z - \int q_\phi(z \mid x)\lg q_\phi(z \mid x)\mathrm{d}z \tag{3.55}$$

然后分成两项分别对其进行求导：

$$
\begin{aligned}
\int q_\phi(z \mid x)\lg p(z)\mathrm{d}z &= \int N(z;u,\sigma^2)\lg N(z;0,1)\mathrm{d}z = \\
&E_{z\sim N(u,\sigma^2)}\big[\lg N(z;0,1)\big] = \\
&E_{z\sim N(u,\sigma^2)}\bigg[\lg\Big(\frac{1}{\sqrt{2\pi}}\mathrm{e}^{-2\frac{z^2}{2}}\Big)\bigg] = \\
&\frac{1}{2}\lg 2\pi - \frac{1}{2}E_{z\sim N(u,\sigma^2)}\big[Z^2\big] = \\
&\frac{1}{2}\lg 2\pi - \frac{1}{2}(u^2+\sigma^2)
\end{aligned} \tag{3.56}
$$

$$
\begin{aligned}
\int q_\phi(z \mid x)\log q_\phi(z \mid x)\mathrm{d}z &= \int N(z;u,\sigma^2)\lg N(z;u,\sigma^2) = \\
&E_{z\sim N(u,\sigma^2)}\big[\lg N(z;u,\sigma^2)\big] = \\
&E_{z\sim N(u,\sigma^2)}\bigg[\lg\frac{1}{\sqrt{2\pi\sigma^2}}\mathrm{e}^{-\frac{(z-u)}{2\sigma^2}}\bigg] = \\
&-\frac{1}{2}\lg 2\pi - \frac{1}{2}\lg\sigma^2 - \frac{1}{2\sigma^2}E_{z\sim N(u,\sigma^2)}\big[(z-u)^2\big] = \\
&-\frac{1}{2}\lg 2\pi - \frac{1}{2}(\lg\sigma^2+1)
\end{aligned} \tag{3.57}
$$

所以最后得出 L_1 的值：

$$L_1 = \frac{1}{2}\sum_{j-1}^{J}\big[1+\lg(\sigma_j)^2 - u_j^2 - \sigma_i^2\big] \tag{3.58}$$

这里的目的就是将式(3.58)最大化。

接下来最大化 L_v 的右边部分 L_2，关于 p 和 q 的分布如下：

$$q_\phi(z \mid x) = N[u(x,\phi),\sigma^2(x,\phi)\cdot I] \tag{3.59}$$

$$p_\theta(x \mid z) = N[u(z,\theta),\sigma^2(z,\theta)\cdot I] \tag{3.60}$$

对于对数似然期望的求解会是一个十分复杂的过程，所以采用蒙特卡洛(Monte Carlo)算法，将 L_2 等价于：

$$L_2 = E_{q(z\mid x)}\big[\lg p(x \mid z)\big] \approx \frac{1}{L}\sum_{l=1}^{L}\lg p(x \mid z^{(l)}) \tag{3.61}$$

其中，$z^{(l)} \sim q(z \mid x)$。

最后，根据上面假设的分布，不难计算出使得取最大值时的 $q_\phi(z \mid x)$。

3.6.2 生成对抗网络[112-113]

生成对抗网络的出现，为深度学习各个任务的研究打开了一扇新的大门。目前，生成对抗网络已经成功应用到计算机视觉的许多领域,包括图像分类、图像生成、图像理解、图像风格转换等。

1. GAN 的基本介绍

生成对抗网络(Generative Adversarial Networks,GAN)作为一种优秀的生成式模型,引爆了许多图像生成的有趣应用。GAN 相比于其他生成式模型,有两大特点:① 不依赖任何先验分布。传统的许多方法会假设数据服从某一分布,然后使用极大似然估计去估计数据分布。② 生成 real-like 样本的方式非常简单。GAN 生成 real-like 样本的方式通过生成器(Generator)的前向传播,而传统方法的采样方式非常复杂,有兴趣的同学可以参考下周志华的《机器学习》一书中对各种采样方式的介绍。

(1)GAN 的基本概念。GAN(Generative Adversarial Networks) 从其名字可以看出,是一种生成式的对抗网络。再具体一点,就是通过对抗的方式,去学习数据分布的生成式模型。所谓的对抗,指的是生成网络和判别网络的互相对抗。生成网络尽可能生成逼真样本,判别网络则尽可能去判别该样本是真实样本,还是生成的假样本。GAN 网络示意图如图 3.66 所示。

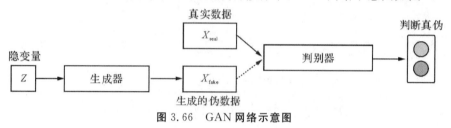

图 3.66　GAN 网络示意图

隐变量 z(通常为服从高斯分布的随机噪声)通过 Generator 生成 X_{fake},判别器负责判别输入的 data 是生成的样本 X_{fake} 还是真实样本 X_{real}。优化的目标函数如下:

$$\min_{G}\max_{D}V(D,G) = \mathrm{E}_{x\sim data(x)}\left[\lg D(x)\right] + \mathrm{E}_{z\sim p(z)z}\left[\lg (1-D)G(z)\right] \tag{3.62}$$

对于判别器 D 来说,这是一个二分类问题。$V(D,G)$ 为二分类问题中常见的交叉熵损失。为了尽可能欺骗 D,所以需要最大化生成样本的判别概率 $D(G(z))$,即最小化 $\lg[1-D(G(z))]$。(**注意**:$\lg D(x)$ 一项与生成器 G 无关,所以可以忽略。)

实际训练时,生成器和判别器采取交替训练,即先训练 D,然后训练 G,不断往复。值得注意的是,对于生成器,其最小化的是 $\max_{D}V(D,G)$,即最小化 $V(D,G)$ 的最大值。为了保证 $V(D,G)$ 取得最大值,我们通常会训练迭代 k 次判别器,然后再迭代 1 次生成器(不过在实践当中发现,k 通常取 1 即可)。当生成器 G 固定时,我们可以对 $V(D,G)$ 求导,求出最优判别器 $D*(x)$:

$$D*(x) = \frac{p_{data}(x)}{p_g(x) + p_{data}(x)} \tag{3.63}$$

把最优判别器代入上述目标函数,可以进一步求出在最优判别器下,生成器的目标函数等价于优化 $p_{data}(x)$、$p_g(x)$ 的 JS 散度(Jenson Shannon Divergence,JSD)。

可以证明,当 G、D 二者的 capacity 足够时,模型会收敛,二者将达到纳什平衡。此时,$p_g(x) = p_{data}(x)$,判别器不论是对于 $p_{data}(x)$ 还是 $p_g(x)$ 采样的样本,其预测概率均为 $1/2$,即生成样本与真实样本达到了难以区分的地步。

(2)目标函数。前文提到了 GAN 的目标函数是最小化两个分布的 JS 散度。实际上,衡量两个分布距离的方式有很多种,JS 散度只是其中一种。如果我们定义不同的距离度量方式,就可以得到不同的目标函数。许多对 GAN 训练稳定性的改进,比如 EBGAN,LSGAN 等都是定义了不同的分布之间距离度量方式。

1)f-divergence。f-divergence 使用下面公式来定义两个分布之间的距离:

$$D_f(p_{\text{data}} \parallel p_g) = \int_x p_g(x) f\left(\frac{p_{\text{data}}(x)}{p_g(x)}\right) \mathrm{d}x \tag{3.64}$$

式(3.64)中,f 为凸函数,且 $f(1)=0$。采用不同的 f 函数(Generator),可以得到不同的优化目标,如图 3.67 所示。

生成对抗网络	散度	生成器 $f(t)$
	KLD	$t_1\mathrm{og}t$
Gan[36]	JSD-2log2	$t\log t - (t+1)\log(t+1)$
LSGAN[76]	Pearsonχ^2	$(t-1)^2$
EBGAN[143]	全变差	$\lvert t-1 \rvert$

图 3.67　优化目标函数

值得注意的是,散度这种度量方式不具备对称性,即 $D_f(p_{\text{data}} \parallel p_g)$ 和 $D_f(p_g \parallel p_{\text{data}})$ 不相等(严格来说,距离度量方式必须具备对称性,所以散度不是一种距离度量方式,不过此处不去刻意关注这一点,直接把散度也作为一种距离度量方式,下文也是如此)。

上面提到,LSGAN 是 f-divergence 中 $f(x) = (t-1)^2$ 时的特殊情况。具体来说 LSGAN 的 Loss 如下:

$$\min_D J(D) = \min_D \left(\frac{1}{2}\mathrm{E}_{x \sim p_{\text{data}(x)}}\left[D(x) - a\right]^2 + \frac{1}{2}\mathrm{E}_{z \sim p_{z(z)}}\left\{D[G(z)] - b\right\}^2\right) \tag{3.65}$$

原作中取 $a=c=1, b=0$。LSGAN 有以下两大优点[114]。

a)稳定训练。解决了传统 GAN 训练过程中的梯度饱和问题。

b)改善生成质量。通过惩罚远离判别器决策边界的生成样本来实现。

对于第一点,稳定训练如图 3.68 所示。

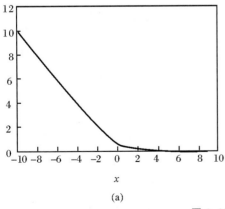
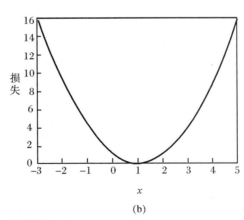

图 3.68　稳定训练

(a) 传统 GAN 使用 sigmoid 交叉熵作为 loss 时,输入与输出的对照关系图;

(b) LSGAN 使用最小二乘 loss 时,输入与输出的对照关系图

由图 3.68 可以看出,在图 3.68(a) 中,输入比较大的时候,梯度为 0,即交叉熵损失的输入容易出现梯度饱和现象。而图 3.68(b) 的最小二乘 loss 则不然。

对于第二点,改善生成质量。这个在原文也有详细的解释。具体来说:对于一些被判别器分类正确的样本,其对梯度是没有贡献的。但是判别器分类正确的样本就一定是很接近真实数据分布的样本吗?显然不一定。

考虑如下理想情况,一个训练良好的 GAN,真实数据分布 p_{data} 和生成数据分布 p_g 完全重合,判别器决策面穿过真实数据点,所以,反过来,利用样本点离决策面的远近来度量生成样本的质量,样本离决策面越近,则 GAN 训练得越好。

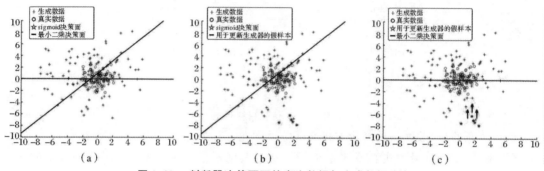

图 3.69　判断器决策面下的真实数据与生成数据分布

(a) 分布 1;(b) 分布 2;(c) 分布 3

图 3.69(b) 中,一些离决策面比较远的点,虽然被分类正确,但是这些并不是好的生成样本,传统 GAN 通常会将其忽略。而对于 LSGAN,由于采用最小二乘损失,计算决策面到样本点的距离,图 3.69(c) 中,可以把离决策面比较远的点"拉"回来,也就是把离真实数据比较远的点"拉"回来。

2)Integral probability metric (IPM)。IPM 定义了一个评价函数族 f,用于度量任意两个分布之间的距离。在一个紧凑的空间 $\chi \subset \mathbf{R}^d$ 中,定义 $P(x)$ 为在 x 上的概率测度,那么两个分布 p_{data}、p_g 之间的 IPM 可以定义为如下公式:

$$d_F(p_{\text{data}(x)}, p_g) = \sup_{f \in F} \mathbf{E}_{x \sim p_{\text{data}(x)}}[f(x)] - \mathbf{E}_{x \sim p_g}[f(x)] \tag{3.66}$$

类似于 f-divergence,不同函数 f 也可以定义出一系列不同的优化目标。典型的有 WGAN,Fisher GAN 等。下面简要介绍一下 WGAN。

WGAN 提出了一种全新的距离度量方式 —— 搬土距离(Earth-mover distance,EM),也叫 Wasserstein 距离。Wasserstein 距离具体定义如下:

$$W(p_{\text{data}(x)}, p_g) = \inf_{\gamma \in \Pi(p_{\text{data}}(x), p_g)} \mathbf{E}_{(x,y) \sim \gamma}[\|x-y\|] \tag{3.67}$$

$\Pi(p_{\text{data}}(x), p_g)$ 表示一组联合分布,这组联合分布里的任一分布 γ 的边缘分布均为 $p_{\text{data}}(x)$ 和 $p_g(x)$。

直观上来说,概率分布函数(PDF)可以理解为随机变量在每一点的质量,所以 $W(p_{\text{data}(x)}, p_g)$ 表示把概率分布 $p_{\text{data}}(x)$ 搬到 $p_g(x)$ 需要的最小工作量。WGAN 也可以用最优传输理论来解释,WGAN 的生成器等价于求解最优传输映射,判别器等价于计算 Wasserstein 距离,即最优传输总代价。关于 WGAN 的理论推导和解释比较复杂,不过代码实现非常简单。具体来说有以下几方面。

① 判别器最后一层去掉 sigmoid。

② 生成器和判别器的 Loss 不取 log 。

③ 每次更新判别器的参数之后把它们的绝对值截断到不超过一个固定常数 c。

上述第三点,在 WGAN 的后来一篇工作 WGAN-GP 中,将梯度截断替换为了梯度惩罚。

3)f-divergence 和 IPM 对比。f-divergence 存在两个问题:其一是随着数据空间的维度 $x \in \chi = R^d$ 的增加,f-divergence 会非常难以计算。其二是两个分布的支撑集通常是未对齐的,这将导致散度值趋近于无穷。IPM 则不受数据维度的影响,且一致收敛于 $p_{data}(x)$ 和 $p_g(x)$ 两个分布之间的距离。而且即便是在两个分布的支撑集不存在重合时,也不会发散。

4)辅助的目标函数。在许多 GAN 的应用中,会使用额外的 Loss 用于稳定训练或者达到其他的目的。比如在图像翻译,图像修复,超分辨当中,生成器会加入目标图像作为监督信息。EBGAN 则把 GAN 的判别器作为一个能量函数,在判别器中加入重构误差。CGAN 则使用类别标签信息作为监督信息。

(3) 其他常见生成式模型。

1)自回归模型:pixelRNN 与 pixelCNN。自回归模型通过对图像数据的概率分布 $p_{data}(x)$ 进行显式建模,并利用极大似然估计优化模型。具体如下:

$$p_{data}(x) = \prod_{i=1}^{n} p(x, i \mid x_1, x_2, \cdots, x_{i-1}) \tag{3.68}$$

上述公式很好理解,给定 $x_1, x_2, \cdots, x_{i-1}$ 条件下,所有 $p(x_i)$ 的概率乘起来就是图像数据的分布。如果使用 RNN 对上述依然关系建模,就是 pixelRNN。如果使用 CNN,则是 pixelCNN。具体如图 3.70 所示。

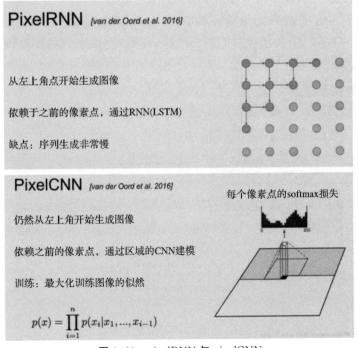

图 3.69　pixelRNN 与 pixelCNN

显然,不论是对于 pixelCNN 还是 pixelRNN,由于其像素值是一个个生成的,速度会很慢。语音领域大火的 WaveNet 就是一个典型的自回归模型。

2)VAE。前文中已经对 VAE 的原理进行了阐述。PixelCNN/RNN 定义了一个易于处理的密度函数,可以直接优化训练数据的似然;对于变分自编码器将定义一个不易处理的密度函数,通过附加的隐变量 z 对密度函数进行建模。在 VAE 中,真实样本 X 通过神经网络计算出均值方差(假设隐变量服从正态分布),然后通过采样得到采样变量 Z 并进行重构。VAE 和 GAN 均是学习了隐变量 z 到真实数据分布的映射。但是和 GAN 不同的地方如下。

①GAN 的思路比较粗暴,使用一个判别器去度量分布转换模块(即生成器)生成分布与真实数据分布的距离。

②VAE 则没有那么直观,VAE 通过约束隐变量 z 服从标准正态分布以及重构数据实现了分布转换映射 $X = G(z)$。

生成模型对比:

① 自回归模型通过对概率分布显式建模来生成数据。

②VAE 和 GAN 均是:假设隐变量 z 服从某种分布,并学习一个映射 $X = G(z)$,实现隐变量分布 z 与真实数据分布 $p_{data}(\mathrm{x})$ 的转换。

(4)GAN 常见的模型结构。

1)DCGAN。DCGAN 提出使用 CNN 结构来稳定 GAN 的训练,并使用了以下一些技巧。

a)Batch Normalization。

b) 使用 Transpose convlution 进行上采样。

c) 使用 Leaky ReLu 作为激活函数。

2) 层级结构。GAN 对于高分辨率图像生成一直存在许多问题,层级结构的 GAN 通过逐层次,分阶段生成,一步步提升图像的分辨率。典型的使用多对 GAN 的模型有 StackGAN、GoGAN。使用单一 GAN,分阶段生成的有 ProgressiveGAN。StackGAN 和 ProgressiveGAN 结构如图 3.71 所示。

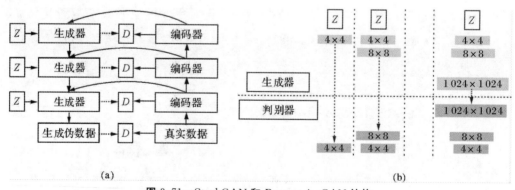

图 3.71 StackGAN 和 ProgressiveGAN 结构

(a)StackGAN;(b)ProgressiveGAN

3) 自编码结构。经典的 GAN 结构里面,判别网络通常被当作一种用于区分真实／生成样本的概率模型。而在自编码器结构里面,判别器(使用 AE 作为判别器)通常被当作能量函数。

对于离数据流形空间比较近的样本,其能量较小,反之则大。有了这种距离度量方式,自然就可以使用判别器去指导生成器的学习。

AE 作为判别器,为什么就可以当作能量函数,用于度量生成样本离数据流形空间的距离呢?首先,先看 AE 的 loss:

$$D(u) = \| u - AE(u) \| \tag{3.69}$$

AE 的 loss 是一个重构误差。使用 AE 作为判别器时,如果输入真实样本,其重构误差会很小。如果输入生成的样本,其重构误差会很大。因为对于生成的样本,AE 很难学习到一个图像的压缩表示(即生成的样本离数据流形空间很远)。所以 VAE 的重构误差作为 p_{data} 和 p_g 之间的距离度量是合理的。典型的自编码器结构的 GAN 有 BEGAN、EBGAN、MAGAN 等。

(5)GAN 的训练障碍。

1) 理论中存在的问题。经典 GAN 的判别器有两种 loss,分别是:

$$\mathrm{E} x \sim p_g \lg(1 - D(x))] \tag{3.70}$$

$$\mathrm{E} x \sim p_g - \lg(D(x))] \tag{3.71}$$

使用上面第一个公式作为 loss 时:在判别器达到最优的时候,等价于最小化生成分布与真实分布之间的 JS 散度,由于随机生成分布很难与真实分布有不可忽略的重叠以及 JS 散度的突变特性,使得生成器面临梯度消失的问题;使用上面第二个公式作为 loss 时:在最优判别器下,等价于既要最小化生成分布与真实分布直接的 KL 散度,又要最大化其 JS 散度,相互矛盾,导致梯度不稳定,而且 KL 散度的不对称性使得生成器宁可丧失多样性也不愿丧失准确性,导致 modecollapse 现象。

2) 实践中存在的问题。①GAN 提出者 Ian Goodfellow 在理论中虽然证明了 GAN 是可以达到纳什平衡的,可是我们在实际实现中,是在参数空间优化,而非函数空间,这导致理论上的保证在实践中是不成立的。②GAN 的优化目标是一个极小极大(min max)问题,即 $\min\limits_{G}\max\limits_{D} V(G,D)$,也就是说,优化生成器的时候,最小化的是 $\max\limits_{D} V(G,D)$。可是我们是迭代优化的,要保证 $V(G,D)$ 最大化,就需要迭代非常多次,这就导致训练时间很长。如果我们只迭代一次判别器,然后迭代一次生成器,不断循环迭代。这样原先的极小极大问题,就容易变成极大极小(max min)问题,可二者是不一样的,即:

$$\min\limits_{G}\max\limits_{D} V(G,D) \neq \max\limits_{D}\min\limits_{G} V(G,D) \tag{3.72}$$

如果变化为极小极大问题,那么迭代就是这样的,生成器先生成一些样本,然后判别器给出错误的判别结果并惩罚生成器,于是生成器调整生成的概率分布。可是这样往往导致生成器变"懒",只生成一些简单的、重复的样本,即缺乏多样性,也叫 modecollapse。

3) 稳定 GAN 训练的技巧。如上所述,GAN 在理论上和实践上存在三个大问题,导致训练过程十分不稳定,且存在 modecollapse 的问题。为了改善上述情况,可以使用以下技巧稳定训练。

①Featurematching:方法很简单,使用判别器某一层的特征替换原始 GAN loss 中的输

出。即最小化：生成图片通过判别器的特征和真实图片通过判别器得到的特征之间的距离。② 标签平滑：GAN训练中的标签非0即1，这使得判别器预测出来的confidence倾向于更高的值。使用标签平滑可以缓解该问题。具体来说，就是把标签1替换为$0.8 \sim 1.0$之间的随机数。③ 谱归一化：WGAN和Improve WGAN通过施加Lipschitz条件来约束优化过程，谱归一化则是对判别器的每一层都施加Lipschitz约束，但是谱归一化相比于Improve WGAN计算效率要高一些。④ PatchGAN：准确来说PatchGAN并不是用于稳定训练，但这个技术被广泛用于图像翻译当中，PatchGAN相当于对图像的每一个小Patch进行判别，这样可以使得生成器生成更加锐利清晰的边缘。具体做法是这样的：假设输入一张256×256的图像到判别器，输入的是一个4×4的confidencemap，confidencemap中的每一个像素值代表当前patch是真实图像的置信度，即为PatchGAN。当前图像patch的大小就是感受野的大小，最后将所有patch的Loss求平均作为最终的Loss。

(6)GAN modecollapse 的解决方案。

1）针对目标函数的改进方法。为了避免前面提到的由于优化maxmin导致mode跳来跳去的问题，UnrolledGAN[120]采用修改生成器loss来解决。具体而言，UnrolledGAN在更新生成器时更新k次生成器，参考的loss不是某一次的loss，是判别器后面k次迭代的loss。注意判别器后面k次迭代不更新自己的参数，只计算loss用于更新生成器。这种方式使得生成器考虑到了后面k次判别器的变化情况，避免在不同mode之间切换导致的模式崩溃问题。此处务必和迭代k次生成器，然后迭代1次判别器区分开。DRAGAN则引入了博弈论中的无后悔算法，改造其loss以解决modecollapse问题。前文所述的EBGAN则是加入VAE的重构误差以解决modecollapse。

2）针对网络结构的改进方法。Multiagentdiverse GAN(MAD-GAN)采用多个生成器，一个判别器以保证样本生成的多样性。具体结构如图3.72所示。

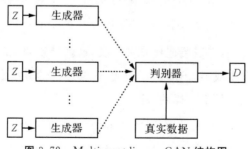

图3.72 Multiagentdiverse GAN 结构图

相比于普通GAN，多了几个生成器，且在loss设计的时候，加入一个正则项。正则项使用余弦距离惩罚3个生成器生成样本的一致性。

MRGAN则添加了一个判别器来惩罚生成样本的modecollapse问题。具体结构如图3.73所示。

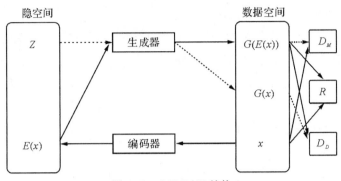

图 3.73　MRGAN **结构**

输入样本通过一个 Encoder 编码为隐变量 $E(x)$，然后隐变量被 Generator 重构，训练时，loss 有 3 个。D_M 和 R（重构误差）用于指导生成 real-like 的样本。而 D_D 则对 $E(x)$ 和 z 生成的样本进行判别，显然二者生成样本都是 fakesamples，所以这个判别器主要用于判断生成的样本是否具有多样性，即是否出现 modecollapse。

3）Mini-batch Discrimination。Mini-batch discrimination 在判别器的中间层建立一个 mini-batch layer 用于计算基于 L_1 距离的样本统计量，通过建立该统计量去判别一个 batch 内某个样本与其他样本有多接近。这个信息可以被判别器利用到，从而甄别出那些缺乏多样性的样本。对生成器而言，则要试图生成具有多样性的样本。

2. 关于 GAN 隐空间的理解

隐空间是数据的一种压缩表示的空间。通常来说，我们直接在数据空间对图像进行修改是不现实的，因为图像属性位于高维空间中的流形中。但是在隐空间，由于每一个隐变量代表了某一具体的属性，所以这是可行的。

（1）隐变量分解。GAN 的输入隐变量 z 是非结构化的，我们不知道隐变量中的每一位数分别控制着什么属性。因此有学者提出，将隐变量分解为一个条件变量 c 和标准输入隐变量 z。具体包括有监督的方法和无监督的方法。

1）有监督方法。典型的有监督方法有 CGAN、ACGAN。二者结构如图 3.74 所示。

CGAN 将随机噪声 z 和类别标签 c 作为生成器的输入，判别器则将生成的样本/真实样本与类别标签作为输入。以此学习标签和图片之间的关联性。

ACGAN 将随机噪声 z 和类别标签 c 作为生成器的输入，判别器则将生成的样本/真实样本输入，且回归出图片的类别标签。以此学习标签和图片之间的关联性。

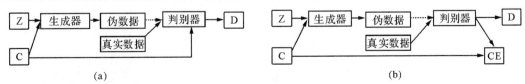

图 3.74　CGAN 和 ACGAN **结构**

(a)CGAN；(b)ACGAN

2）无监督方法。相比于有监督方法，无监督方法不使用任何标签信息。因此，无监督方法需要对隐空间进行解耦得到有意义的特征表示。

InfoGAN 对把输入噪声分解为隐变量 z 和条件变量 c(训练时,条件变量 c 从均匀分布采样而来),二者被一起送入生成器。在训练过程中通过最大化 c 和 $G(z,c)$ 的互信息 $I(c;G(z,c))$ 以实现变量解耦。{$I[c;G(z,c)]$ 的互信息表示 c 里面关于 $G(z,c)$ 的信息有多少,如果最大化互信息 $I(c;G(z,c))$,也就是最大化生成结果和条件变量 c 的关联性}。模型结构和 CGAN 基本一致,除了 loss 多了一项最大互信息,具体如图 3.75 所示。

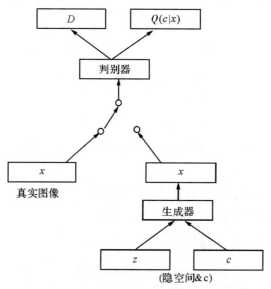

图 3.75 InfoGAN 结构

从上面分析可以看出,InfoGAN 只是实现了信息的解耦,至于条件变量 c 每一个值的具体含义是什么,我们无法控制。

于是 ss-InfoGAN 出现了,ss-InfoGAN 采用半监督学习方法,把条件变量 c 分成两部分:

$$c = c_{ss \cap c_{us}} \tag{3.73}$$

c_{ss} 则利用标签像 CGAN 一样学习,c_{us} 则像 InfoGAN 一样学习。

(2)GAN 与 VAE 的结合。GAN 相比于 VAE 可以生成清晰的图像,但是却容易出现 modecollapse 问题。VAE 由于鼓励重构所有样本,所以不会出现 modecollapse 问题。

一个典型结合二者的工作是 VAEGAN,结构很像前文提及的 MRGAN,具体如图 3.76 所示。

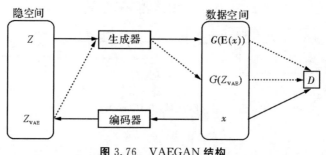

图 3.76 VAEGAN 结构

上述模型的 loss 包括判别器某一层特征的重构误差、VAE 的 loss 和 GAN 的 Loss 三个部分。

（3）GAN 模型总结。前面两节介绍了各种各样的 GAN 模型，这些模型大都围绕着 GAN 的两大常见问题：模式崩溃，以及训练崩溃来设计的。下表总结了这些模型，可以根据表 3.1 回顾对照。

表 3.1　GAN 模型

项目	主题	参考方法
目标函数	F-散度	GAN[36],f-GAN[89],LSGAN[76]
	积分概率度量	WGAN[5],WGAN-GP[42],FISHER GAN[84],McGAN[85],MMDGAN[68]
网络结构	DCGAN	DCGAN[100]
	层次结构	StackedGAN[49],GoGAN[54],Progressive GAN[56]
	自编码器	BEGAN[10],EBGAN[143],MAGAN[128]
问题	理论分析	针对生成对抗网络的训练技巧[6] 生成对抗网络的泛化和平衡能力[6]
	模式坍塌	MRGAN[13],DRAGAN[61],MAD-GAN[33],Unrolled GAN[79]
潜空间	分解	GGAN[80],ACGAN[90],InfoGAN[15],ss-InfoGAN[116]
	编码器	ALI[26],BiGAN[24],Adversarial Generator-Encoder Networks[123]
	变分自编码器	VAEGAN[64],α-GAN[102]

3.7　循环神经网络

3.7.1　循环神经网络模型

循环神经网络（Recurrent Neural Networks,RNN）是专门用来处理序列数据的，它在自然语言处理、视频分类、语音识别、文本情感分析等序列数据处理问题上有非常好的功能。循环神经网络具有记忆功能。先来看 RNN 的几种模型：一对多模型、多对多模型以及多对多模型（对齐和不对齐）。

图 3.77 中，图 3.77(a) 表示前面讲过的多层感知器；图 3.77(b) 一对多模型表示输入一个图片，输出一句描述图片的文字，文字是自然语言，就是一个序列；图 3.77(c) 多对一模型表示输入一个序列，输出一个向量或者一个标量，比如文本情感分析、文本分类；图 3.77(d) 多对多模型（不对齐）表示先输入一段序列，RNN 处理完该序列后，返回一段新的序列，比如机器翻译；图 3.77(e) 多对多模型（对齐）：比如一段视频按时间维展开，如果对视频的每帧都进行处理，输出一个分类值，那就是以帧为粒度的视频分类。因为是 RNN，每一输出都与之前的所有帧相关，也就是说过去的帧会对未来的帧产生影响，而不是把每一帧单独进行处理。

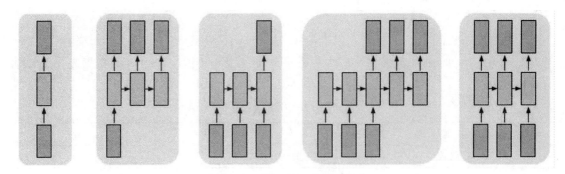

图 3.77　循环神经网络模型

（a）一对一；（b）一对多；（c）多对一；（d）多对多（一）；（e）多对多（二）

3.72　循环神经网络的基本结构

RNN 每一个时间的输出不仅取决于当前的输入,还取决于过去的输出,也就是说,过去的输出等同于网络的一个内部的记忆,叫作内部隐含状态,如图 3.78 所示。图中关键的部分在于 RNN 具有内部隐含的状态,可以随着序列的处理过程而更新。

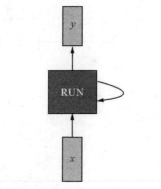

图 3.78　RNN 基本结构

那么记忆是如何更新呢?在公式中,h_{t-1} 是上一时刻的隐含状态,x_t 是本时刻的输入,h_t 是本时刻的隐含状态,也就是说,由上一时刻的隐含状态和本时刻的输入来共同更新新的记忆。

$$h_t = f_w(h_{t-1}, x_t) \tag{3.74}$$

注意：f_w 这个处理矩阵在沿时间维度是权重共享的,每个时刻的 f_w 都相同。所以,CNN 是沿空间维度权值共享,而 RNN 是沿时间维度权值共享。这样可以大大减少参数的数量。

这里有 3 个权重矩阵,有对上一时刻隐含状态处理的权重矩阵 $\boldsymbol{W}_{hh}$、对当前输入处理的矩阵 $\boldsymbol{W}_{xh}$ 以及处理当前隐含状态得到输出的矩阵 $\boldsymbol{W}_{hy}$。这 3 个权值矩阵都是沿时间维度权值共享的。

$$h_t = \tanh(\boldsymbol{W}_{hh}h_{t-1} + \boldsymbol{W}_{xh}x_t) \tag{3.75}$$

$$y_t = \boldsymbol{W}_{hy}h_t \tag{3.76}$$

图 3.79 是多对多模型的计算图,在第一时刻随机初始化一个隐含状态 h_0,h_0 与 $\boldsymbol{W}_{hh}$ 相乘然后加上第一时刻的输入 x_1 与 $\boldsymbol{W}_{xh}$ 相乘,就得到下一时刻的隐含状态 h_1,h_1 与 $\boldsymbol{W}_{hy}$ 相乘就得到第一时刻的输出 y_1,之后的时刻处理方式一样,所有时刻都使用相同的权值矩阵。输出如果是一个多分类的问题,就可以构造一个损失函数,如交叉熵损失函数,就完成了一个监督学习的问题。目标就是调整着 3 个权值矩阵,使得损失函数最小化。

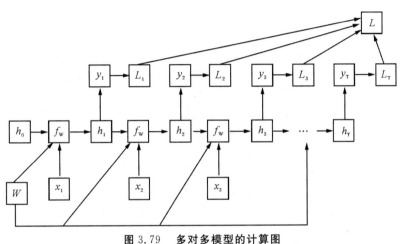

图 3.79　多对多模型的计算图

多对一模型一般称为编码器 Encoder,相当于把一个输入序列编码为一个向量。一对多模型一般称为解码器 Decoder,即将输入的向量解码为一个序列,如图 3.80 所示。

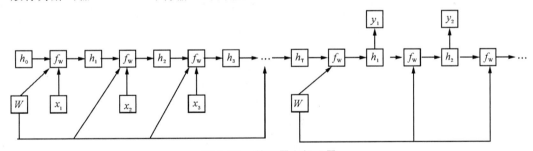

图 3.80　编码器和解码器

一个具体的例子:字符级语言模型。如图 3.81 所示,语言模型是指用上文预测下文的一种模型。例如字典里有[h,e,l,o]四个字母,现在当输入 hell 的时候,网络能够输出 o。这就是上文预测下文的意思。首先把输入字母变成独热向量编码(onehotencoding),这是因为计算机只能对向量进行处理,而不是字母。然后隐含状态有 3 个神经元,分别对输入向量进行处理,得到 3 个隐含状态,再由这 3 个隐含状态,生成一个多分类的结果(此处是 4 个神经元)。该结果相当于是 4 个字母的概率。比如输入"h",就希望输出"e"的位置概率最大,从输入到隐含状态用的是 $\boldsymbol{W}_{xh}$ 矩阵,从隐含状态到输出,用的是 $\boldsymbol{W}_{hy}$ 矩阵,从上一时刻的隐含状态到下一时刻的隐含状态用的是 $\boldsymbol{W}_{hh}$ 矩阵。

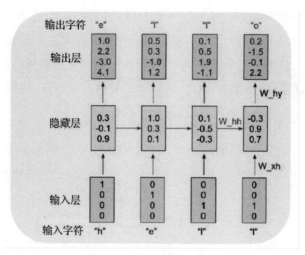

图 3.81   字符级语言模型

因此,这里将其变成了一个监督学习的多分类问题,输入"h",想要输出"e";输入"e",想要输出"l"……,这样,当前时刻的输出可以作为下一时刻的输入,就可以不断地生成后面的内容了。可以看到,同样都是输入"l",但不同时刻的输出是不同的,这也说明 RNN 具有记忆功能,过去的时刻会对现在产生影响,所以可以通过隐含状态记住不同时刻的输入,那么就会得到不同的输出结果,如图 3.82 所示。

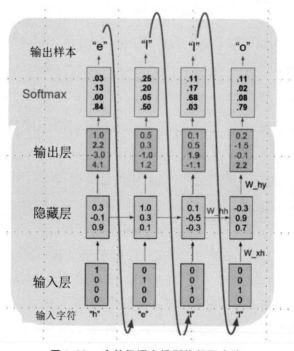

图 3.82   字符级语言模型执行顺序流

3.7.3   损失函数

沿时间的反向传播,如图 3.83 所示,如果时间序列很长,每一时刻都会得到一个损失函数,把所有时刻的损失函数加起来就得到总的损失函数,梯度优化过程就是将损失函数对权重中的每一个值求偏导,这里和前面章节所述的优化过程不同,前面的优化中每个权重值只参与一次求偏导,但是这里每一时刻维度都有同一套权重参与运算,所以需要对每一时刻维度都要求导,然后将所有时刻维度的导数加起来,作为真实的导数。换句话说,假设一个权重在计算图上参与有两个分支,那么最后的损失函数是这两个损失函数之和,那么在进行反向传播(Backpro Pagation Through Time,BPTT)时,就要对这来自不同来源的损失函数进行梯度的求导,再将不同来源的梯度加起来。

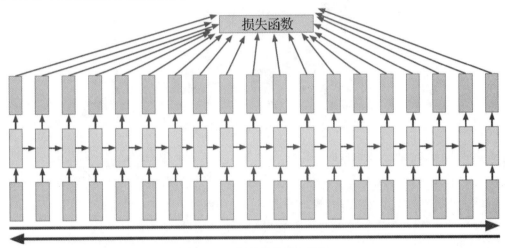

图 3.83　沿时间的反向传播

如果一次处理非常长的时间序列信号,那么运算量会很大。实际中,会把序列信号截成同等长度的片段,再送入 RNN,这样可以分片段处理,有点类似前面 mini − batch 的思路。

有了上面描述的循环神经网络模型,就可以通过训练不同的序列输入得到不同的输出,例如可以得到类似莎士比亚剧本的文本,可以得到类似 latex 编辑的论文格式,也可以得到类似 C 语言编程的代码。此外,RNN 之所有具有记忆功能,就是在于它具有隐含状态,那么具体这些隐含状态各自具有什么功能呢?可以把中间的隐含状态可视化出来,看看取值会在什么时刻取高值,什么时候取低值,这会对应文本的不同形态。例如,在一段文字中,有些隐含状态专门负责引号的开关,有些隐含状态负责换行,还有些负责函数申明注释、缩进等等。

目前,循环神经网络主要应用于图像标注、视觉问答等领域,取得了非常不错的效果。

3.7.4　长短期记忆网络

循环神经网络在反向传播时,需要沿着时间回溯,这就很容易出现梯度消失现象,特别是堆叠了多层的隐含层后,反向传播就更加难以进行,过去的记忆对未来的影响就会越来越小,那如何解决这个问题呢? 可以通过长短期记忆网络(Long Short-Term Memory, LSTM)LSTM 来解决。

在 LSTM 中,有一个长期记忆和短期记忆,即其隐含状态不再是一个向量,而是两个向量,在图 3.84 中上面的黑线表示长期记忆,也称为 Cell State;下面的黑线表示短期记忆。

LSTM 中有四个门,遗忘门、输入门、输出门以及更新门。

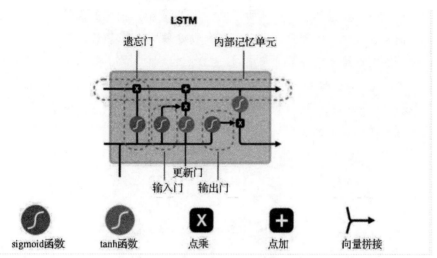

图 3.84　LSTM 与 GRU 单元

如图 3.85 所示,输入为当前时刻的输入 x_t 和前一时刻的短期记忆 h_{t-1} 以及上一时刻的长期记忆 c_{t-1},输出为新的短期记忆 h_t、新的长期记忆 c_t。先看长期记忆,上一时刻的长期记忆 c_{t-1} 与 sigmoid 函数(0～1 的数)相乘,表示要遗忘掉一些内容(sigmoid 值为 1 表示要记住,为 0 表示要忘掉),这也就是遗忘门。忘掉之后需要增加一些记忆,增加的记忆通过一个 sigmoid 函数和 tanh 函数相乘后加入进来进行更新。长期记忆是贯通整个时间轴,与神经元内部只有较少的交互。再看下方的短期记忆,x_1 和 h_{t-1} 经过权重处理并 sigmoid 函数激活后,再与经过 tanh 函数处理的长期记忆 c_t 相乘,得到本时刻的输出 h_t。h_t 既可作为本时刻的输出,又可作为下一时刻的短期记忆输入。

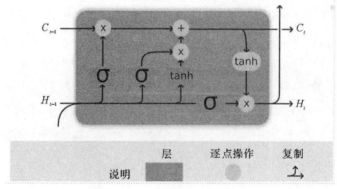

图 3.85　LSTM 的基本结构

3.7.5　门控循环单元

门控循环单元(Gated Recurrent Unit,GRU)是新一代 RNN,与 LSTM 非常相似,如图 3.86 所示。GRU 单元不使用单元状态,而是使用隐藏状态来传输信息。它只有两个门,一个重置门和一个更新门。

重置门

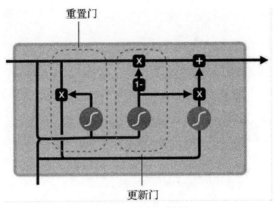

更新门

图 3.86　**GRU 单元**

更新门的作用类似于 LSTM 的遗忘和输入门。它决定要丢弃哪些信息和要添加哪些新信息。重置门是另一个用来决定要忘记多少过去的信息的门。

总而言之，RNN 适用于处理序列数据用于预测，但却收到短时记忆的制约。LSTM 和 GRU 采用门结构来克服短时记忆的影响。门结构可以调节流经序列链的信息流。LSTM 和 GRU 被广泛地应用到语音识别、语音合成和自然语言处理等。

第4章 深度学习在计算机视觉方面的应用

4.1 深度学习在计算机视觉方面的应用框架介绍

4.1.1 VGG-Net

VGG-Net 由牛津大学可视化图形组（Visual Geometry Group，VGG）提出，是在 2014 年 ImageNet 竞赛中获得定位任务的冠军和分类任务的第二名的基础网络。第一名是 GoogLeNet。但是 VGG 模型在多个迁移学习任务中的表现要优于 GoogLeNet。而且，从图像中提取 CNN 特征，VGG 模型是首选算法。它的缺点在于，参数量有 140 M 之多，需要更大的存储空间。但是这个模型很有研究价值。

1. VGG 的特点

（1）小卷积核。作者将卷积核全部替换为 3×3（极少用了 1×1）。

（2）小池化核。相比 AlexNet 的 3×3 池化核，VGG 全部为 2×2 的池化核。

（3）层数更深特征图更宽。基于前两点外，由于卷积核专注于扩大通道数、池化专注于缩小宽和高，使得模型架构上更深更宽的同时，计算量的增加放缓。

（4）全连接转卷积。网络测试阶段将训练阶段的 3 个全连接替换为 3 个卷积，测试重用训练时的参数，使得测试得到的全卷积网络因为没有全连接的限制，因而可以接收任意宽或高尺寸的输入。

2. 小卷积核

虽然 AlexNet 有使用了 11×11 和 5×5 的大卷积，但大多数还是 3×3 卷积，对于步长为 4 的 11×11 的大卷积核，一开始原图的尺寸很大因而冗余，最为原始的纹理细节的特征变化用大卷积核尽早捕捉到，后面的更深的层数害怕会丢失掉较大局部范围内的特征相关性，转而使用更多 3×3 的小卷积核去捕捉细节变化。

而 VGGNet 则清一色使用 3×3 卷积。因为卷积不仅涉计算量，还影响到感受野。前者关系到是否方便部署到移动端、是否能满足实时处理、是否易于训练等，后者关系到参数更新、特征图的大小、特征是否提取的足够多、模型的复杂度和参数量等等。

3. 计算量

为了突出小卷积核的优势，用同样 3×3、5×5、7×7、9×9 和 11×11，在 224×224×3 的

RGB 图上(设置 pad＝0,stride＝4,out_channel＝96)做卷积,卷积层的参数规模和得到的 feature map 的大小如图 4.1 所示。

卷积核	卷积参数	参数量	计算	计算次数	特征图	特征图数量	卷积＋特征
conv 3×3	3×3×3×96	2 592	$3×3×3×[(224-3+2×1)/4+1]^2×96×2$	16 695 396	$[(224-3+2×1)/4+1]^2×96$	309 174	311 766
conv 5×5	5×5×3×96	7 200	$5×5×3×[(224-5+2×1)/4+1]^2×96×2$	45 562 500	$[(224-5+2×1)/4+1]^2×96$	303 750	310 950
conv 7×7	7×7×3×96	14 112	$7×7×3×[(224-7+2×1)/4+1]^2×96×2$	87 721 956	$[(224-7+2×1)/4+1]^2×96$	298 374	312 486
conv 9×9	9×9×3×96	23 328	$9×9×3×[(224-9+2×1)/4+1]^2×96×2$	142 420 356	$[(224-9+2×1)/4+1]^2×96$	3293 406	316 374
conv 11×11	11×11×3×96	34 848	$11×11×3×[(224-11+2×1)/4+1]^2×96×2$	280 918 116	$[(224-11+2×1)/4+1]^2×96$	287 766	322 614

图 4.1　卷积层的参数规模和得到的特征图大小

从图 4.1 中可以看出,大卷积核带来的特征图和卷积核的参数量并不大,无论是单独去看卷积核参数或者特征图参数,不同核大小下这二者加和的结构都是 30 万的参数量,也就是说,无论大的卷积核还是小的,对参数量来说影响不大甚至持平。

增大的是卷积的计算量,在表格中列出了计算量的公式,最后要乘以 2,代表乘加操作。为了尽可能证一致,这里所有卷积核使用的 stride 均为 4,可以看到,conv 3×3、conv 5×5、conv 7×7、conv 9×9、conv 11×11 的计算规模依次为:1 600 万、4 500 万、1.4 亿、2 亿,这种规模下的卷积,虽然参数量增长不大,但是计算量是惊人的。

4. 感受野

作者在 VGGNet 的实验中只用了两种卷积核大小:1×1 和 3×3。作者认为两个 3×3 的卷积堆叠获得的感受野大小,相当一个 5×5 的卷积;而 3 个 3×3 卷积的堆叠获取到的感受野相当于一个 7×7 的卷积,如图 4.2 所示。

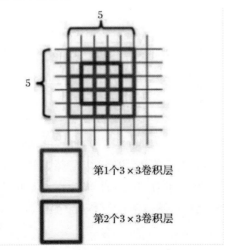

图 4.2　卷积核堆叠获得的感受野大小

如图 4.3 所示,输入的 8 个元素可以视为 feature map 的宽或高,输入为 8 个神经元经过三层 conv 3×3 的卷积得到 2 个神经元。三个网络分别对应 stride=1,pad=0 的 conv 3×3、conv 5×5 和 conv 7×7 的卷积核在 3 层、1 层、1 层时的结果。因为这三个网络的输入都是 8,也可看出 2 个 3×3 的卷积堆叠获得的感受野大小,相当 1 层 5×5 的卷积;而 3 层的 3×3 卷积堆叠获取到的感受野相当于一个 7×7 的卷积。

或者也可以说,三层的 conv 3×3 的网络,最后两个输出中的一个神经元,可以看到的感受野相当于上一层是 3,上上一层是 5,上上上一层(也就是输入)是 7。

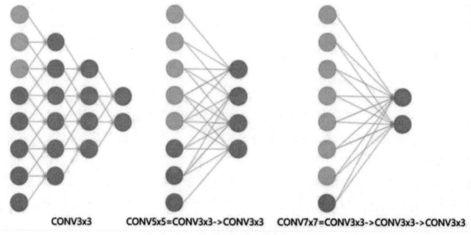

CONV3x3　　CONV5x5=CONV3x3->CONV3x3　　CONV7x7=CONV3x3->CONV3x3->CONV3x3

图 4.3　感受野与卷积核关系

此外,倒着看网络,也就是后向传播过程,每个神经元相对于前一层甚至输入层的感受野大小也就意味着参数更新会影响到的神经元数目。在分割问题中卷积核的大小对结果有一定的影响,在上图三层的 conv 3×3 中,最后一个神经元的计算是基于第一层输入的 7 个神经元,换句话说,反向传播时,该层会影响到第一层 conv 3×3 的前 7 个参数。从输出层往回前向同样的层数下,大卷积影响(做参数更新时)到的前面的输入神经元更多。

5. 全连接

VGG 最后 3 个全连接层在形式上完全平移 AlexNet 的最后 3 个层。

(1)FC4096-ReLU6-Drop0.5,FC 为高斯分布初始化(std=0.005),bias 常数初始化(0.1)。

(2)FC4096-ReLU7-Drop0.5,FC 为高斯分布初始化(std=0.005),bias 常数初始化(0.1)。

(3)FC1000(最后接 SoftMax1000 分类),FC 为高斯分布初始化(std=0.005),bias 常数初始化(0.1)。

超参数上只有最后一层 FC 有变化:bias 的初始值,由 AlexNet 的 0 变为 0.1,该层初始化高斯分布的标准差,由 AlexNet 的 0.01 变为 0.005。超参数的变化,作者认为,以贡献 bias 来降低标准差,相当于标准差和 bias 间 trade-off,或许作者实验发现这个值比之前 AlexNet 设置的(std=0.01,bias=0)要更好。

6. 特征图

网络在随层数递增的过程中,通过池化也逐渐忽略局部信息,特征图的宽度高度随着每个池化操作缩小 50%,5 个池化操作使得宽或高变化过程为:224→112→56→28→14→7,但是深度(通道数),随着 5 组卷积每次增大一倍:3→64→128→256→512→512。特征信息从一开始输入的 224×224×3 被变换到 7×7×512,从原本较为 local 的信息逐渐分摊到不同 channel 上,随着每次的 conv 和 pool 操作打散到 channel 层级上,VGG-16 结构,如图 4.4 所示。

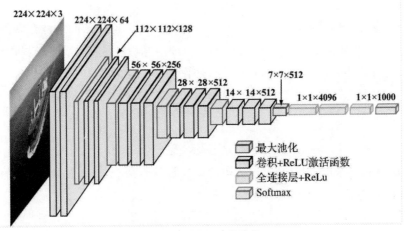

图 4.4　VGG-16 的结构

特征图的宽高从 512 后开始进入全连接层,因为全连接层相比卷积层更考虑全局信息,将原本有局部信息的特征图(既有宽,高还有通道数)全部映射到 4 096 维度。就是说全连接层前是 7×7×512 维度的特征图,估算大概是 25 000,这个全连接过程要将 25 000 映射到 4 096,大概是 5 000,换句话说全连接要将信息压缩到原来的 1/5。

换句话说,维度在最后一个卷积后达到 7×7×512,即大概 25 000,紧接着压缩到 4 096 维,可能是作者认为这个过程太急,又接一个 fc4 096 作为缓冲,同时两个 fc4 096 后的 relu 又接 dropout0.5 去过渡这个过程,因为最后即将给 1k-way softmax,所以又接了一个 fc1 000 去降低 softmax 的学习压力。

feature map 维度的整体变化过程是:先将局部信息压缩,并分摊到通道层级,然后无视通道和局部信息,通过 fc 这个变换再进一步压缩为稠密的 feature map,这样对于分类器而言有好处也有坏处,好处是将局部信息隐藏于/压缩到 feature map 中,坏处是信息压缩都是有损失的,相当于局部信息被破坏了(分类器没有考虑到,其实对于图像任务而言,单张 feature map 上的局部信息还是有用的)。

但其实不难发现,卷积只增加 feature map 的通道数,而池化只减少 feature map 的宽高。

7. 全连接转卷积

VGG 在测试阶段把网络中原本的三个全连接层依次变为 1 个 conv 7×7、2 个 conv×1,也就是三个卷积层。改变之后,整个网络由于没有了全连接层,网络中间的 feature map 不会固定,所以网络对任意大小的输入都可以处理。

8. 1×1 卷积

VGG 在最后的 3 个阶段都用到了 1×1 卷积核,选用 1×1 卷积核的最直接原因是在维度上继承全连接,然而作者首先认为 1×1 卷积可以增加决策函数(decision function,这里的决策函数就是 softmax)的非线性能力(由于卷积层的最后会引入 Relu 进行激活),本身 1×1 卷积则是线性映射,即将输入的 feature map 映射到同样维度的 feature map。

4.1.2 GoogLeNet[115]

Inception(也称 GoogLeNet)是 2014 年 Christian Szegedy 提出的一种全新的深度学习结构[55],不同于常规的网络层,inception 通过不同尺度的卷积核(还有池化层)提取特征,使得特征更加丰富,再将这些特征图在第三维度上叠加作为下一层的输入。GoogLeNet 在检测和分类上都取得了不错的效果,并在 ILSVRC2014 取得了最好的成绩。

1. 核心思想

Inception 模块的基本结构如图 4.5 所示,整个 Inception 结构就是由多个这样的 Inception 模块串联起来的。Inception 结构的主要贡献有两个:一是使用 1×1 的卷积来进行升降维;二是在多个尺寸上同时进行卷积再聚合。

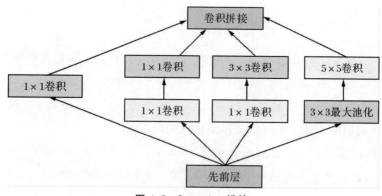

图 4.5　Inception 模块

2. 1×1 卷积

可以看到图 4.5 中有多个黄色的 1×1 卷积模块,这样的卷积有什么用处呢?

(1)作用 1:在相同尺寸的感受野中叠加更多的卷积,能提取到更丰富的特征。该观点来自于 Network in Network[106],图 4.5 中 3 个 1×1 卷积都起到了该作用。

图 4.6(a)是传统的卷积层结构(线性卷积),在一个尺度上只有一次卷积;图 4.6(b)是 Network in Network 结构(NIN 结构),先进行一次普通的卷积(比如 3×3),紧跟再进行一次 1×1 的卷积,对于某个像素点来说 1×1 卷积等效于该像素点在所有特征上进行一次全连接的计算,所以图 4.6(b)中的 1×1 卷积画成了全连接层的形式,需要注意的是 NIN 结构中无论是第一个 3×3 卷积还是新增的 1×1 卷积,后面都紧跟着激活函数(比如 relu)。将两个卷积串联,就能组合出更多的非线性特征。NIN 的结构和传统的神经网络中多层的结构有些类似,后者的多层是跨越了不同尺寸的感受野(通过层与层中间加 pool 层),从而在更高尺度上提取出特征;NIN 结构是在同一个尺度上的多层(中间没有 pool 层),从而在相同的感受野范围能提取更强的非线性。

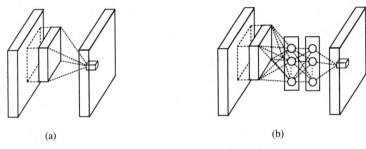

图 4.6 线性卷积与 NIN 结构对比

作用 2:使用 1×1 卷积进行降维,降低了计算复杂度。图 4.5 中间 3×3 卷积和 5×5 卷积前的 1×1 卷积都起到了这个作用。某个卷积层输入的特征数较多,对这个输入进行卷积运算将产生巨大的计算量;如果对输入先进行降维,减少特征数后再做卷积计算量就会显著减少。图 4.7 是优化前后两种方案的乘法次数比较,同样是输入一组有 192 个特征、32×32 大小,输出 256 组特征的数据,图 4.7(a)直接用 3×3 卷积实现,需要 $192×256×3×3×32×32=452\,984\,832$ 次乘法;图 4.7(b)先用 1×1 的卷积降到 96 个特征,再用 3×3 卷积恢复出 256 组特征,需要 $192×96×1×1×32×32+96×256×3×3×32×32=245\,366\,784$ 次乘法,使用 1×1 卷积降维的方法节省了一半的计算量。有人会问,用 1×1 卷积降到 96 个特征后特征数不就减少了么,会影响最后训练的效果么? 答案是否定的,只要最后输出的特征数不变(256 组),中间的降维类似于压缩的效果,并不影响最终训练的结果。

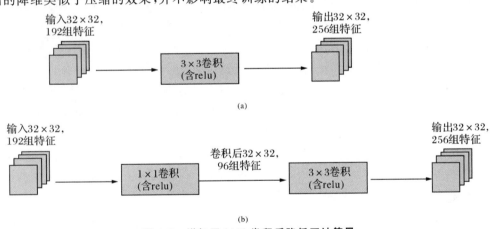

图 4.7 增加了 1×1 卷积后降低了计算量

3.多个尺寸上进行卷积再聚合

从图 4.7 可以看到对输入做了 4 个分支,分别用不同尺寸的 filter 进行卷积和池化,最后再在特征维度上拼接到一起。这种全新的结构有什么好处呢? Szegedy 从多个角度进行了以下解释。

(1)解释 1:在直观感觉上在多个尺度上同时进行卷积,能提取到不同尺度的特征。特征更为丰富也意味着最后分类判断时更加准确。

(2)解释 2:利用稀疏矩阵分解成密集矩阵计算的原理来加快收敛速度。举个例子,图 4.8 左侧是个稀疏矩阵(很多元素都为 0,不均匀分布在矩阵中),和一个 2×2 的矩阵进行卷积,需要对稀疏矩阵中的每一个元素进行计算;如果像右图那样把稀疏矩阵分解成 2 个子密集矩阵,再和 2×2 矩阵进行卷积,稀疏矩阵中 0 较多的区域就可以不用计算,计算量就大大降低。这个原理应用到 inception 上就是要在特征维度上进行分解!传统的卷积层的输入数据只和一种尺度(比如 3×3)的卷积核进行卷积,输出固定维度(比如 256 个特征)的数据,所有 256 个输出特征基本上是均匀分布在 3×3 尺度范围上,这可以理解成输出了一个稀疏分布的特征集;而 inception 模块在多个尺度上提取特征(比如 1×1,3×3,5×5),输出的 256 个特征就不再是均匀分布,而是相关性强的特征聚集在一起(比如 1×1 的 96 个特征聚集在一起,3×3 的 96 个特征聚集在一起,5×5 的 64 个特征聚集在一起),这可以理解成多个密集分布的子特征集。这样的特征集中因为相关性较强的特征聚集在了一起,不相关的非关键特征就被弱化,同样是输出 256 个特征,inception 方法输出的特征"冗余"的信息较少。用这样的"纯"的特征集层层传递最后作为反向计算的输入,自然收敛的速度更快。

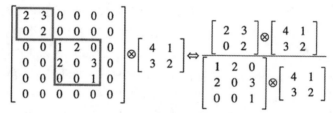

图 4.8   将稀疏矩阵分解成子密集矩阵来进行计算

(3)解释 3:Hebbin 赫布原理。Hebbin 原理是神经科学上的一个理论,解释了在学习的过程中脑中的神经元所发生的变化,用一句话概括就是 Fire Togethter、Wire Together。赫布认为"两个神经元或者神经元系统,如果总是同时兴奋,就会形成一种'组合',其中一个神经元的兴奋会促进另一个的兴奋"。比如狗看到肉会流口水,反复刺激后,脑中识别肉的神经元会和掌管唾液分泌的神经元会相互促进,"缠绕"在一起,以后再看到肉就会更快流出口水。用在 inception 结构中就是要把相关性强的特征汇聚到一起。这有点类似上面的解释 2,把 1×1、3×3、5×5 的特征分开。因为训练收敛的最终目的就是要提取出独立的特征,所以预先把相关性强的特征汇聚,就能起到加速收敛的作用。

在 inception 模块中有一个分支使用了 max pooling,作者认为 pooling 也能起到提取特征的作用,所以也加入模块中。注意这个 pooling 的 stride=1,pooling 后没有减少数据的尺寸。

4.论文关键点解析

(1)关键点 1。作者提出需要将全连接的结构转化成稀疏连接的结构。稀疏连接有两种方法,一种是空间上的稀疏连接,也就是传统的 CNN 卷积结构:只对输入图像的某一部分 patch 进行卷积,而不是对整个图像进行卷积,共享参数降低了总参数的数目减少了计算量;另一种方法是在特征维度进行稀疏连接,就是前一节提到的在多个尺寸上进行卷积再聚合,把相关性强的特征聚集到一起,每一种尺寸的卷积只输出 256 个特征中的一部分,这也是种稀疏连接。

(2)关键点 2。作者提到如今的计算机对稀疏数据进行计算的效率是很低的,即使使用稀疏矩阵算法也得不偿失(见图 4.8 描述的计算方法,注意图 4.8 左侧的那种稀疏矩阵在计算机内部都是使用元素值+行列值的形式来存储,只存储非 0 元素)。使用稀疏矩阵算法来进行计算虽然计算量会大大减少,但会增加中间缓存(具体原因请研究稀疏矩阵的计算方法)。

当今最常见的一种利用数据稀疏性的方法是通过卷积对局部 patch 进行计算(CNN 方

法,就是前面提到的在 spatial 上利用稀疏性);另一种利用数据稀疏性的方法是在特征维度进行利用,比如 ConvNets 结构,它使用特征连接表来决定哪些卷积的输出才累加到一起(普通结构使用一个卷积核对所有输入特征做卷积,再将所有结果累加到一起,输出一个特征;而 ConvNets 是选择性的对某些卷积结果做累加)。ConvNets 利用稀疏性的方法现在已经很少用了,因为只有在特征维度上进行全连接才能更高效地利用 GPU 的并行计算的能力,否则你就得为这样的特征连接表单独设计 CUDA 的接口函数,单独设计的函数往往无法最大限度地发挥 GPU 并行计算的能力。

(3)关键点 3。前面提到 ConvNets 这样利用稀疏性的方法现在已经很少用了,那还有什么方法能在特征维度上利用稀疏么?这就引申出了这篇论文的重点:将相关性强的特征汇聚到一起,也就是上一章提到的在多个尺度上卷积再聚合。

(4)关键点 4。Network in Network[3] 最早提出了用 Global Average Pooling(GAP)层来代替全连接层的方法,具体方法就是对每一个 feature 上的所有点做平均,有 n 个 feature 就输出 n 个平均值作为最后的 softmax 的输入。它有以下几点好处:①对数据在整个 feature 上作正则化,防止了过拟合;②不再需要全连接层,减少了整个结构参数的数目(一般全连接层是整个结构中参数最多的层),过拟合的可能性降低;③不用再关注输入图像的尺寸,因为不管是怎样的输入都是一样的平均方法,传统的全连接层要根据尺寸来选择参数数目,不具有通用性。

(5)关键点 5。inception 结构在某些层级上加了分支分类器,输出的 loss 乘以系数再加到总的 loss 上,作者认为可以防止梯度消失问题(事实上在较低的层级上这样处理基本没作用,作者在后来的 inception v3 论文中做了澄清)。

5. 版本

GoogLeNet 提出之后经历了 4 个版本。

(1)V1 版本。

1)提出 inception 结构从不同尺度上提取特征信息。

2)加入了辅助分类器,提出了一种防止深层网络发生梯度消失的方法。

(2)V2 版本。

1)借鉴了 VGG 网络,将 5×5 的卷积核用两个 3×3 的卷积核代替。

2)使用了 Batch Normalization(以下简称 BN)方法。BN 是一个非常有效的正则化方法,可以让大型卷积网络的训练速度加快很多倍,同时收敛后的分类准确率也可以得到大幅提高。BN 在用于神经网络某层时,会对每一个 mini-batch 数据的内部进行标准化(normalization)处理,使输出规范化到 N(0,1) 的正态分布,减少了 Internal Covariate Shift(内部神经元分布的改变)。

(3)V3 版本。

1)引入了 Factorization into small convolutions 的思想,将一个较大的二维卷积拆成两个较小的一维卷积,减少参数量,提高非线性表达能力。

2)优化了 Inception Module 的结构,在 inception 层的分支中添加分支。

(4)V4 版本。

将 Inception Module 结合 ResNet,极大地加速训练,同时极大提升性能,同时针对新的 Inception Module 设计了一个更深的网络结构。

4.1.3 ResNet[124]

2015 年,由何凯明团队提出的 ResNet 在 ISLVRC 和 COCO 数据集上获得分类任务的冠军[6]。它解决了深层网络训练困难的问题。利用这样的结构我们很容易训练出上百层甚至上千层的网络。

要理解 ResNet 首先要理解网络变深后会带来什么样的问题。增大网络深度 后带来的第一个问题就是梯度消失、爆炸,这个问题在 Szegedy 提出 BN(Batch Normalization)结构后被顺利解决,BN 层能对各层的输出做归一化,这样梯度在反向层层传递后仍能保持大小稳定,不会出现过小或过大的情况。加了 BN 后再加大深度是不是就很容易收敛了呢?答案仍是否定的,作者提到了第二个问题——准确率下降问题(degradation problem):层级大到一定程度时准确率就会饱和,然后迅速下降,这种下降既不是梯度消失引起的,也不是 overfit 造成的,而是由于网络过于复杂,以至于光靠不加约束的放养式的训练很难达到理想的错误率。degradation problem 不是网络结构本身的问题,而是现有的训练方式不够理想造成的。当前广泛使用的训练方法,无论是 SGD,还是 AdaGrad,还是 RMSProp,都无法在网络深度变大后达到理论上最优的收敛结果。我们还可以证明只要有理想的训练方式,更深的网络肯定会比较浅的网络效果要好。证明过程也很简单:假设在一种网络 A 的后面添加几层形成新的网络 B,如果增加的层级只是对 A 的输出做了个恒等映射(identity mapping),即 A 的输出经过新增的层级变成 B 的输出后没有发生变化,这样网络 A 和网络 B 的错误率就是相等的,也就证明了加深后的网络不会比加深前的网络效果差。

何恺明提出了一种残差结构来实现上述恒等映射(见图 4.9):整个模块除了正常的卷积层输出外,还有一个分支把输入直接连到输出上,该输出和卷积的输出做算术相加得到最终的输出,用公式表达就是 $H(x)=F(x)+x$,x 是输入,$F(x)$ 是卷积分支的输出,$H(x)$ 是整个结构的输出。可以证明如果 $F(x)$ 分支中所有参数都是 0,$H(x)$ 就是个恒等映射。残差结构人为制造了恒等映射,就能让整个结构朝着恒等映射的方向去收敛,确保最终的错误率不会因为深度的变大而越来越差。如果一个网络通过简单的手工设置参数值就能达到想要的结果,那这种结构就很容易通过训练来收敛到该结果,这是一条设计复杂的网络时百试不爽的规则。回想一下 BN 中为了在 BN 处理后恢复原有的分布,使用了 $y=rx+\delta$ 公式,当手动设置 r 为标准差,δ 为均值时,y 就是 BN 处理前的分布,这就是利用了这条规则。

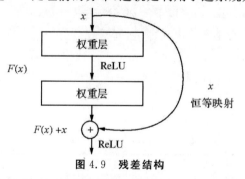

图 4.9 残差结构

下面使用 ImageNet 和 CIFAR 两种数据来证明 ResNet 的有效性:

首先是 ImageNet,作者比较了相同层数的 ResNet 结构和传统结构的训练效果。图 4.10 左侧是一个传统结构的 VGG-19 网络(每个卷积后都跟了 BN),中间是传统结构的 34 层网络(每个卷积后都跟了 BN),右侧是 34 层的 ResNet(实线表示直连,虚线表示用 1×1 卷积进行了维度变化,匹配输入输出的特征数)。图 4.11 是这几种网络训练后的结果,左侧的数据看出传统结构的 34 层网络(红线)要比 VGG-19(蓝绿色线)的错误率高,由于每层都加了 BN 结构,所以错误高并不是由于层级增大后梯度消失引起的,而是 degradation problem 造成;图 4.11右侧的 ResNet 结构可以看到 34 层网络(红线)要比 18 层网络(蓝绿色线)错误率低,这是因为 ResNet 结构已经克服了 degradation problem。此外右侧 ResNet18 层网络最后的错误率和左侧传统 18 层网络的错误率相近,这是因为 18 层网络较为简单,即使不用 ResNet 结构也可以收敛到比较理想的结果。

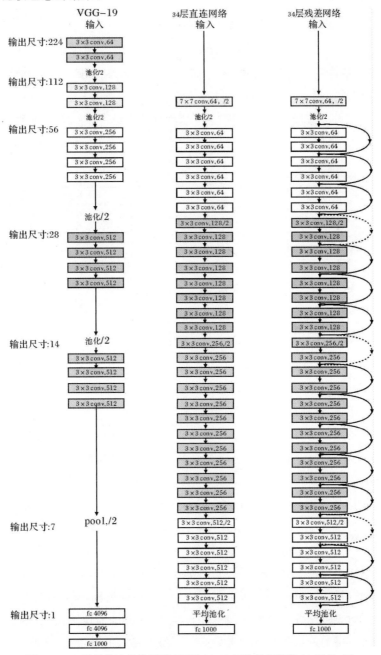

图 4.10　三种结构来比较测试,VGG-19、34 层传统网络和 34 层 ResNet

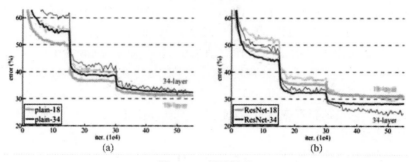

图 4.11　训练结果

(a)传统网络结构的训练结果；(b)ResNet 结构的训练结果

　　像图 4.12(a)那样的 ResNet 结构只是用于较浅的 ResNet 网络,如果网络层数较多,靠近网络输出端的维度就会很大,仍使用图 4.12(a)的结构计算量就会极大,对较深网络这里使用图 4.12(b)的 bottleneck 结构,先用一个 1×1 卷积进行降维,然后 3×3 卷积,最后用 1×1 升维恢复原有的维度。

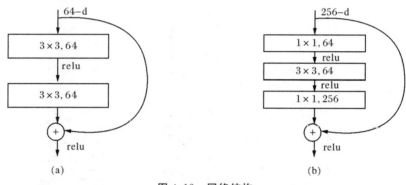

图 4.12　网络结构

(a)较浅网络的 ResNet 结构；(b)较深网络的 ResNet 结构

　　作者还用 CIFAR10 数据来测试,结论和 ImageNet 基本相同。但因为 CIFAR10 样本少,层数增大到 1 202 层时会因为过拟合造成错误率提升。

　　ResNet 是一种革命性的网络结构,不再局限于 inception-V2~V3 的小修小补,而是从一种全新的残差角度来提升训练效果。它的影响力要远大于之前提出的 inception V2 和 V3,之后发表的 inception-V4、DenseNets 和 Dual Path Network 都是在此基础上的衍生,不夸张地说 ResNet 开启了图像识别的一个全新的发展发向。

4.1.4　DenseNet[117]

　　自从 2016 年何恺明提出 ResNet 后,各种利用 short path 来提升性能的结构如雨后春笋,层出不穷。比较有名的如 Stochastic depth、FractalNets,影响最大的就是这个由康奈尔大学、清华大学和 Facebook 研究者联合搞的 DenseNet。DenseNet 可以算是 short path 类型网络的终极版了,它把每一层的输出都直连到了后面每一层的输入上。图 4.13 是论文原作者给的示意图。这个图漏画了总的输入数据的连接,总的输入也连到了其后的每一层输入上,所以对于一个 L 层的网络来说就有 $L \times (L+1)/2$ 条连线。

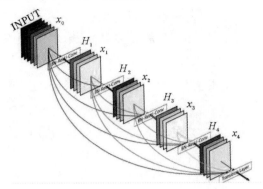

图 4.13　论文中的 DenseNet 示意图

这么多直连有什么好处呢？作者给了以下两个解释。

(1)这种结构需要的参数更少。传统结构里靠后的某层如果要用到靠前的某层已提取过的特征，还得用卷积来重新提取；而 DenseNet 中某层的输出直连到之后的每一层，这些特征是不需要重新做卷积的，拿来就可以给后面层使用，对于这些靠后的层次来说唯一要用卷积来提取的，只有前面层次没有提取过的新特征，所以真正要用的卷积个数就少了，也就意味着总的参数更少。图 4.14 是个直观的比较，蓝色的特征是第 n 层提取出的特征在第 m 层重新恢复出来的结果($m > n$)，红色的特征是前 $m-1$ 层都不曾出现过的新特征。上侧的传统结构可以看出无论是红色(k_2 个特征)还是蓝色(k_1 个特征)的特征都需要靠前面层的卷积才能得到；图 4.14 下侧的 DenseNet(为了简化假设只有第 n 层直连到了第 m 层)可以看到只有红色的 k_2 个特征才是卷积得到的。比较而言下侧图就更节省参数。

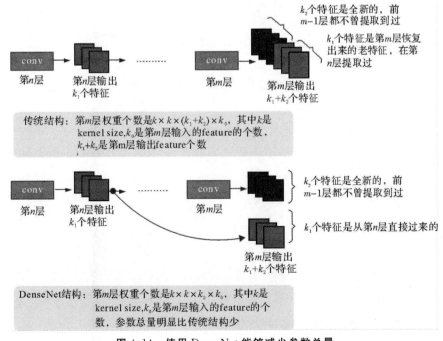

图 4.14　使用 DenseNet 能够减少参数总量

（2）梯度能通过直连直接传到靠前的层级,减少了梯度消失的可能性。DenseNet 结构中的关键点如下。

1）DenseNet 中某层的多个输入源不是直接算术相加,而是在特征维度上进行拼接（concatenate）,这和 ResNet 的方法不同;

2）层与层间的直连只限于有相同尺寸的特征映射的层间,所以跨了 pooling 层的就不要连了;

3）如果在 DenseNet 模块中每一层的输入前都用 1×1 卷积降维,来减少计算量,这种结构作者取名叫 DenseNet-B;

4）DenseNet 模块中每一个卷积层前（包括 1×1 卷积）都会有 BN,形成 BN-Relu-1X1 卷积-BN-Relu-3X3 卷积的结构,完整的结构见图 4.15。

5）不同的 DenseNet 模块间如果也用 1×1 卷积来降维,这种结构作者取名叫 DenseNet-C;

6）如果同时用到了第 3 点和第 5 点,这种结构就叫 DenseNet-BC。

Layers	Output Size	DenseNet-121		DenseNet-169		DenseNet-201		DenseNet-264	
Convolution	112 × 112	7 × 7 conv, stride 2							
Pooling	56 × 56	3 × 3 max pool, stride 2							
Dense Block (1)	56 × 56	1 × 1 conv 3 × 3 conv	× 6	1 × 1 conv 3 × 3 conv	× 6	1 × 1 conv 3 × 3 conv	× 6	1 × 1 conv 3 × 3 conv	× 6
Transition Layer (1)	56 × 56	1 × 1 conv							
	28 × 28	2 × 2 average pool, stride 2							
Dense Block (2)	28 × 28	1 × 1 conv 3 × 3 conv	× 12	1 × 1 conv 3 × 3 conv	× 12	1 × 1 conv 3 × 3 conv	× 12	1 × 1 conv 3 × 3 conv	× 12
Transition Layer (2)	28 × 28	1 × 1 conv							
	14 × 14	2 × 2 average pool, stride 2							
Dense Block (3)	14 × 14	1 × 1 conv 3 × 3 conv	× 24	1 × 1 conv 3 × 3 conv	× 32	1 × 1 conv 3 × 3 conv	× 48	1 × 1 conv 3 × 3 conv	× 64
Transition Layer (3)	14 × 14	1 × 1 conv							
	7 × 7	2 × 2 average pool, stride 2							
Dense Block (4)	7 × 7	1 × 1 conv 3 × 3 conv	× 16	1 × 1 conv 3 × 3 conv	× 32	1 × 1 conv 3 × 3 conv	× 32	1 × 1 conv 3 × 3 conv	× 48
Classification Layer	1 × 1	7 × 7 global average pool							
		1000D fully-connected, softmax							

图 4.15　各种深度的 DenseNet 结构

4.2　目标检测识别

自从 Hinton 提出利用神经网络对多媒体数据中的高层特征进行自动学习以来,基于深度学习的目标检测已成为计算机视觉领域中一个重要的研究热点,其旨在从图像中定位感兴趣的目标,准确判断每个目标的类别,并给出每个目标的边界框。为了获得更加丰富的目标表示特征,人们一方面构建 ImageNet、COCO 等大规模图像数据库,另一方面通过构建 VGG 网络、GooLeNet 及残差网络等将卷积网络推向更深层次,大幅提高了网络性能,极大地推动了多媒体目标识别的准确度与执行效率,并在视频监控、智能交通、手术器械定位、机器人导航、车辆自动驾驶、机器人环境感知和基于内容的图像检索等领域得到了广泛应用。

一般来说,传统目标检测主要包括预处理、窗口滑动、特征提取、特征选择、特征分类和后处理等 6 个关键步骤。其中,窗口大小、滑动方式与策略对特征提取的质量影响较大,常采用部位形变模型(Deformable part model,DPM)及其扩展模型对滑动窗口进行判别,如方向梯度直方图(Histogram of oriented gradient,HOG)、尺度不变特征变换(Scale invariant feature transform,SIFT)等,整个检测过程效率与精度都较低。Girshick 等人(2014)首次采用基于区域的卷积神经网络(Region based convolutional neural network,R-CNN)将深度学习用于目标检测,在 PASCAL VOC 2007 数据集上的检测精度从 29.2% 提升到 66.0%,极大地提高了目标检测的准确率。这种基于端到端的训练,将目标的特征提取、特征选择和特征分类融合在同一模型中,实现了性能与效率的整体优化。

基于深度学习的主流目标检测算法根据有无候选框生成阶段分为双阶段目标检测算法和单阶段目标检测算法。双阶段目标检测算法先对图像提取候选框,然后基于候选区域做二次修正得到检测结果,检测精度较高,但检测速度较慢;单阶段目标检测算法直接对图像进行计算生成检测结果,检测速度快,但检测精度低。其中,双阶段目标检测算法中,RCNN、Fast-RCNN、Faster-RCNN 模型为其代表性算法;单阶段目标检测算法中,YOLO、SSD 模型为其代表性算法。下面分别进行阐述。

4.2.1　RCNN 系列

从 RCNN 到 Fast RCNN,再到 Faster RCNN,目标检测的四个基本步骤(候选区域生成,特征提取,分类,位置精修)终于被统一到一个深度网络框架之内,RCNN 系列结构图如图 4.16所示。所有计算没有重复,完全在 GPU 中完成,大大提高了运行速度。下面依次阐述其原理。

图 4.16　RCNN 系列结构图

(a)RCNN;(b)fast RCNN;(c)faster RCNN

1. RCNN 的基本原理[118]

在 DPM(Deformable Part Model)多年瓶颈期之后,2014 年 Ross Girshick 在 CVPR 的一篇会议论文中提出了 RCNN(Region with CNN features)[31]。RCNN 既是深度学习用于目标检测的开山之作,也是卷积神经网络应用于目标检测问题的一个里程碑的飞跃。简单来说,RCNN 就是将 region proposal 和 CNN 卷积特征联合起来实现目标检测问题。算法可以分为三步:①候选区域选择;②CNN 特征提取;③分类与边界回归。

(1)候选区域生成。在此阶段,采用 Selective Search 方法来获取候选框,即首先采取过分割手段把一张图片分成很多小区域,然后通过计算小区域的颜色相似度、纹理相似度、大小相似度和吻合相似度,最后综合这 4 个相似度进行合并(通过颜色直方图、梯度直方图相近等规则进行合并)生成约 2 000 个候选框。然后将候选框区域归一化成同一尺寸 227×227,之后使用深度网络进行特征提取。

(2)CNN 特征提取。标准卷积神经网络根据输入执行诸如卷积或池化的操作以获得固定维度输出。也就是说,在特征提取之后,特征映射被卷积和汇集以获得输出。

(3)分类与边界回归。实际上有两个子步骤:①对前一步的输出向量进行分类(分类器需要根据特征进行训练);②通过边界回归框回归(缩写为 bbox)获得精确的区域信息。其目的是准确定位和合并完成分类的预期目标,并避免多重检测。在分类器的选择中有支持向量机 SVM、Softmax 等;边界回归有 bbox 回归,多任务损失函数边框回归等 。

RCNN 算法(流程图见图 4.17)的缺点如下。

1)每张图片产生的 2 000 个 Region Proposal 都需要经过变形处理后由 AlexNet 前向网络计算一次特征,这其中涵盖了对一张图片中多个重复区域的重复计算,太浪费时间和空间资源。

2)使用 CNN 计算 2 000 个候选框的特征时,在硬盘上保留了每个候选框的 Pool5 特征,虽然这样做只需要进行一次 CNN 前向网络运算,但是占用大量磁盘空间。

3)由于采用 RoI-centric sampling(从所有图片的所有建议框中均匀取样)进行训练,所以每次都需要计算不同图片中不同建议框的 CNN 特征,无法共享同一张图的 CNN 特征,导致训练速度很慢。

4)测试过程复杂,首先要提取候选框,然后通过 CNN 提取每个候选框的特征,再使用 SVM 分类和非极大值抑制,最后用 bounding - box 回归才能得到图片中物体的种类及位置信息。同样训练过程也很复杂,通过 ILSVRC 2012 上预训练的 AlexNet,在 PASCAL VOC2007 上微调 CNN,训练 20 类 SVM 分类器和 20 类 bounding - box 回归器,这些不连续过程必然涉及特征存储、占用大量磁盘空间。

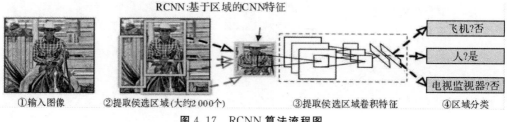

图 4.17 RCNN 算法流程图

2. Fast RCNN 的基本原理

在 RCNN 的进化中 SPP(空间金字塔池化:Spatial Pyramid Pooling) Net 的思想对其贡献很大,这里先简单介绍一下 SPP Net。它有以下两个特点。

(1)结合空间金字塔方法实现 CNNs 的对尺度输入。一般 CNN 后接全连接层或者分类器,他们都需要固定的输入尺寸,因此不得不对输入数据进行裁剪与缩放(crop 与 warp),这些预处理会造成数据的丢失或几何的失真。SPP Net 的第一个贡献就是将金字塔思想加入到 CNN,实现了数据的多尺度输入。如图 4.18 所示,在卷积层和全连接层之间加入了 SPP layer。此时网络的输入可以是任意尺度的，在 SPP layer 中每一个 pooling 的 filter 会根据输入调整大小，而 SPP 的输出尺度始终是固定的。

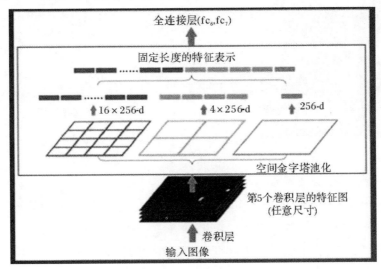

图 4.18　空间金字塔池化

　　(2)只对原图提取一次特征。在 RCNN 中，每个候选框先 resize 到统一大小，然后分别作为 CNN 的输入，这样是很低效的。所以 SPP Net 根据整个缺点做了优化：只对原图进行一次卷积得到整张图的 feature map，然后找到每个候选框在 feature map 上的映射块（patch），将此 patch 作为每个候选框的卷积特征输入到 SPP layer 和之后的层。这样就节省了大量的计算时间，比 RCNN 有 100 倍左右的提速。

　　RCNN 的改进版 Fast RCNN 就是在 RCNN 的基础上采纳了 SPP Net 方法，对 RCNN 做了改进，使得性能进一步提高。

　　前文已经提到 RCNN 的缺点：即使使用了 selective search 等预处理步骤来提取潜在的 bounding box 作为输入，但是 RCNN 仍会有严重的速度瓶颈，原因也很明显，就是计算机对所有 region 进行特征提取时会有重复计算，Fast - RCNN 正是为了解决这个问题诞生的。

　　本书提出了一个可以看作单层 SPP Net 的网络层，叫作 ROI Pooling，这个网络层可以把不同大小的输入映射到一个固定尺度的特征向量，而我们知道，conv、pooling、relu 等操作都不需要固定尺寸的输入，因此，在原始图片上执行这些操作之后，虽然输入图片尺寸不同导致得到的 feature map 尺寸也不同，不能直接接到一个全连接层进行分类，但是可以加入这个神奇的 ROI Pooling 层，对每个 region 都提取一个固定维度的特征表示，再通过正常的 softmax 进行类型识别。另外，之前 RCNN 的处理流程是先提 proposal，然后 CNN 提取特征，之后用 SVM 分类器，最后再做 bbox regression，而在 Fast RCNN 中，作者巧妙地把 bbox regression 放进了神经网络内部，与 region 分类合并成了一个 multi - task 模型，实际实验也证明，这两个任务能够共享卷积特征，并相互促进。Fast-RCNN 很重要的一个贡献是成功地让人们看到了 Region Proposal＋CNN 这一框架实时检测的希望，原来多类检测真的可以在保证准确率的同时提升处理速度，也为后来的 Faster-RCNN 做下了铺垫。

Fast RCNN 的算法流程如图 4.19 所示。

深层
卷积网络
感兴趣
区域映射
特征图
softmax函数
边框回归器
全连
接层
全连
接层
感兴趣
池化
全连
接层
感兴趣区域特征向量

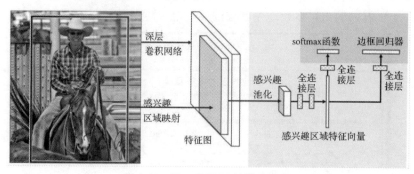

图 4.19　Fast RCNN 的算法流程

ROI pooling 作用有以下两点。

1)根据输入图片,将 ROI 映射到 feature map 对应位置,映射是根据图片缩小的尺寸来的;

2)将得到的 ROI 映射在 feature map 上得到的 ROI feature region 输出统一大小的特征区域。

具体操作如下。

1)根据输入图片,将 ROI 映射到 feature map 对应位置。

2)将映射后的区域划分为相同大小的 sections(sections 数量与输出的维度相同)。

3)对每个 sections 进行 max pooling 操作。

这样就可以从不同大小的方框得到固定大小的 feature maps。

举一个具体的例子:考虑一个 8×8 大小的 feature map,一个 ROI 投影后大小为 5×7,输出大小为 2×2。

1)输入固定大小的 feature map,如图 4.20 所示。

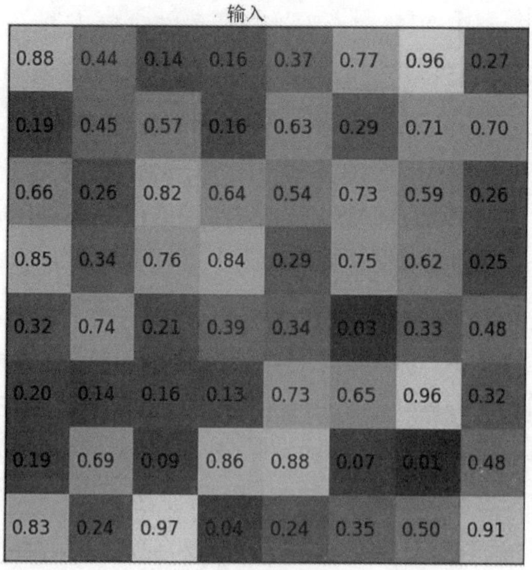

输入
0.88 0.44 0.14 0.16 0.37 0.77 0.96 0.27
0.19 0.45 0.57 0.16 0.63 0.29 0.71 0.70
0.66 0.26 0.82 0.64 0.54 0.73 0.59 0.26
0.85 0.34 0.76 0.84 0.29 0.75 0.62 0.25
0.32 0.74 0.21 0.39 0.34 0.03 0.33 0.48
0.20 0.14 0.16 0.13 0.73 0.65 0.96 0.32
0.19 0.69 0.09 0.86 0.88 0.07 0.01 0.48
0.83 0.24 0.97 0.04 0.24 0.35 0.50 0.91

图 4.20　输入固定大小

2) region proposal 投影之后的位置(左上角(0,3),右下角坐标(7,8)),大小为 5×7,如图 4.21 所示。

3) 将其划分为 2×2 个 sections(因为输出大小为 2×2),如图 4.22 所示。

候选区域

0.88	0.44	0.14	0.16	0.37	0.77	0.96	0.27
0.19	0.45	0.57	0.16	0.63	0.29	0.71	0.70
0.66	0.26	0.82	0.64	0.54	0.73	0.59	0.26
0.85	0.34	0.76	0.84	0.29	0.75	0.62	0.25
0.32	0.74	0.21	0.39	0.34	0.03	0.33	0.48
0.20	0.14	0.16	0.13	0.73	0.65	0.96	0.32
0.19	0.69	0.09	0.86	0.88	0.07	0.01	0.48
0.83	0.24	0.97	0.04	0.24	0.35	0.50	0.91

图 4.21　投影之后的位置

池化

0.88	0.44	0.14	0.16	0.37	0.77	0.96	0.27
0.19	0.45	0.57	0.16	0.63	0.29	0.71	0.70
0.66	0.26	0.82	0.64	0.54	0.73	0.59	0.26
0.85	0.34	0.76	0.84	0.29	0.75	0.62	0.25
0.32	0.74	0.21	0.39	0.34	0.03	0.33	0.48
0.20	0.14	0.16	0.13	0.73	0.65	0.96	0.32
0.19	0.69	0.09	0.86	0.88	0.07	0.01	0.48
0.83	0.24	0.97	0.04	0.24	0.35	0.50	0.91

图 4.22　划分

此时 $5/2 = 2.5, 7/2 = 3.5$,结果都不是整数,则左上角第一个块的大小即为 $2×3$,第一行右上角的块的大小即为 $2×(7-3)=2×4$,第二行第一列即为 $(5-2)×2=3×3$,最后一个块则为 $(5-2)×(7-3)=3×4$。

4) 对每个 section 做最大池化(max pooling),如图 4.23 所示。

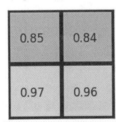

图 4.23　最大池化

可见,做 sections 分块的时候,采用平均分块得到每个块的像素尺寸大小为 $\frac{H}{h} × \frac{W}{w}$,但如果不能整除呢? 解决方法是除不整时舍去小数保留整数,而最后一个行块或列块包含剩余没有包括在内的元素值。

纵使 Fast RCNN 与 RCNN 相比提升了不少,但是 Fast RCNN 仍有其不足之处:因为 Fast RCNN 使用的是 selective search 选择性搜索,这一过程十分耗费时间,其进行候选区域提取所花费的时间为 2~3 s,而提取特征分类仅需要 0.32 s,这无法满足实时应用需求,而且因为使用 Selective Search 来预先提取候选区域,Fast RCNN 并没有实现真正意义上的端到端训练模式,那有没有可能使用 CNN 直接产生候选区域并对其分类呢? Faster R-CNN 框架就是符合这样需求的目标检测框架。

3. Faster RCNN 的基本原理[119]

从 RCNN 到 Fast RCNN，再到 Faster RCNN，一直都有效率上的提升，而对于 Faster RCNN 来讲，与 RCNN 和 Fast RCNN 最大的区别就是，目标检测所需要的四个步骤，即候选区域生成、特征提取、分类器分类以及回归器回归，这四步全都交给深度神经网络来做，并且全部运行在 GPU 上，大大提高了操作的效率。

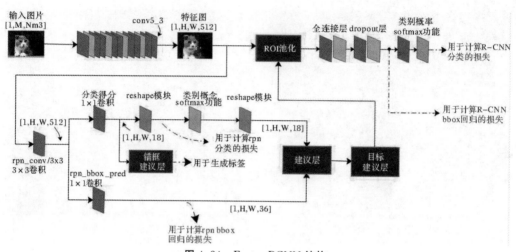

图 4.24　Faster RCNN 结构

图 4.24 是 Faster RCNN 的基本结构。

（1）特征提取：用一串卷积＋pooling 从原图中提取出 feature map。特征提取部分就是图 4.24 中输入图片和 feature map 间的那一串卷积＋pooling，这部分和普通的 CNN 网络中特征提取结构没有区别，可以用 VGG、ResNet、Inception 等各种常见的结构实现（只使用全连接层之前的部分），这部分不再详述。

（2）RPN：这部分是 Faster RCNN 全新提出的结构，作用是通过网络训练的方式从 feature map 中获取目标的大致位置。

目标识别有两个过程：首先你要知道目标在哪里，要从图片中找出要识别的前景，然后才是拿前景去分类。在 Faster RCNN 提出之前常用的提取前景的方法是 Selective Search，简称 SS 法，通过比较相邻区域的相似度来把相似的区域合并到一起，反复这个过程，最终就得到目标区域，这种方法相当耗时以至于提取 proposal 的过程比分类的过程还要慢，完全达不到实时的目的；到了 Faster RCNN 时，作者就想出把提取 proposal 的过程也通过网络训练来完成，部分网络还可以和分类过程公用，新的方法称为 Reginal Proposal Network(RPN)，速度大大提升。

图 4.25 粉色框内就是 RPN，它做两件事：①把 feature map 分割成多个小区域，识别出哪些小区域是前景，哪些是背景，简称 RPN Classification，对应粉色框中上半分支；②获取前景区域的大致坐标，简称 RPN bounding box regression，对应下半分支。

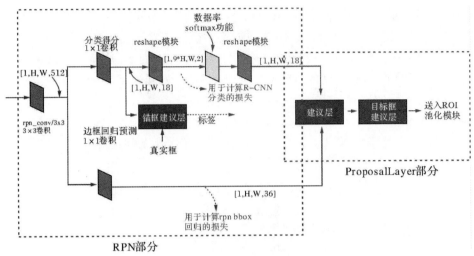

图 4.25　RPN **和** Proposal Layer **结构**

1)RPN Classification。RPN Classification 的过程就是个二分类的过程。先要在 feature map 上均匀地划分出 $K \times H \times W$ 个区域(称为 anchor,$K=9$,H 是 feature map 的高度,W 是宽度),通过比较这些 anchor 和 ground truth 间的重叠情况来决定哪些 anchor 是前景,哪些是背景,也就是给每一个 anchor 都打上前景或背景的 label。有了 labels,你就可以对 RPN 进行训练使它对任意输入都具备识别前景、背景的能力。在图 4.25 上半分支可以看到 rpn_cls_score_reshape 模块输出的结构是 $[1,9 \times H,W,2]$,就是 $9 \times H \times W$ 个 anchor 二分类为前景、背景的概率;anchor_target_layer 模块输出的是每一个 anchor 标注的 label,拿它和二分类概率一比较就能得出分类的 loss。

一个 feature map 有 $9 \times H \times W$ 个 anchor,就是说每个点对应有 9 个 anchor,这 9 个 anchor 有 1:1、1:2、2:1 三种长宽比,每种长宽比都有 3 种尺寸(见图 4.26)。一般来说原始输入图片都要缩放到固定的尺寸才能作为网络的输入,这个尺寸在作者源码里限制成 800×600,9 种 anchor 还原到原始图片上基本能覆盖 800×600 图片上各种尺寸的坐标。

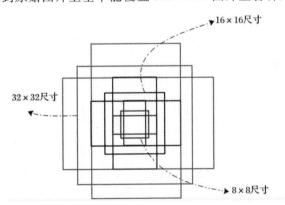

图 4.26　feature map **每个点对应** 9 **个不同尺寸的** Anchor

要注意的是在实际应用时并不是把全部 $9 \times H \times W$ 个 anchor 都拿来做 label 标注,这里面有些规则来去除效果不好的 anchor,具体规则如下。

①覆盖到 feature map 边界线上的 anchor 不参与训练;

②前景和背景交界地带的 anchor 不参与训练。这些交界地带既不作为前景也不作为背景,以防出现错误的分类。在作者原文里是把 IOU>0.7 作为标注成前景的门限,把 IOU<0.3作为标注成背景的门限,之间的值就不参与训练,IOU 是 anchor 与 ground truth 的重叠区域占两者总覆盖区域的比例,如图 4.27 所示;

③训练时一个 batch 的样本数是 256,对应同一张图像的 256 个 anchor,前景的个数不能超过一半,如果超出,就随机取 128 个作为前景,背景也有类似的筛选规则。

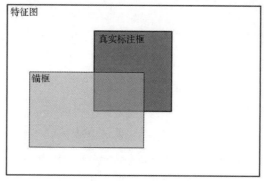

图 4.27　IOU 概念

2)RPN bounding box regression。RPN bounding box regression 用于得出前景的大致位置,要注意这个位置并不精确,准确位置的提取在后面的 Proposal Layer bounding box regression 章节会介绍。提取的过程也是个训练的过程,前面的 RPN Classification 给所有的 anchor 打上 label 后,这里需要用一个表达式来建立 anchor 与 ground truth 的关系,假设 anchor 中心位置坐标是$[A_x,A_y]$,长和高为 A_w 和 A_h,对应 ground truth 的 4 个值为$[G_x,G_y,G_w,G_h]$,它们之间的关系可以用下式(4.1)来表示为

$$\left.\begin{aligned}G_x &= A_w \times d_x(A) + A_x \\ G_y &= A_h \times d_y(A) + A_y \\ G_w &= A_w \times e^{d_w(A)} \\ G_h &= A_h \times e^{d_h(A)}\end{aligned}\right\} \tag{4.1}$$

$[d_x(A),d_y(A),d_w(A),d_h(A)]$就是 anchor 与 ground truth 之间的偏移量,由式(4.1)可以推导出下式,这里用对数来表示长宽的差别,是为了在差别大时能快速收敛,差别小时能较慢收敛来保证精度:

$$\left.\begin{aligned}d_x(A) &= (G_x - A_x)/A_w \\ d_y(A) &= (G_y - A_y)/A_h \\ d_w(A) &= \log(G_w/A_w) \\ d_h(W) &= \log(G_h/A_h)\end{aligned}\right\} \tag{4.2}$$

有了这 4 个偏移量,就可以用它们训练图 RPN 中下面一个分支的输出。完成训练后 RPN 就具备识别每一个 anchor 到与之对应的最有 proposal 偏移量的能力($[d_x'(A),d_y'(A),d_w'(A),d_h'(A)]$),换个角度看就是得到了所有 proposal 的位置和尺寸。要注意的是如果一个 feature map 中有多个 ground truth,每个 anchor 只会选择和它重叠度最高的 ground truth 来计算偏移量。

3）RPN 的 loss 计算。RPN 训练时要把 RPN classification 和 RPN bounding box regression 的 loss 加到一起来实现联合训练：

$$L(\{p_1\},(t_i))=\frac{1}{N_{cls}}\sum_i L_{cls}(p_i,p_i^*)+\lambda\frac{1}{N_{reg}}\sum_i p_i^* L_{cls}(t_i,t_i^*) \tag{4.3}$$

式（4.3）中，N_{cls} 是一个 batch 的大小，$L_{cls}(p_1,p_i^*)$ 是前景和背景的对数损失，p_1 是 anchor 预测为目标的概率，就是前面 rpn_cls_score_reshape 输出的前景部分 score 值，p_i^* 是前景的 label 值，就是 1，将一个 batch 所有 loss 求平均就是 RPN classification 的损失；式（4.3）中 N_{reg} 是 anchor 的总数，λ 是两种 loss 的平衡比例，t_i 是图 4.21 中 rpn_bbox_pred 模块输出的 $[d_x'(A),d_y'(A),d_w'(A),d_h'(A)]$，$t_i^*$ 是训练时每一个 anchor 与 ground truth 间的偏移量，t_i^* 与 t_i 用 smooth L1 方法来计算 loss 就是 RPN bounding box regression 的损失：

$$L_{cls}(p_i,p_i^*)=-\log[p_i^* p_i+(1-p_i^*)(1-p_i)] \tag{4.4}$$

4）Proposal Layer：利用 RPN 获得的大致位置，继续训练，获得更精确的位置。得到 proposal 大致位置后下一步就是要做准确位置的回归了。在 RPN 的训练收敛后我们能得到 anchor 相对于 proposal 的偏移量 $[d_x'(A),d_y'(A),d_w'(A),d_h'(A)]$（注意：这里是相对于 proposal 的，而不是相对于 ground truth 的），有了偏移量再根据式（4.1）就能算出 proposal 的大致位置。在这个过程中 $9\times H\times W$ 能算出 $9\times H\times W$ 个 proposal，大多数都是聚集在 ground truth 周围的候选框，这么多相近的 proposal 完全没必要反而增加了计算量，这时就要用一些方法来精选出最接近 ground truth 的 proposal，Ross Girshick 给了 3 个步骤：①选出前景概率最高的 N 个 proposal；②做非极大值抑制（NMS）；③NMS 后再次选择前景概率最高的 M 个 proposal。

经历这 3 个步骤能够得到 proposal 的大致位置，但这还不够，为了得到更精确的坐标，你还要利用式（4.2）再反推出这个大致的 proposal 和真实的 ground truth 间还有多少偏移量，对这个新的偏移量再来一次回归才是完成了精确的定位。

上面的过程比较绕，反复在偏移量、anchor、ground truth 间切换，如图 4.28 所示的示意图可以加深理解。

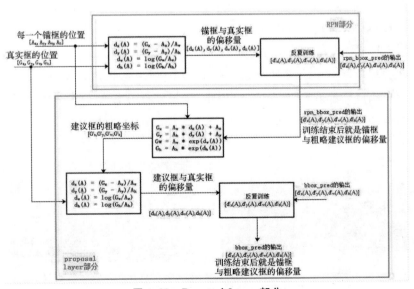

图 4.28　Proposal Layer 部分

Proposal 精确位置回归时计算 loss 的公式和式(4.3)中 RPN bounding box regression 的 loss 计算方法完全相同,也用 smooth L1 方法。

5)ROI Pooling:利用前面获取到的精确位置,从 feature map 中抠出要用于分类的目标,并 pooling 成固定长度的数据。ROI Pooling 做了两件事:①从 feature maps 中抠出 proposals (大小、位置由 RPN 生成)区域;②把抠出的区域 pooling 成固定长度的输出。

图 4.29 是 pooling 过程的示意图,feature map 中有两个不同尺寸的 proposals,但 pooling 后都是 $7 \times 7 = 49$ 个输出,这样就能为后面的全连接层提供固定长度的输入。这种 pooling 方式有别于传统的 pooling,没有任何 tensorflow 自带的函数能实现这种功能,你可以自己用 python 写个 ROI Pooling 的过程,但这样就调用不了 GPU 的并行计算能力,所以作者的源码里用 C^{++} 来实现整个 ROI Pooling。

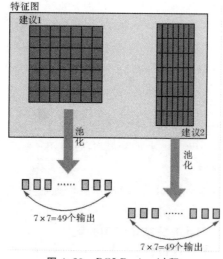

图 4.29 ROI Pooing 过程

为什么要 pooling 成固定长度的输出呢? 这个其实来自于更早提出的 SPP Net,RPN 网络提取出的 proposal 大小是会变化的,而分类用的全连接层输入必须固定长度,所以必须有个从可变尺寸变换成固定尺寸输入的过程。在较早的 RCNN 和 Fast - RCNN 结构中都通过对 proposal 进行缩放(warp)或裁剪(crop)到固定尺寸来实现,裁剪、缩放的副作用就是原始的输入发生变形或信息量丢失,如图 4.30 所示,以致分类不准确。而 ROI Pooling 就完全规避掉了这个问题,proposal 能完整地 pooling 成全连接的输入,而且没有变形,长度也固定。

图 4.30 早期的网络通过裁剪或缩放得到固定尺寸的输入

4. Faster RCNN 训练过程

为了便于说明,我们把 RPN 中的 rpn classfication 和 rpn bounding box regression 统称为 RPN 训练;把 proposal layer 中对 proposal 精确位置的训练和最终的准确分类训练统称为 RCNN 训练。Ross Girshick 在论文中介绍了 3 种训练方法:

(1) Alternating training:RPN 训练和 RCNN 训练交替进行,共交替两次。训练时先用 ImageNet 预训练的结果来初始化网络,训练 RPN,用得到的 proposal 再训练 RCNN,之后用 RCNN 训练出的参数来初始网络,再训练一次 RPN,最后用 RPN 训练出的参数来初始化网络,最后训练一次 RCNN,就完成了全部的训练过程。

(2) Approximate joint training:这里与前一种方法不同,不再是串行训练 RPN 和 R-CNN,而是尝试把二者融入一个网络内一起训练。这里 Approximate 的意思是指把 RPN bounding box regression 部分反向计算得到的梯度完全舍弃,不用做更新网络参数的权重。Approximate joint training 相对于 Alternating traing 减少了 25%~50%的训练时间。

(3) Non-approximate training:该方法和 Approximate joint training 基本一致,只是不再舍弃 RPN bounding box regression 部分得到的梯度。

5. Faster RCNN 预测过程

基于上述的原理和算法改进,综合性能和准确率,采用相应的网络构架来训练权重文件,以实现目标的检测识别。

目标检测识别的步骤如下。

(1) 数据读入:读入图片,并将图片的大小缩放至网络所需要的图片大小。

(2) 提取特征信息:将网络所需要的图像数据送入已经加载好的网络,由卷积网络提取特征信息。

(3) RPN 网络提取 bounding box:由特征信息通过 RPN 网络得到推荐的 bounding box,并且由 softmax 激活层得到对应的类别概率,对预测得到的各类目标进行极大值抑制,置信度阈值抑制,以获取目标置信度较高和定位较好的目标。

(4) 将步骤(3)得到的 bounding box 与特征信息作为输入,由最后的多层神经网络做回归预测得到最后的定位信息。

(5) 在原始图像中绘制所检测得到的目标框的位置和目标框的类别信息。

4.2.2　YOLO 系列

前面讲述的 RCNN 系列是 two-stage 的,需要先使用启发式方法(Selective Search)或者 CNN 网络(RPN)产生 Region Proposal,然后再在 Region Proposal 上做分类和回归。而另一类 one-stage 算法,如 YOLO、SSD,仅仅使用一个 CNN 网络直接预测不同目标的类别和位置。下面进行详细介绍。

1. YOLOv1 的基本原理[120]

YOLO,其全称是 You Only Look Once:Unified,Real-Time Object Detection,题目基本上把 YOLO 算法的特点概括全了:You Only Look Once 说的是只需要一次 CNN 运算,

Unified 指的是这是一个统一的框架,提供 end‐to‐end 的预测,而 Real‐Time 体现的是 YOLO 算法速度快,达到实时。

(1)滑动窗口与 CNN。在介绍 YOLO 算法之前,首先介绍一下滑动窗口技术,这对于理解 YOLO 算法是有帮助的。采用滑动窗口的目标检测算法思路非常简单,它将检测问题转化为了图像分类问题。其基本原理就是采用不同大小和比例(宽高比)的窗口在整张图片上以一定的步长进行滑动,然后对这些窗口对应的区域做图像分类,这样就可以实现对整张图片的检测了,如图 4.31 所示,DPM 就是采用这种思路。但是这个方法有致命的缺点,就是不知道要检测的目标大小是什么规模,所以用户要设置不同大小和比例的窗口去滑动,而且还要选取合适的步长。但是这样会产生很多的子区域,并且都要经过分类器去做预测,这需要很大的计算量,所以分类器不能太复杂,因为要保证速度。解决思路之一就是减少要分类的子区域,这是 RCNN 的一个改进策略,其采用了 Selective Search 方法来找到最有可能包含目标的子区域(region proposal),其实可以看成采用启发式方法过滤掉很多子区域,这会提升效率。

图 4.31 采用滑动窗口进行目标检测

如果使用的是 CNN 分类器,那么滑动窗口是非常耗时的。但是结合卷积运算的特点,我们可以使用 CNN 实现更高效的滑动窗口方法。这就是利用全卷积网络的方式。全卷积网络(Fully Convolutional Network,FCN),即全部都用卷积层,包括全连接层 FC 也用卷积层来实现,具体如下。

1)用卷积层实现 FC 层的效果,把 FC 层操作看成是对一整张图片的卷积层运算。

2)把 FC 层看作是 1×1 卷积层,即采用 1×1 大小的卷积核,进行卷积层运算。

图 4.32 设计的一个 CNN 模型,输入图片大小是 14×14,通过第一层卷积后得到 10×10 的图片,然后通过池化得到 5×5 的图片。接着 5×5 大小的图片变成 1×1 大小的图片,如果是传统的 CNN,那个这个过程就是 FC 层,会把这个 5×5 大小的图片,直接 reshape 展平成一个一维的向量,进行计算,而 FCN 层并不是把 5×5 的图片展平成一维向量,再进行计算,而是直接采用 5×5 的卷积核,对一整张图片进行卷积运算,卷积得到这个 1×1 的图片。其实这两种方式的表面效果相同,只是角度不同,FCN 把这个过程当成了对一整张特征图进行卷积,同样,后面的 FC 层也是把它当作是以 1×1 大小的卷积核进行卷积运算。但是,卷积层引入的非线性比直接展平特征图保留了更多的有效信息。这种用卷积层代替全连接层的做法就不需要把输入图片分割成多个子集(最后分类的数目)分别执行向前传播,而是把它们作为一张图片输入给卷积网络进行计算,这样就消除了大量的冗余计算,提高了效率。此外,还可以用各种不同尺度图像作为输入(通过卷积把三维张量变成列向量,比直接 FC 层的 reshape 更灵活)。

上面尽管可以减少滑动窗口的计算量,但是只是针对一个固定大小和步长的窗口,这是远远不够的。YOLO 算法很好地解决了这个问题,它不再是窗口滑动了,而是直接将原始图片分割成互不重合的小方块,然后通过卷积最后生产这样大小的特征图,基于上面的分析,可以认为特征图的每个元素也是对应原始图片的一个小方块,然后用每个元素来可以预测那些中心点在该小方格内的目标,这就是 YOLO 算法的朴素思想。

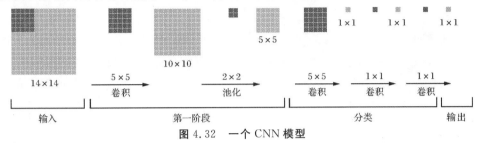

图 4.32　一个 CNN 模型

(2)设计理念。整体来看,YOLO 算法用一个单独的 CNN 模型实现 end-to-end 的目标检测,首先将输入图片 resize 到 448×448,然后送入 CNN 网络,最后处理网络预测结果得到检测的目标。其速度更快,而且 YOLO 的训练过程也是端到端的。与滑动窗口不同的是,YOLO 先将图片分成 $S \times S$ 个块。每个单元格会预测 B 个边界框(bounding box)以及边界框

的置信度(confidence score)。置信度包含两个方面,一是这个框中目标存在的可能性大小,二是这个边界框的位置准确度。前者我们把它记作 Pr(obj),若框中没有目标物,则 Pr(obj)=0,若含有目标物则 Pr(obj)=1。边界框的位置准确度使用了 IOU(intersection over union),为预测 bounding box 与物体真实区域的交集面积(以像素为单位,用真实区域的像素面积归一化到[0,1]区间),那么置信度就可以定义为这两项相乘,即 confidence = Pr(obj)×IOU。另一个问题是,每个格子预测的边界框应该怎么表示呢?边界框的大小和位置可以用四个值来表示,即(x,y,w,h)。

图 4.32

注意,这里的 x,y 是指预测出的边界框的中心位置相对于这个格子的左上角位置的偏移量,而且这个偏移量不是以像素为单位,而是以这个格子的大小为一个单位。以图 4.33 举个例子,下面这个框的中心点所在的位置,相对于中心点所在的这个格子的 x,y 差不多是 0.3,0.7,而这个 w,h 指的是这个框的大小,占整张图片大小的宽和高的相对比例,有了中心点的位置,有了框的大小,画出一个框就很容易了。(x,y,w,h,c) 这 5 个值理论上都应该在[0,1]区间上。最后一个 c 是置信度的意思。一般一个网格会预测多个框,而置信度是用来评判哪一个框是最准确的,是人们最想得到的框。

框预测好了,接下来就是分类的问题,每个单元格预测出 (x,y,w,h,c) 的值后,还要给出对于 C 个类别的概率值,其表征的是由该单元格负责预测的边界框其目标属于各个类别的概率。但是这些概率值其实是在各个边界框置信度下的条件概率,即 $Pr(class_i | object)$。值得注意的是,不管一个单元格预测多少个边界框,其只预测一组类别概率值,这是 YOLO 算法的一个缺点,在后来的改进版本中,YOLO9000 是把类别概率预测值与边界框是绑定在一起的。同时,可以计算出各个边界框类别置信度(class-specific confidence score):$Pr(class_i | object) \times Pr(object) \times IOU_{pred}^{truch} = Pr(class_i) \times \times IOU_{pred}^{truch}$。边界框类别置信度表征的是该边界框中目标

属于各个类别的可能性大小以及边界框匹配目标的好坏。

假设 B 是边界框的个数，C 是有多少个类别要分类，S 是怎么划分单元格，那么每个单元格需要预测$(B \times 5 + C)$个值。如果将输入图片划分为 $S \times S$ 网格，那么最终预测值为 $S \times S \times (B \times 5 + C)$ 大小的张量。

（3）网络模型。YOLO 采用卷积网络来提取特征，然后使用全连接层来得到预测值。网络结构参考 GooLeNet 模型，包含 24 个卷积层和 2 个全连接层，如图 4.34 所示。对于卷积层，主要使用 1×1 卷积来做 channel reduction，然后紧跟 3×3 卷积。对于卷积层和全连接层，采用 Leaky ReLU 激活函数：$\max(x, 0.1x)$，最后一层采用线性激活函数。

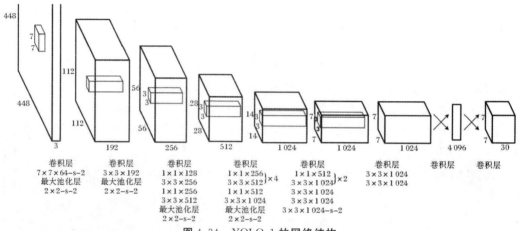

图 4.34　YOLOv1 的网络结构

（4）网络训练。在网络训练之前，先在 ImageNet 上进行了预训练，其预训练的分类模型采用图 4.34 中前 20 个卷积层，然后添加一个平均池化层和全连接层。预训练之后，在预训练得到的 20 层卷积层之上加上随机初始化的 4 个卷积层和 2 个全连接层。由于检测任务一般需要更高清的图片，所以将网络的输入从 224×224 增加到了 448×448。整个 YOLO 网络的流程如图 4.35 所示。

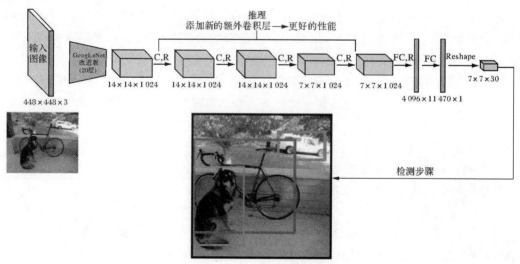

图 4.35　YOLO 算法网络的流程

下面是训练损失函数的分析,YOLO 算法将目标检测看成回归问题,所以采用的是均方差损失函数。但是对不同的部分采用了不同的权重值。首先区分定位误差和分类误差。对于定位误差,即边界框坐标预测误差,采用较大的权重 $\lambda_{coord}=5$。然后其区分不包含目标的边界框与含有目标的边界框的置信度,对于前者,采用较小的权重值 $\lambda_{noobj}=0.5$。其他权重值均设为 1。再采用均方误差,其同等对待大小不同的边界框,但是实际上较小的边界框的坐标误差应该要比较大的边界框更为敏感。为了保证这一点,将网络的边界框的宽与高预测改为对其平方根的预测,即预测值变为 $(x,y,\sqrt{w},\sqrt{h})$。这是因为,如果 w 和 h 为 0.1 或者更小,那么稍微一点点的幅度,这个框变化就很明显。比如从 0.1 到 0.15,这个变化相对于 0.1 增加很多,但是同样的预测有误差,而误差是从 0.4 到 0.5,这个增大几乎是看不出来的。因此对于一个小框,如果偏移大的话,会更加影响框的准确性,有可能因为这一个小小的偏移,导致这个物体不在框里面了。这就是为什么要让小的边界框的误差比大的边界框误差要更加敏感。通过开根号可以达到这个效果,因为一个小于 1 的数,开平方会被放大,而且越小,开平方后相比原来的数差别就更大。另外一点是,由于每个单元格预测多个边界框,但是其对应类别只有一个,那么在训练时,如果该单元格内确实存在目标,那么只选择与 ground truth 的 IOU 最大的那个边界框来负责预测该目标,而其他边界框认为不存在目标。这样设置的一个结果将会使一个单元格对应的边界框更加专业化,可以分别适用不同大小,不同高宽比的目标,从而提升模型性能。大家可能会想如果一个单元格内存在多个目标怎么办,其实这时候 YOLO 算法就只能选择其中一个来训练,这也是 YOLO 算法的缺点之一。要注意的一点是,对于不存在对应目标的边界框,其误差项就是只有置信度,坐标项误差是没法计算的。而只有当一个单元格内确实存在目标时,才计算分类误差项,否则该项也是无法计算的。

综上,最终的损失函数计算如下:

$$loss=\sum_{i=0}^{s^2}coordError+iouError+classError \tag{4.5}$$

$$coordError=\lambda coord\sum_{i=0}^{s^2}\sum_{j=0}^{B}\Pi_{ij}^{obj}[(x_i-\hat{x}_i)+(y_i-\hat{y}_i)^2]+$$

$$\lambda coord\sum_{i=0}^{s^2}\sum_{j=0}^{B}\Pi_{ij}^{obj}\left[\left(\sqrt{w_i}-\sqrt{\hat{w}_i}\right)^2+\left(\sqrt{h_i}-\sqrt{\hat{h}_i}\right)^2\right] \tag{4.6}$$

$$iouError=\sum_{i=0}^{s^2}\sum_{j=0}^{B}\Pi_{ij}^{obj}(C_i-\hat{C}_i)^2+\lambda_{noobj}\sum_{i=0}^{s^2}\sum_{j=0}^{B}\Pi_{ij}^{obj}(C_i-\hat{C}_i)^2 \tag{4.7}$$

$$classErrow=\sum_{i=0}^{s^2}\Pi_i^{obj}\sum_{c\in classes}(p_i(c)-\hat{p}_i(c))^2 \tag{4.8}$$

其中,第一项是边界框中心坐标和高宽的误差项,第二项是包含目标的边界框置信度误差项和不包含目标边界框的置信度误差项。最后一项是包含目标的单元格的分类误差项。

(5)网络预测。在说明 YOLO 算法的预测过程之前,先介绍一下非极大值抑制算法(Non Maximum Suppression, NMS),这个算法不单单是针对 YOLO 算法的,而是所有的检测算法中都会用到。NMS 算法主要解决的是一个目标被多次检测的问题,如图 4.36 中人脸检测,可以看到人脸被多次检测,但是其实用户希望最后仅仅输出其中一个最好的预测框,比如对于左边的人脸,只想要红色那个检测结果。那么可以采用 NMS 算法来实现这样的效果:首先从所有的检测框中找到置信度最大的那个框,然后挨个计算其与剩余框的 IOU,如果其值大于一定阈值(重合度过高),那么就将该框剔除;然后对剩余的检测框重复上述过程,直到处理完所有的检测框。YOLO 预测过程也需要用到 NMS 算法。

图 4.36 NMS 应用在人脸检测

下面来分析 YOLO 的预测过程,这里不考虑 batch,认为只是预测一张图片。根据前面的分析,最终的网络输出是 $7×7×30$,但是我们可以将其分割成三个部分:类别概率部分$[7,7,20]$,置信度部分$[7,7,2]$,而边界框部分为$[7,7,2,4]$。然后将前两项相乘(矩阵$[7,7,20]$乘以$[7,7,2]$可以各补一个维度来完成$[7,7,1,20]×[7,7,2,1]$)可以得到类别置信度值为$[7,7,2,20]$,这里总共预测了 $7×7×2=98$ 个边界框。

在所有的准备数据已经得到后,首先,对于每个预测框根据类别置信度选取置信度最大的那个类别作为其预测标签,经过这层处理我们得到各个预测框的预测类别及对应的置信度值,其大小都是$[7,7,2]$。一般情况下,会设置置信度阈值,就是将置信度小于该阈值的框率除掉,所以经过这层处理,剩余的是置信度比较高的预测框。

YOLO v1 的缺点如下。

1)由于输出层为全连接层,因此在检测时,YOLO v1 训练模型只支持与训练图像相同的输入分辨率。分辨率不同的图像在第一卷积层时被调整为固定的分辨率。

2)虽然每个格子可以预测 B 个 bounding box,但是最终只选择置信度最高的 bounding box 作为物体检测输出,即每个格子只预测出一个物体。当物体占画面比例较小,如图像中包含畜群或鸟群时,每个格子包含多个物体,但却只能检测一个。

3)YOLO v1 方法模型训练依赖于物体识别标注数据,因此,对于非常规的物体形状或比例,YOLO v1 的检测效果并不理想。

4)YOLO v1 损失函数中,大物体 IOU 误差和小物体 IOU 误差对网络训练中 loss 贡献值接近(虽然采用求平方根方式,但没有根本解决问题)。因此,对于小物体,小的 IOU 误差也会对网络优化过程造成很大的影响,从而降低了物体检测的定位准确性。

5)YOLO v1 采用了多个下采样层,网络学到的物体特征并不精细,因此也会影响检测效果。

2. YOLO v2 的基本原理[121]

YOLO v2 是在 YOLO v1 作者发表的论文"*YOLO9000:better,faster,stronger*"[40]提出的,论文主要有两大方面的改进(见图 4.37)。

(1)作者使用了一系列的方法对原来的 YOLO 多目标检测框架进行了改进,在保持原有速度的优势之下,精度上得以提升。VOC 2007 数据集测试,67FPS 下 mAP 达到 76.8%,40FPS 下 mAP 达到 78.6%,基本上与 Faster R-CNN 和 SSD 性能相当。

(2)作者提出了一种目标分类与检测的联合训练方法,通过这种方法,YOLO9000 可以同时在 COCO 和 ImageNet 数据集中进行训练,训练后的模型可以实现多达 9 000 种物体的实时检测。

	YOLO								YOLO v2
批标准化		✓	✓	✓	✓	✓	✓	✓	✓
高分辨率分类器			✓	✓	✓	✓	✓	✓	✓
卷积				✓	✓	✓	✓	✓	✓
锚托				✓					
新的网络					✓	✓	✓	✓	✓
维度先验						✓	✓	✓	✓
位置预测						✓	✓	✓	✓
直通							✓	✓	✓
多尺度								✓	✓
高分辨率检测器									✓
VOC2007 mAP	63.4	65.8	69.5	69.2	69.6	74.4	75.4	76.8	**78.6**

图 4.37　从 YOLO 到 YOLO v2 的改进路线

首先来看一下总览图,看看 v2 到底用到了多少技巧,以及这些技巧起了多少作用。具体改进如下。

1)Batch Normalization。CNN 在训练过程中网络每层输入的分布一直在改变,会使训练过程难度加大,但可以通过 Normalize 每层的输入解决这个问题。新的 YOLO 网络在每一个卷积层后添加 Batch Normalization,通过这一方法,mAP 获得了 2% 的提升。Batch Normalization 也有助于规范化模型,可以在舍弃 Dropout 优化后依然不会过拟合。

2)High Resolution Classifier。目前的目标检测方法中,基本上都会使用 ImageNet 预训练过的模型(classifier)来提取特征,如果用的是 AlexNet 网络,那么输入图片会被 resize 到不足 256×256,导致分辨率不够高,给检测带来困难。为此,新的 YOLO 网络把分辨率直接提升到了 448×448,这也意味着原有的网络模型必须进行某种调整以适应新的分辨率输入。

对于 YOLO v2,作者首先对分类网络(自定义的 darknet)进行了 fine tune,分辨率改成 448×448,在 ImageNet 数据集上训练 10 轮(10 epochs),训练后的网络就可以适应高分辨率的输入了。然后,作者对检测网络部分(也就是后半部分)也进行 fine tune。这样通过提升输入的分辨率,mAP 获得了 4% 的提升。

3)Convolutional With Anchor Boxes。之前的 YOLO 利用全连接层的数据完成边框的预测,导致丢失较多的空间信息,定位不准。YOLO v2 借鉴了 Faster R-CNN 中的 anchor 思想,最终去掉了全连接层,使用 Anchor Boxes 来预测 Bounding Boxes。作者去掉了网络中一个 pooling 层,这让卷积层的输出能有更高的分辨率。收缩网络让其运行在 416×416 而不是 448×448。由于图片中的物体都倾向于出现在图片的中心位置,特别是那种比较大的物体,所以有一个单独位于物体中心的位置用于预测这些物体。YOLO 的卷积层采用 32 个值来下采样图片,所以通过选择 416×416 用作输入尺寸最终能输出一个 13×13 的 Feature Map(416/32=13)。加入了 anchor boxes 后,可以预料到的结果是召回率上升,准确率下降。我们来计算一下,假设每个 cell 预测 9 个建议框,那么总共会预测 7×7×2=98 个 boxes。具体数据为:没有 anchor boxes,模型 recall 为 81%,mAP 为 69.5%;加入 anchor boxes,模型 recall 为 88%,mAP 为 69.2%。这样看来,准确率只有小幅度的下降,而召回率则提升了 7%,说明可以通过进一步的工作来加强准确率,的确有改进空间。

4)Dimension Clusters(维度聚类)。作者在使用 anchor 的时候遇到的第一个问题是 anchor boxes 的宽高维度往往是精选的先验框(hand - picked priors)。虽说在训练过程中网络也会学习调整 boxes 的宽高维度,最终得到准确的 bounding boxes,但是如果一开始就选择了更好的、更有代表性的先验 boxes 维度,那么网络就更容易学到准确的预测位置。

和之前的精选 boxes 维度不同,作者使用了 K-means 聚类方法类训练 bounding boxes,可以自动找到更好的 boxes 宽高维度。传统的 K-means 聚类方法使用的是欧氏距离函数,也就意味着较大的 boxes 会比较小的 boxes 产生更多的 error,聚类结果可能会偏离。为此,作者采用的评判标准是 IOU 得分(也就是 boxes 之间的交集除以并集),这样的话,error 就和 box 的尺度无关了,最终的距离函数为:

$$d(\text{box}, \text{centroid}) = 1 - \text{IOU}(\text{box}, \text{centroid}) \tag{4.9}$$

作者通过改进的 K-means 对训练集中的 boxes 进行了聚类,判别标准是平均 IOU 得分,聚类结果如图 4.38 所示。

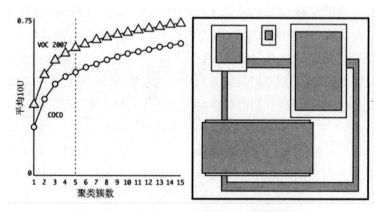

图 4.38 VOC 和 COCO 数据集上的维度聚类

从图 4.38 中可以看到,平衡复杂度和 IOU 之后,最终得到 k 值为 5,意味着作者选择了 5 种大小的 box 维度来进行定位预测,这与手动精选的 box 维度不同。结果中扁长的框较少,而瘦高的框更多(这符合行人的特征),这种结论如不通过聚类实验恐怕是发现不了的。

当然,作者也做了实验来对比两种策略的优劣,如图 4.39 所示,使用聚类方法,仅仅 5 种

boxes 的召回率就和 Faster R-CNN 的 9 种相当。这说明 K-means 方法的引入使得生成的 boxes 更具有代表性,为后面的检测任务提供了便利。

Box 生成方式	聚类数	平均交并比(IOU)
误差平方和聚类	5	58.7
交并比聚类	5	61.0
锚框	9	60.9
交并比聚类	9	67.2

图 4.39　VOC 2007 上最接近先验的 boxes 的平均 IOU

5)Direct location prediction(直接位置预测)。作者在使用 anchor boxes 时发现的第二个问题就是:模型不稳定,尤其是在早期迭代的时候。大部分的不稳定现象出现在预测 box 的 (x,y) 坐标上。在区域建议网络中,预测 (x,y) 以及 (t_x,t_y) 使用的是如下公式:

$$\left.\begin{array}{l} x=(t_x \times w_a)+x_a \\ y=(t_y \times h_a)+y_a \end{array}\right\} \tag{4.10}$$

对式(4.10)的理解为:当预测 $t_x=1$ 时,就会把 box 向右边移动一定距离(具体为 anchor box 的宽度),预测 $t_x=-1$ 时,就会把 box 向左边移动相同的距离。

式(4.10)没有任何限制,使得无论在什么位置进行预测,任何 anchor boxes 可以在图像中任意一点结束(t_x 没有数值限定,可能会出现 anchor 检测很远的目标 box 的情况,效率比较低。正确做法应该是每一个 anchor 只负责检测周围正负一个单位以内的目标 box)。模型随机初始化后,需要花很长一段时间才能稳定预测敏感的物体位置。

在此,作者就没有采用预测直接的 offset 的方法,而使用了预测相对于 grid cell 的坐标位置的办法,又把 ground truth 限制在 0~1 之间,利用 logistic 回归函数来进行这一限制。

神经网络在特征图(13×13)的每个 cell 上预测 5 个 bounding boxes(聚类得出的值),同时每一个 bounding box 预测 5 个值,分别为 t_x、t_y、t_w、t_h、t_o,其中,前 4 个是坐标,t_o 是置信度。如果这个 cell 距离图像左上角的边距为 (c_x,c_y) 以及该 cell 对应 box 的长和宽分别为 (p_w, p_h),那么预测值可以表示为

$$\left.\begin{array}{l} b_x=\sigma(t_x)+c_x \\ b_y=\sigma(t_y)+c_y \\ b_w^{\bullet}=p_w \mathrm{e}^{t_w} \\ b_h=p_h \mathrm{e}^{t_h} \\ \Pr(\mathrm{object}) \times \mathrm{IOU}(b,\mathrm{object})=\sigma(t_o) \end{array}\right\} \tag{4.11}$$

t_x、t_y 经过 sigmoid 函数处理过,取值限定在 0~1,实际意义就是使 anchor 只负责周围的 box,有利于提升效率和网络收敛。定位预测值被归一化后,参数就更容易得到学习,模型更稳定,如图 4.40 所示。

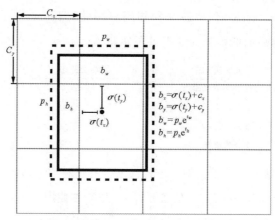

4.40　加入维度先验与位置预测后的 bounding boxes

6）Fine-Grained Features（细粒度特征）。上述网络上的修改使 YOLO 最终在 13×13 的特征图上进行预测，虽然这足以胜任大尺度物体的检测，但是用上细粒度特征的话，这可能对小尺度的物体检测有帮助。Faser R-CNN 和 SSD 都在不同层次的特征图上产生区域建议（SSD 直接就可看得出来这一点），获得了多尺度的适应性。这里使用了一种不同的方法，简单添加了一个转移层（passthrough layer），这一层要把浅层特征图（分辨率为 26×26，是底层分辨率 4 倍）连接到深层特征图，具体来说就是特征重排（不涉及参数学习），前面 $26\times26\times512$ 的特征图使用按行和按列隔行采样的方法，就可以得到 4 个新的特征图，维度都是 $13\times13\times512$，然后做 concat 操作，得到 $13\times13\times2\,048$ 的特征图，将其拼接到后面的层，相当于做了一次特征融合，有利于检测小目标。这一方法类似与 Resnet 的 Identity Mapping，从而把 $26\times26\times512$ 变成 $13\times13\times2\,048$。YOLO 中的检测器位于扩展后（expanded）的 Feature Map 的上方，所以能取得细粒度的特征信息，这提升了 YOLO 1% 的性能。

7）Multi-Scale Training。原来的 YOLO 网络使用固定的 448×448 的图片作为输入，现在加入 Anchor Boxes 后，输入变成了 416×416。目前的网络只用到了卷积层和池化层，那么就可以检测任意大小图片。作者希望 YOLO v2 具有不同尺寸图片的鲁棒性，因此在训练的时候也考虑了这一点。

不同于固定输入网络的图片尺寸的方法，作者在几次迭代后就会微调网络。每经过 10 次训练（10 epoch），就会随机选择新的图片尺寸。YOLO 网络使用的降采样参数为 32，那么使用 32 的倍数进行尺度池化{320,352,…,608}。最终最小的尺寸为 320×320，最大的尺寸为 608×608。接着按照输入尺寸调整网络进行训练。

这种机制使得网络可以更好地预测不同尺寸的图片，意味着同一个网络可以进行不同分辨率的检测任务，在小尺寸图片上 YOLO v2 运行更快，在速度和精度上达到了平衡。

在小尺寸图片检测中，YOLO v2 成绩很好，输入为 228×228 的时候，帧率达到 90 FPS，mAP 几乎和 Faster R－CNN 的水准相同。使得其在低性能 GPU、高帧率视频、多路视频场景中更加适用。

在大尺寸图片检测中，YOLO v2 达到了先进水平，VOC2007 上 mAP 为 78.6%，仍然高于平均水准。

8)速度的改进。大多数检测网络依赖于 VGG－16 作为特征提取部分,VGG－16 的确是一个强大而准确的分类网络,但是计算有些冗余。224×224 的图片进行一次前向传播,其卷积层就需要多达 306.9 亿次浮点数运算。YOLO v2 使用的是基于 GoogleNet 的定制网络,比 VGG－16 更快,一次前向传播仅需 85.2 亿次运算。可是它的精度要略低于 VGG－16,单张 224×224 取前五个预测概率的对比成绩为 88% 和 90%。

YOLO v2 使用了一个新的分类网络作为特征提取部分,参考了前人的先进经验,比如类似于 VGG,作者使用了较多的 3×3 卷积核,在每一次池化操作后把通道数翻倍。借鉴了 network in network 的思想,网络使用了全局平均池化(global average pooling),把 1×1 的卷积核置于 3×3 卷积核之间,用来压缩特征。也用了 batch normalization 稳定模型训练。

最终得出的基础模型就是 Darknet－19,见表 4.1,其包含 19 个卷积层、5 个最大值池化层 (Max pooling layers)。Darknet－19 运算次数为 55.8 亿次,ImageNet 图片分类 top－1 准确率 72.9%,top－5 准确率为 91.2%。

表 4.1　YOLO v2 的网络结构

	层		卷积核	尺寸/步长	输　入	输　出
Darknet－19 网络	0	卷积层	32	3×3/1	416×416×3	416×416×32
	1	最大池化层		2×2/2	416×416×32	208×208×32
	2	卷积层	64	3×3/1	208×208×32	208×208×64
	3	最大池化层			208×208×64	104×104×64
	4	卷积层	128	3×3/1	104×104×64	104×104×128
	5	卷积层	64	1×1/1	104×104×128	104×104×64
	6	卷积层	128	3×3/1	104×104×64	104×104×128
	7	最大池化层			104×104×128	52×52×128
	8	卷积层	256	3×3/1	52×52×128	52×52×256
	9	卷积层	128	1×1/1	52×52×256	52×52×128
	10	卷积层	256	3×3/1	52×52×128	52×52×256
	11	最大池化层			52×52×256	26×26×256
	12	卷积层	512	3×3/1	26×26×256	26×26×512
	13	卷积阈	256	1×1/1	26×26×512	26×26×256
	14	卷积层	512	3×3/1	26×26×256	26×26×512
	15	卷积层	1256	1×1/1	26×26×512	26×26×256
	16	卷积层	512	3×3/1	26×26×256	26×26×512
	17	最大池化层			26×26×512	13×13×512
	18	卷积层	1 024	3×3/1	13×13×512	13×13×1 024
	19	卷积层	512	13×13×1 024	13×13×51	
	20	卷积层	1 024	3×3/1	13×13×512	13×13×1 024
	21	卷积层	512	1×1/1	13×13×1 024	13×13×512
	22	卷积层	1 024	3×3/1	13×13×512	13×13×1 024
	23	卷积层	1 024	3×3/1	13×13×1 024	13×13×1 024
	24	卷积层	1 024	3×3/1	13×13×1 024	13×13×1 024

续表

层		卷积核	尺寸/步长	输　入	输　出
25	route	16			
26	reorg		/2	26×26×512	13×13×2 048
27	route	26,24			
28	卷积层	1 024	3×3/1	13×13×3 072	13×13×1 024
29	卷积层	75	1×1/1	13×13×1 024	13×13×75
30	detection				

3. YOLO v3 的基本原理

YOLO v3[43]通过 Darknet‐53 网络进行特征提取,并在 Darknet‐53 网络由浅到深 3 个特征图上进行目标检测,每个检测器的输出为一个三维数组,其前两个维度与检测器所对应的特征图宽高相同,代表了原始图像中的各个网格。第三个维度代表了每个网格中预测的诸如类别、坐标等信息。检测器输出的每一行信息只预测中心点落在对应网格中的目标,例如对最后一个检测器,其输入特征图较原始图像下采样了 5 次,该检测器输出的第一行信息用于预测中心点落在原始图像左上角 32×32 范围内的目标,对应关系如图 4.41 所示,其中 V 表示检测器对当前网格的预测信息。

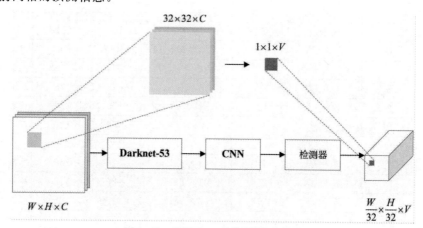

图 4.41　YOLOv3 单检测器示意图

YOLO v3 在每个网格内都设置了尺度由大到小的 9 个 anchor boxes,平均分配给 3 个检测器,anchor boxes 是采用 K‐means 在数据集上聚类得到的。浅层的检测器负责检测小目标,因此会分配到尺度最小的 3 个 anchor boxes,以此类推。在预测时,对于每个 anchor boxes 都会独立预测其四维坐标的 offsets、置信度、类别信息。

在获得所有预测值后,通过预设的置信度阈值与每个检测框的置信度比较,以此鉴定正负样本。最后在正样本间进行 NMS,抑制多余的低置信度检测框,获得最终的检测结果。

(1)网络结构。图 4.42 为 Darknet‐53 网络的结构以及详细参数,该图为其实现目标分类时的网络结构,在 YOLO v3 中只使用了前 52 层,将最后的全局池化、全连接层、Softmax 层替换为图 4.43 中的检测器部分。

	类型	卷积核	尺寸	输出
	卷积层	32	3×3	256×256
	卷积层	64	3×3/2	128×128
1×	卷积层	32	1×1	
	卷积层	64	3×3	
	残差层			128×128
	卷积层	128	3×3/2	64×64
2×	卷积层	64	1×1	
	卷积层	128	3×3	
	残差层			64×64
	卷积层	256	3×3/2	32×32
8×	卷积层	128	1×1	
	卷积层	256	3×3	
	残差层			32×32
	卷积层	512	3×3/2	16×16
8×	卷积层	256	1×1	
	卷积层	512	3×3	
	残差层			16×16
	卷积层	1024	3×3/2	8×8
4×	卷积层	512	1×1	
	卷积层	1024	3×3	
	残差层			8×8
	平均池化		全局池化	
	连接		1000	
	Soffmax			

图 4.42　Darknet-53 网络参数图[13]

以 YOLO v3-416 为例,其网络结构如图 4.43 所示,网络中没有池化层,通过设置卷积步长来实现下采样,在 Darknet – 53 中没有使用全连接层。图中 DBL 表示二维卷积(Darknet Conv2D)、BN(Batch Normalization)和 Leaky Relu 激活函数的串联结构;Res n 为一个步长(Stride)为 2 的 DBL(用于对特征图进行下采样)后串联 n 个 Res Block 的结构;Res Block 为在跨过两个 DBL 进行 shortcut 的残差结构。

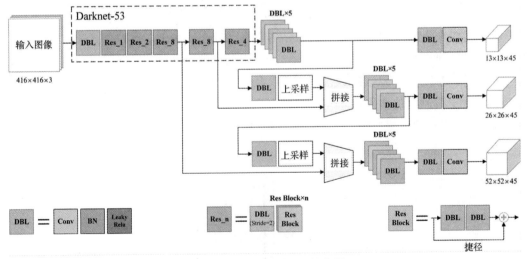

图 4.43　YOLO v3 网络结构图

由图 4.43 可知,YOLO v3 在每一个 Res n 结构内都会进行特征图的下采样,从原始图像到 Darknet – 53 最后一层共经过 5 次下采样,特征图较原图缩小了 32 倍。网络中用于检测的有三个卷积层输出的特征图,除了最后一层以外,还有第 3 个 Res n 输出的特征图和第 4 个

Res n 输出的特征图,较原图分别缩小了 16 倍和 8 倍。

对于两个浅层的检测器,YOLO v3 会将深层的特征图与其对应特征图进行深度拼接 (Concat)融合后再输入检测器进行检测,深度拼接前的上采样(Up Sampling)是为了保证特征图大小一致,这是实现拼接操作必备条件。通过这种特征融合可以有效提高网络特征利用率,并用深层网络的高级语义信息来丰富浅层网络的特征信息。可以看出,检测器的输出的尺度与其输入的特征图相同,由浅至深,输出的尺度不断变小。由于原图尺寸不变,浅层检测器的输出尺度大,表明其网格分布密集,网格尺寸小,有利于检测小目标;深层检测器的输出尺度小,其网格分布稀疏,尺寸大,有利于检测大目标。检测器的分工与 anchor boxes 的设置契合,能更有效地实现多尺度目标检测。

图 4.43 中,每个网格对应输出一个 45 维向量,该向量包含 3 个 anchor boxes 的置信度、四维坐标 offsets、和每一类别对应概率,其计算如下式:

$$V = B \times (5 + C) \tag{4.12}$$

其中,V 表示该网格对应的预测向量,B 为 anchor boxes 的数量,C 为预测的总类别数,5 表示预测的置信度值与 offsets。

(2)边界框预测与损失函数。YOLO v3 对每个边界框预测 4 个值 $\{t_x, t_y, t_w, t_h\}$,其中 t_x 和 t_y 表示中心点坐标的 offsets 预测,t_w 和 t_h 表示边界框宽高 offsets 预测,由于 anchor box 中包含边界框宽高的先验信息,这两个预测值表示的是预测边界框相较 anchor box 的缩放比例。真实的预测值可由下式计算得出。

$$\left. \begin{array}{l} b_x = \sigma(t_x) + c_x \\ b_y = \sigma(t_y) + c_y \\ b_w = p_w e^{t_w} \\ b_h = p_h e^{t_h} \end{array} \right\} \tag{4.13}$$

式中,b 表示各个参数预测的真值;$\sigma(\cdot)$ 为 Sigmoid 函数,将输入参数归一化至 $(0,1)$ 区间;c_x 和 c_y 表示当前网格左上角坐标(即其相对坐标零点的偏移);p_w 和 p_h 表示 anchor box 的预设值;e^{t_w} 和 e^{t_h} 是对边界框宽高缩放比例的预测,采用对数可保证当 t_w 和 t_h 为实数空间任意值时,对缩放比例的预测始终为正。

对单个边界框的预测如图 4.44 所示。

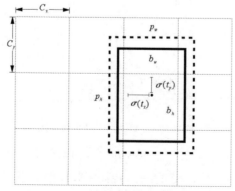

图 4.44　单边界框预测示意图

在计算边界框预测值与 Ground Truth 误差时,是以网络直接输出的 offsets 作为判别的,因此,需要将 Ground Truth 转化为相应的 offsets,其计算如下式:

$$\left.\begin{aligned}
\hat{t}_x &= \sigma^{-1}(\hat{b}_x - c_x) \\
\hat{t}_y &= \sigma^{-1}(\hat{b}_y - c_y) \\
\hat{t}_w &= \log\left(\frac{\hat{b}_w}{p_w}\right) \\
\hat{t}_h &= \log\left(\frac{\hat{b}_h}{p_h}\right)
\end{aligned}\right\} \tag{4.14}$$

式(4.14)中,$(\hat{b}_x, \hat{b}_y, \hat{b}_w, \hat{b}_h)$ 表示 Ground Truth,$(\hat{t}_x, \hat{t}_y, \hat{t}_w, \hat{t}_h)$ 表示 Ground Truth 对 anchor box 相应的 offsets 值。

YOLO v3 的损失函数可分为 4 部分:置信度损失 L_{conf}、分类损失 L_{class}、边界框中心点回归损失 L_{loc_xy} 和边界框宽高回归损失 L_{loc_wh}。

置信度损失其中定义如下式:

$$L_{conf} = -\left(\sum_{i=0}^{S\times S}\sum_{j=0}^{N} I_{ij}^{obj} L_{BCE}(\hat{C}_i, C_i) + \lambda_{noobj}\sum_{j=0}^{N} I\,obj_{ij} L_{BCE}(\hat{C}_i, C_i)\right) \tag{4.15}$$

式中,S 表示划分的网格数量(通常情况 YOLO v3 的输入图像宽高相同);N 表示 anchor box 的数量,在单个检测器上该值为 3。I_{ij}^{obj} 在 Ground Truth 为正样本时为 1,负样本时为 0;I_{ij}^{noobj} 与之相反。因此,损失函数的前一项用于对正样本进行回归,后一项用于对负样本进行回归。λ_{noobj} 用于调节两项间的权重,该参数设置在 $(0,1)$ 区间内。$L_{BCE}(\cdot)$ 为二元交叉熵(Binary Cross Entropy,BCE)损失,其定义见下式:

$$L_{BCE}(y, \hat{y}) = -\sum_{i=0}^{N}(\hat{y}_i \lg(y_i) + (1-\hat{y})\lg(1-y_1)) \tag{4.16}$$

式中,y 为预测值;$\hat{y}$ 为 Ground Truth;N 表示样本数。

分类损失采用交叉熵损失函数,其定义见下式:

$$L_{class} = -\sum_{i=0}^{S\times S}\sum_{j=0}^{N} I_{ij}^{obj}\sum_{c\in class}(\hat{p}_i(c)\lg(p_i(c)) + (1-\hat{p}_i(c))\lg(1-p_i(c))) \tag{4.17}$$

式中,$\hat{p}_i(c)$ 和 $p_i(c)$ 分别表示 c 类别的 Ground Truth 和预测值。

边界框中心点回归损失 L_{loc_xy} 采用二元交叉熵损失,定义见下式:

$$L_{loc\_xy} = \lambda_{coord}\sum_{i=0}^{S\times S}\sum_{j=0}^{N} I_{ij}^{obj}(L_{BCE}(\hat{x}, x_i) + L_{BCE}(\hat{y}, y_i)) \tag{4.18}$$

边界框宽高回归损失 L_{loc_wh} 采用 MSE 损失,定义见下:

$$L_{loc\_wh} = \lambda_{coord}\sum_{i=0}^{S\times S}\sum_{j=0}^{N} I_{ij}^{obj}(2 - w_i\times h_1)((\hat{w}_i - w_i)^2 + (\hat{h}_i - h_i)^2)) \tag{4.19}$$

式(4.18)和式(4.19)中,I_{ij}^{obj} 表示中心点位置回归仅对正样本进行计算,λ_{coord} 参数用于平衡定位损失与其他损失的权重。式(4.19)中 $2 - w_i\times h_i$ 这一参数是一个抑制大目标损失的惩罚项,对越大的目标该项参数越小,损失也就越低。这一参数的设置有助于网络对小目标损失的敏感,可有效提升小目标检测精度。

总的损失函数为四项损失函数的线性相加,计算见下式:

$$L = L_{conf} + L_{class} + L_{loc\_xy} + L_{loc\_wh} \tag{4.20}$$

(3)YOLO v3 的改进。

1)多尺度预测。YOLO v3 在 3 个不同的尺度预测目标框,YOLO v3 使用的特征提取模型通过 FPN(Feature Pyramid Network)网络上进行改变,最后预测得到一个三维的张量信息,包含预测框的位置,大小,对象的置信度以及对应的每一个类的表决信息。

2)更好的分类器。每个预测框可以使用多标签分类,使用了简单的逻辑回归进行分类,采用的损失函数是二值交叉熵损失。

3)卷积层代替最大池化层。YOLO v3 使用卷积层替换了之前的最大池化层,使得浅层网络的特征信息能够更多地传递到深层网络。

4.2.3 SSD

1.算法概要

SSD 目标检测算法[39]不同之前的 RCNN、Fast RCNN、Faster RCNN 等候选区域+分类网络的目标检测算法,它摒弃了候选区域生成,而是在每个特征图的不同位置设定一组不同长宽比的先验边界框(用于预测目标的位置信息,以下简称先验框),用以代替候选区域;在预测时,SSD 网络对设定的先验框生成一一对应的置信度信息,并通过非极大值抑制丢弃定位差和置信度低的先验框,然后边界回归调整网络判定为正样本的先验框,使之更好地匹配图像中的物体形状并给出类别信息。

另外,SSD300(300 指的是输入图像的尺寸)基于 VGG-16 基础网络,添加了新的卷积层以获得更多的特征图用以检测,使用尺寸分别为(38,38)、(19,19)、(10,10)、(5,5)、(3,3)、(1,1)的这六个特征图来预测不同大小的目标,大的特征图用来预测小目标的位置和类别,小的特征图来预测大目标的位置和类别。

2.网络结构

如图 4.45 所示,以 SSD300 为例说明 SSD 算法的基本结构。SSD300 的基础网络是 VGG-16,它将 VGG-16 的全连接层 FC6(Conv6)的卷积核变成大小为 3×3,步长为 1,全连接层 FC7(Conv7)的卷积核变成大小为 1×1,步长为 1;同时将 VGG-16 的第 5 个池化层的池化参数由大小为 2×2,步长为 2 改变为大小为 3×3,步长为 1(目的是不改变特征图的大小);并且移除了 VGG-16 的 SoftMax 层和 FC8 全连接层,而后添加了一系列卷积层,其目的是生成(10,10)、(5,5)、(3,3)、(1,1)这四个尺度的特征图,并且与前面的卷积层 Conv4_3 提取的 38×38 大小的特征图、全连接层 Conv7(FC7)提取的 19×19 大小的特征图组合成六个不同尺寸的特征图用于后续的检测,如图 4.46(b)所示。

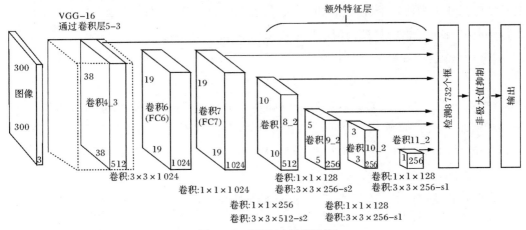

图 4.41　SSD300 网络结构

SSD300 将 VGG‑16 的卷积层 Conv4_3 生成的特征图作为第一个用于检测的特征图,但是该层处于网络的浅层,为缩小和后续产生的特征图的差异,对卷积层 Conv4_3 生成的特征图进行了 L_2 归一化。

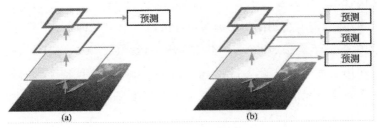

图 4.46　特征图预测

(a)单特征图预测;(b)多尺度特征图预测

3.训练策略

(1)先验框设置。SSD 提取了六个尺寸的用于检测的特征图,并且在不同的特征图上设置了不同数量的先验框;但是在同一尺寸特征图的每个单元设置的先验框数目是固定的。先验框的设置包括尺寸和长宽比两方面。

1)先验框尺寸设置。先验框的尺度设置遵循一个线性递增原则:随着特征图尺寸的降低,先验框尺寸增加,见下式:

$$s_k = S_{\min} + \frac{s_{\max} - s_{\min}}{m-1}(k-1), \quad k \in [1,m] \tag{4.21}$$

式中,m 指的是特征图的个数;S_k 的意思是先验框大小占图像的比例,而 $S_{\max}$ 和 $S_{\min}$ 表示比例的最大值和最小值。

参照 SSD 的 caffe 源码,在 SSD300 中,$m=5$,因为第一个用于检测的特征图(Conv4_3 生成)是单独设置的,$s_{\min}=0.2$,$s_{\max}=0.9$。对于 Conv4_3 生成的特征图,其先验框的尺寸比例一般设置为 $s_{\min}/2=0.1$,其尺寸为 $300 \times 0.1 = 30$。对于后续 5 个特征图,使用式(4.21)计算各个特征图的尺寸。为使各个特征先验框的尺寸为整数,故先将尺度比例乘以100,向下取整后再除以100,得到先验框的尺度比例增长步长 step 为 0.17,见下式:

$$\text{step} = (\text{floor}(100 \times (s_{\max} - s_{\min})/(m-1)))/100 =$$
$$\text{floor}(100 \times 0.9 - 0.2)/(5-1)))/100 = 0.17 \quad (4.22)$$

式中,floor 表示向下取整。因此,SSD300 中后续 5 个特征图的尺度比例分别为 0.20,0.37,0.54,0.71,0.88,然后再乘以网络的输入图片大小 300,那么后续五个特征图的尺寸为 60,111,162,213,264。综上所述,SSD300 的用于检测的 6 个特征图的先验框的尺寸为 30,60,111,162,213,264。

2)先验框长宽比设置。在 SSD 算法中,按照下式设置先验框的长度和宽度。

$$w_k^a = s_k \sqrt{\alpha_r}, \quad h_k^a = s_k/\sqrt{\alpha_r} \quad (4.23)$$

式中,s_k 指的是先验框实际尺寸,而不是尺寸比例;α_r 指的是先验框的长宽比,$\alpha_r = \{1,2,3,1/2,1/3,1'\}$,$1'$ 表示对应尺寸为 $s_k' = \sqrt{s_k s_{k+1}}$ 的先验框。

在 SSD300 算法中,$s_k = \{30,60,111,162,213,264\}$,$\alpha_r = \{1,2,3,1/2,1/3,1'\}$。对于检测的最后一个特征图,SSD300 设置一个参数 $s_{m+1} = 300 \times (0.88 + 0.17) = 315$ 来计算 s_m'。故而从理论上来讲,SSD 设计的 6 个用于检测的特征图的每一个单元都会设置 6 个比例为 $\{1,2,3,1/2,1/3,1'\}$ 的先验框。但是在 SSD300 的算法实现中,卷积层 Conv4_3,Conv10_2,Conv11_2 生成的特征图仅使用 $\alpha_r = \{1,2,1/2,1'\}$ 这 4 个比例的先验框,并且特征图的先验框的中心点都会设置在特征图每个单元的中心,计算见下式,$|f_k|$ 为特征图的宽高,并且将设定先验框位置和尺寸参数归一化 $[0,1]$。

$$\left(\frac{i+0.5}{|f_k|}, \frac{i+0.5}{|f_k|}\right), i,j \in [0, |f_k|) \quad (4.24)$$

综上所述,先验框的设置需要确定先验框的尺寸和长宽比,不同尺寸的特征图上的先验框设置如图 4.47 所示。

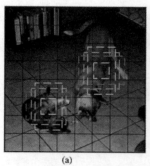 

图 4.47 不同尺寸特征图上的先验框设置

(a)8×8;(b)4×4

(2)先验框匹配策略。在网络训练期间,需要确定哪个先验框与训练图片中的 Ground Truth(真实目标)进行匹配。在 SSD 算法中,先验框与 Ground Truth 的匹配遵循以下两个原则。

1)第一个原则。对于训练图片的每个 Ground Truth,寻找与其 IoU 最大的先验框进行匹配。

2)第二个原则。对于没有和 Ground Truth 匹配的先验框,若其和某个 Ground Truth 的 IoU 大于 0.5,那么其与这个 Ground Truth 进行匹配。

在第一个原则下,每一个 Ground Truth 都会匹配一个先验框,与先验框匹配的先验框称之为正样本,否则为负样本。但是每张图片中的 Ground Truth 是非常少的,与之匹配的先验框更少,使得正负样本不均衡。为平衡正负样本的比例,设置了第二个原则。

另外,SSD 算法为了平衡正负样本的比例,使用了 hard negative mining,即对负样本进行抽取。抽取时按照置信度升序排列(负样本中先验框的置信度越低,其为背景的可能性越大),选取置信度较低的 top - k 作为训练负样本,以保证正负样本近似为 1∶3 的比例。

(3)损失函数。SSD 算法中,损失函数是置信度损失 L_{conf} 和位置损失 L_{loc} 的加权和,见下式:

$$L(x,c,l,g) = \frac{1}{N}(L_{conf}(x,c)) + \alpha L_{loc}(x,l,g) \tag{4.25}$$

其中,N 为先验框正样本的数量;x_{ij}^p 表示第 i 个先验框与第 j 个类别为 p 的 Ground Truth 匹配,否则 $x_{ij}^p = 0$,c 是类别置信度预测值,l 为先验框正样本对应的位置预测信息,g 为 Ground Truth 的位置参数,α 通过交叉验证设置为 1。

置信度损失 L_{conf} 采用 SoftMax Loss,其计算见下式:

$$L_{conf}(x,c) = -\sum_{i \in Pos}^{N} x_{ij}^p \lg(\hat{c_i^p}) - \sum_{i \in Neg} \lg(\hat{c_i^0}) \tag{4.26}$$

式中,$\hat{c_i^p} = \exp(c_i^p)/(\sum_p \exp(c_i^p))$,Pos 表示正样本,Neg 表示负样本。

位置损失 L_{loc} 采用 Smooth L1 Loss,L_{loc} 的计算见下式:

$$L_{loc}(x,l,g) = \sum_{i \in Pos}^{N} \sum_{m \in \{cx,cy,w,h\}}^{N} x_{ij}^p \text{smooth}_{L1}(l_i^m - g_i^m) \tag{4.27}$$

$$\text{smooth}_{L1}(x) = \begin{cases} 0.5x^2 & |x| < 1 \\ |x| - 0.5 & |x| \geqslant 1 \end{cases} \tag{4.28}$$

位置损失仅对正样本进行计算。l_i^m 为先验框正样本对应的位置预测信息,g_i^m 为 Ground Truth 的位置参数。$m \in (cx,cy,w,h)$ 分别表示先验框或 Ground Truth 的顶点横坐标、顶点纵坐标、宽度和高度信息。

(4)数据扩增。对图像进行随机裁剪+颜色扭曲、水平翻转、随机采集块域等数据扩增方式提升 SSD 算法的性能。

4. 图像预测

SSD 算法对图像进行检测时,将图片输入至检测网络中,会生成一系列预测框。对于这些预测框,进行非极大值抑制(Non-Maximum Suppression,NMS)得到最终的检测结果。SSD 中的非极大值抑制有以下 5 个处理步骤。

(1)步骤一:根据类别置信度确定预测框所属类别 ID(置信度最大值的数组索引)和置信度值,滤除 ID 为 0(背景)的预测框。

(2)步骤二:滤除低于设定的置信度阈值(一般为 0.50)的预测框。

(3)步骤三:对于步骤二留下的预测框按置信度降序排列,保留 top - k(k 一般为 400)个预测框。

(4)步骤四：对步骤三留下的 top-k 个预测框，设定 IoU 阈值 IoU_{thresh}，对于 IoU 大于 IoU_{thresh} 且类别一致的两个预测框，保留置信度较高的预测框。

(5)步骤五：将步骤四留下的预测框的位置信息转换到原始图像中的真实位置参数，根据预测框的类别 ID 在类别数组中找到对应的类别标签，组合成最终的检测结果。

4.3 图 像 检 索

4.3.1 CNNH 模型

1.算法概要

CNNH(Convolutional Neural Network Hashing)[122] 网络框架是潘炎、颜水成等人于 2014 年提出的卷积神经网络模型，它首次把卷积神经网络和基于哈希的图像检索任务相结合。相比于传统手工设计的特征，CNNH 网络框架大大地提高了检索性能。

2.网络结构

如图 4.48 所示，CNNH 的学习过程共分两个阶段，第一阶段学习的是图像的哈希编码，对应图 4.48 的 Stage 1。给定 n 个图片集 $\{I_1, I_2, I_3, \cdots, I_n\}$，首先根据图片间的差异构建一个相似度矩阵 $\boldsymbol{S}$：

$$\boldsymbol{S}_{i,j} = \begin{cases} 1, I_i \ \text{与} \ I_j \ \text{相似} \\ -1, I_i \ \text{与} \ I_j \ \text{不相似} \end{cases} \tag{4.29}$$

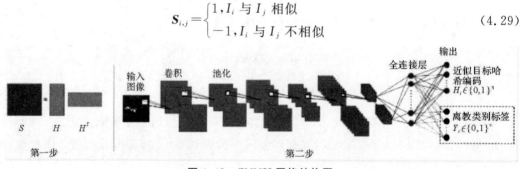

图 4.48 CNNH 网络结构图

矩阵 $\boldsymbol{S}$ 是 $n \times n$ 的矩阵，并且是对称矩阵。接下来定义一个二进制的矩阵 $\boldsymbol{H}_{n \times q}$，$q$ 是哈希编码的位数，$\boldsymbol{H}_k \in \{-1, 1\}^q$ 表示图像 I_k 的哈希编码。最后将矩阵 $\boldsymbol{S}$ 按公式所示分解，分解后的 $\boldsymbol{H}_k$ 作为图像标签进入第二阶段的训练中。

$$\boldsymbol{S} = \boldsymbol{H} \times \boldsymbol{H}^T \tag{4.30}$$

第二阶段把原始的图片和第一阶段学习到的 $\boldsymbol{H}$ 作为网络的输入，对应图 4.48 中 Stage 2，通过卷积神经网络来学习输入图片的图像表示和哈希函数。利用卷积神经网络的非线性拟合能力来拟合具有可区分性的哈希编码，利用分类的损失函数来提升特征表达能力，并使用交叉熵损失函数来将问题转换为一个多标签预测问题。对于 CNNH 模型，只考虑图 4.48 stage2 中红色的输出结点。红色结点的个数为 q，对应每张图片 q 比特的哈希码。训练 CNN 网络时，用 Stage 1 中计算得到的最优哈希码作为每个图片的标签来训练网络，如果有一张图片

P_1,它对应的最优哈希码为 h_1,那么在训练网络的时候,P_1 对应的标签即 h_1。然后通过卷积神经网络来学习矩阵 H 中的哈希码和可选择的图片的离散类标签,对输入图片的特征及一系列的哈希函数进行同时学习。最后,利用 CNN 的非线性拟合能力来拟合具有可区分性的二进制码,利用分类的损失函数来提升特征表达能力,并使用交叉熵损失函数来将问题转换为一个多标签预测问题。

(3)检索流程。通过 CNNH 算法输入图像提取到最后输出层的哈希编码,通过哈希编码对图像间距离进行匹配。具体的检索步骤如下。

1)步骤一:建立特征数据库,用训练好的模型提取数据库中所有图像的哈希编码,并存储在设计好的数据表中。

2)步骤二:通过训练好的模型提取待查询图像的哈希编码。

3)步骤三:使用汉明距离按顺序计算待查询图像与数据库图像哈希编码间的差异,并对计算后的距离排序。

4)步骤四:经过排序后,距离越小的图像间相似度越高,相反距离越大的图像间相似度越低,返回距离最小的前 100 图像作为检索结果。

5)步骤五:根据返回的检索结果和他们的标签确定待查询图像的类型,完成图像分类。

4.3.2　DLBHC 模型

1. 算法概要

DLBHC(Deep Learning of Binary Hash Codes)[123]算法是陈祝嵩研究组在 2015 年提出的一个深度哈希算法,使用一种比较直接的方法来学习二值编码,网络的输入标签是图像的类别,通过卷积神经网络同时学习图像特征向量和哈希编码,是目前现有的深度哈希算法中检索精度较高的一种,在实际运用中使用较广泛。

2. 网络结构

方法流程如图 4.49 所示,DLBHC 算法的核心点为:在预训练好的网络倒数第二层和最终的任务层中间,插入一个新的全连接层,这个层使用 sigmoid 激活函数来提供范围约束,节点数即为目标二值码的码长。通过端到端的细调可以将语义信息嵌入到这个新加入的全连接层输出之中。该算法提出的是一个基于层次化深度搜索的图像检索框架,也是第一个在同一个卷积神经网络下同时提取图像特征和二进制编码的算法。算法由三部分构成,第一部分是在 ImageNet 数据集上对 AlexNet 分类模型进行预训练;第二部分是认为 AlexNet 由输入图片引入的 $F_6 \sim F_8$ 层的特征激活可以当作视觉特征,在与训练后的网络 $F_7 \sim F_8$ 层间添加隐层 H,隐层激活函数设置 Sigmoid 激活函数,在目标数据集上细调时 H 层会学习一组类哈希表示;第三部分是设计一个基于图像哈希编码和特征向量的分级检索系统,先计算查询图像的哈希编码与数据库中图像哈希编码的距离得到分桶,公式如下:

$$H^j = \begin{cases} 1, \mathrm{Out}^j(H) \geqslant 0.5 \\ 0, 其他 \end{cases} \tag{4.31}$$

假设有 n 幅待选图像 $\{I_1, I_2, I_3, \cdots, I_n\}$,它们相关联的二进制编码为 $\{H_1, H_2, H_3, \cdots,$

H_n}，$H_i \in \{0,1\}$。给定一个查询图像 I_q 和它的二进制码 H_q，第一步可以通过汉明距离得到 m 个候选集{$I_1, I_2, \cdots, I_m$}，实现分桶操作。接下来是通过比较查询图像和候选集中的特征向量距离得到相似性，V_q 表示查询图像的 F_7 层特征，V_m 表示候选集的 F_7 层特征，通过下式计算距离。

$$\boldsymbol{S}_i = \| V_q - V_m \| \tag{4.32}$$

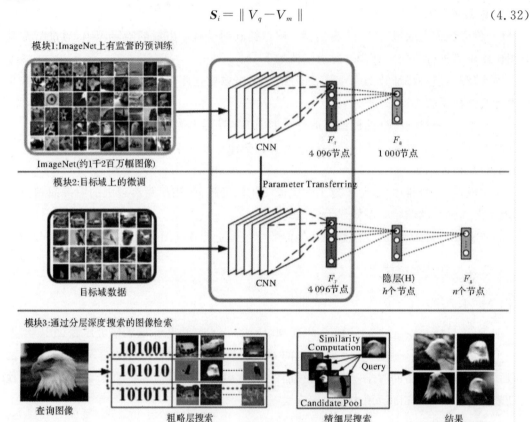

图 4.49 DLBHC 网络结构

3. 检索流程

通过 DLBHC 算法后输入图像可以提取到哈希层学习的哈希编码和 F7 层得到的 4 096 维特征向量，通过两种图像描述对图像间距离进行匹配。具体的检索步骤如下。

(1)步骤一：建立特征数据库，用训练好的模型提取数据库中所有图像的哈希编码和特征向量，并分别存储在设计好的数据表中。

(2)步骤二：通过训练好的模型提取待查询图像的哈希编码和特征向量。

(3)步骤三：使用汉明距离按顺序计算待查询图像与数据库图像哈希编码间的差异，并对计算后的距离排序，按照距离的远近进行分桶。

(4)步骤四：计算查询图像与分桶后得到的数据间特征向量的欧氏距离，经过排序后，距离越小的图像间相似度越高，相反距离越大的图像间相似度越低，返回距离最小的前 100 图像作为检索结果。

（5）步骤五：根据返回的检索结果和他们的标签确定待查询图像的类型，完成图像分类。

4.4　图像修复

图像修复是计算机视觉中比较常见的一个问题，当前基于深度学习的图像修复网络已经可以完成对缺失内容的修复，这些修复网络基本上都采用了编码器——解码器结构以及生成式对抗网络 GAN[124-127]。

4.4.1　基于深度学习的图像修复网络

1. 网络概要

深度学习的发展为图像修复，即补全图像缺失区域，提供了一种新思路，主要利用神经网络捕捉图片背景信息进行"粗修复"，再利用 GAN（生成式对抗网络）进行"精细修复"，从而完成整个补全过程，得到修复后的图片。

2. 网络结构

基于深度学习的图像修复网络如图 4.50 所示，主要包含两个阶段。第一阶段是完成网络（Completion Network），网络由一个"编码器-解码器"结构组成，这个阶段主要完成图像的"粗修复"，即将缺失图像送入网络，通过编码器结构将特征图尺寸缩小到原图的 1/16，再经过空洞卷积（dilated convolution）扩大其感受野，随后经过解码器结构恢复至原图尺寸大小输出，即得到一个"粗修复"的图片。第二个阶段包括两个网络，一个是全局判别器（Global Discriminator），一个是局部判别器（Local Discriminator），全局判别器接收完成网络输出的图片作为输入，局部判别器仅接收缺失区域本身及周围一部分区域的图像作为输入，最终两个判别器网络的输出组成一个 2 048 维的向量，再经过一个全连接层处理，输出一个介于 0~1 之间的实值，这个实值表示送入判别器的图片是真实图片而非由完成网络修复得来的概率。所以，两个判别器网络都是用来判别输入图片是由完成网络修复的还是真实的原图，而第一阶段的完成网络的目标则是修复生成更逼真的图像以"欺骗"判别器网络。

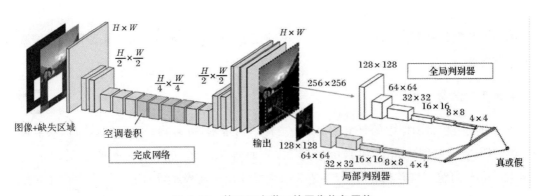

图 4.50　基于深度学习的图像修复网络

基于深度学习的图像修复任务所采用的网络结构虽然各不相同,但其整体的思想基本与图 4.50 所示的网络结构一致,即通过"编码器——解码器"结构获取待修复图像的局部信息,以及与之关联的整体信息,再利用生成式对抗网络对"粗修复"图像进行进一步的处理,以增加图像的一致性与平滑性。

3. 损失函数

网络的损失函数有以下 3 个。

(1)第一个是 MSE 损失函数。

$$L(x, M_c) = ||M_c \odot (C(x, M_c) - x)||2 \tag{4.33}$$

式中,x 表示输入图片;M_c 是掩模;$C(x, M_c)$ 表示完成网络的输出。

(2)第二个损失函数是 GAN 的损失函数。

$$\min_C \max_D E[\log D(x, M_d) + \log(1-D)(C(x, M_c), M_c))] \tag{4.34}$$

式中,M_d 是随机掩模。

(3)第三个损失函数是前两个损失函数的加权。

$$\min_C \max_D E[L(x, M_d) + \alpha \log D(x, M_d) + \alpha \log(1-D)(C(x, M_c), M_c))] \tag{4.35}$$

式中,α 是加权权重。

4. 训练策略

网络的训练过程主要分为以下 3 步。

(1)第一步:当训练迭代次数小于 T_c 次时,使用式(4.33)定义的损失函数训练完成网络。

(2)第二步:当迭代次数大于 T_c 小于 T_d 时,固定完成网络,使用式(4.34)定义的损失函数训练判别器网络。

(3)第三步:当迭代次数大于 $T_c + T_d$ 时,使用式(4.35)同时对完成网络和判别器网络进行训练直至训练结束。

4.5　图　像　分　割

本节将从图像分割的两个主要方向——语义分割和实例分割介绍近年来图像分割领域的一些经典算法。

4.5.1　语义分割

语义分割是指将图像中的每个像素归为类标签的过程,可以将语义分割认为是像素级别的分类。FCN[79] 对图像进行像素级的分类,从而解决了语义级别的图像分割(semantic segmentation)问题。与经典的 CNN 在卷积层之后使用全连接层得到固定长度的特征向量进行分类(全连接层+Softmax 输出)不同,FCN 可以接受任意尺寸的输入图像,采用反卷积层对最后一个卷积层的 feature map 进行上采样,使它恢复到输入图像相同的尺寸,从而可以对每个像素都产生了一个预测,同时保留了原始输入图像中的空间信息,最后在上采样的特征图上进行逐像素分类。最后逐个像素计算 Softmax 分类的损失,相当于每一个像素对应一个训练样本。图 4.51 是全卷积网络(FCN)的结构示意图。

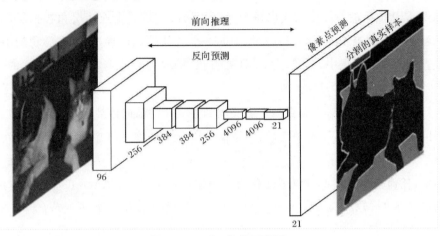

图 4.51　FCN 结构示意图

简单说来,FCN 与 CNN 的区别(见图 4.52)在于将 CNN 最后的全连接层换成卷积层,输出一张逐像素分类的图像。

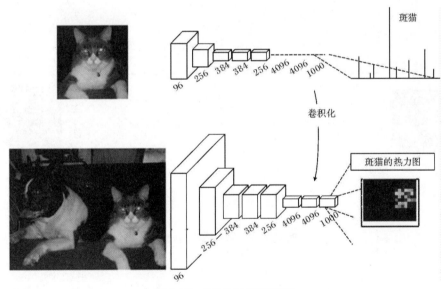

图 4.52　CNN 与 FCN 区别

传统的基于 CNN 的图像分割方法为了对一个像素分类,使用该像素周围的一个图像块作为 CNN 的输入用于训练和预测。这种方法有以下几个缺点。

(1)存储开销很大。例如对每个像素使用的图像块的大小为 15×15,然后不断滑动窗口,每次滑动的窗口给 CNN 进行判别分类,因此所需的存储空间根据滑动窗口的次数和大小急剧上升。

(2)计算效率低下。相邻的像素块基本上是重复的,针对每个像素块逐个计算卷积,这种计算也有很大程度上的重复。

(3)像素块大小的限制了感知区域的大小。通常像素块的大小比整幅图像的大小小很多，只能提取一些局部的特征，从而导致分类的性能受到限制。

FCN 则是从抽象的特征中恢复出每个像素所属的类别。全连接层和卷积层之间唯一的不同就是卷积层中的神经元只与输入数据中的一个局部区域连接，并且在卷积列中的神经元共享参数。然而在两类层中，神经元都是计算点积，所以它们的函数形式是一样的。因此，将此两者相互转化是可能的，具体如下。

(1)对于任一个卷积层，都存在一个能实现和它一样的前向传播函数的全连接层。权重矩阵是一个巨大的矩阵，除了某些特定块，其余部分都是零。而在其中大部分块中，元素都是相等的。

2)相反，任何全连接层都可以被转化为卷积层。比如，一个 $K=4\,096$ 的全连接层，输入数据体的尺寸是 $7\times7\times512$，这个全连接层可以被等效地看作一个 $F=7,P=0,S=1,K=4\,096$的卷积层。换句话说，就是将滤波器的尺寸设置为和输入数据体的尺寸一致了。因为只有一个单独的深度列覆盖并滑过输入数据体，所以输出将变成 $1\times1\times4\,096$，这个结果就和使用初始的那个全连接层一样了。

图 4.53 是 FCN 的从输入到输出尺寸变化的示意图。

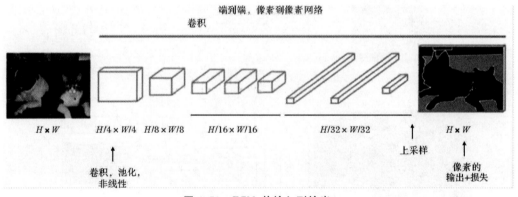

图 4.53　FCN：从输入到输出

由图 4.53 可以看出，经过全卷积层的处理，网络的特征图尺寸不断变小，最终变为原图大小的 1/32，即由 $H\times W$ 变为$\frac{H}{32}\times\frac{W}{32}$，经过上采样操作恢复为原图大小，输出每个像素的分类标签，完成分割。值得注意的是，作者并非简单地将最后一层特征图输出进行上采样，为了提升分割精度，作者将$\frac{H}{8}\times\frac{W}{8}$的特征图和$\frac{H}{16}\times\frac{W}{16}$进行上采样并融合之后才进行最终的输出，这样，连同最后一层特征图的上采样输出，网络最终会输出 3 种预测：FCN-8s、FCN-16s 和 FCN-32s 分别对应 8 倍上采样、16 倍上采样和 32 倍上采样输出。具体操作如图 4.54 所示。

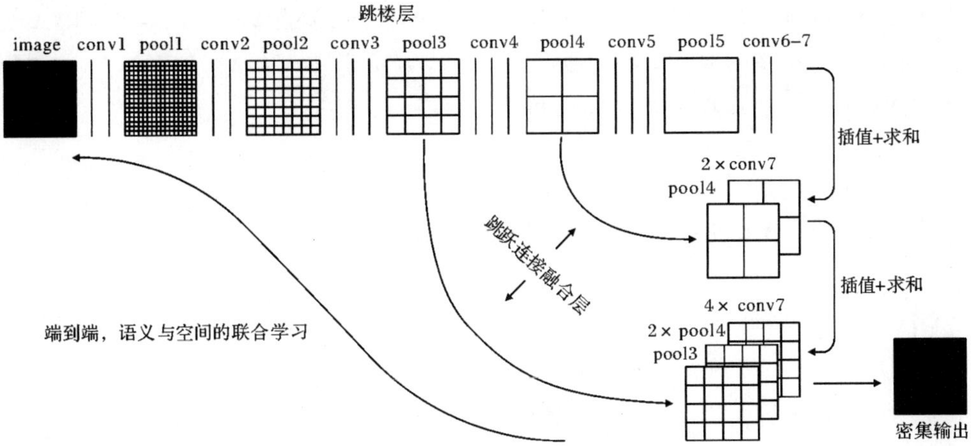

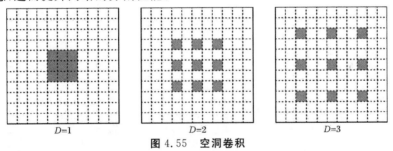

图 4.54　FCN 中的上采样输出

如果说 FCN 是采用 CNN 进行语义分割的开山之作,那么随后提出的 DeepLab 系列则是将语义分割推向了一个全新的阶段。DeepLab[81] 的主要贡献有两点:

1)提出了 Atrous Convolution(空洞卷积),如图 4.55 所示。事实上,传统的卷积核可以看作是空洞卷积的特殊形式,当空洞率 d 为 1 时,空洞卷积就退化为传统卷积。空洞卷积的优势在于在保持参数一致的前提下,提升了网络的感受野,语义分割作为在像素级别进行分类的计算机视觉任务,网络的感受野至关重要。足够大的感受野可以保证深层网络获取到足够的全局语义信息,进而提升网络的分割性能。

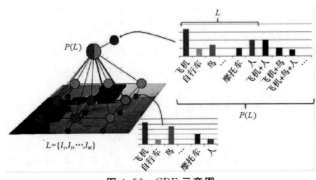

图 4.55　空洞卷积

2)将 Fully-Connected Conditional Random Fields(全连接条件随机场)融合进分割网络,这样做的目的在于对分割边界精修。CRF 经常用于像素级别的标签预测,把像素的标签作为随机变量,像素与像素间的关系作为边,即构成了一个条件随机场且能够获得全局观测(即输入图像)时,CRF 便可以对这些标签进行建模。其示意图如图 4.56 所示。

图 4.56　CRF 示意图

令随机变量 X_i 是像素 i 的标签, $X_i \in L = l_1, l_2, \cdots, l_L$, 令变量 X 是由 $X_1, X_2, \cdots, X_N$ 组成的随机向量, N 就使图像的像素个数。假设图 $G = (V, E)$, 其中 $V = X_1, X_2, \cdots, X_N$, 全局观测为 I。条件随机场符合吉布斯分布, (I, X) 可以被建模为 CRF:

$$P(X = x \mid I) = \frac{1}{Z(I) * e - E(x \mid I)} \tag{4.36}$$

在全连接的 CRF 模型中, 标签 x 的能量可以表示为

$$E(x) = \sum_i \theta(x_i) + \sum_{\langle ij \rangle} \theta_i j(x_i, x_j) \tag{4.37}$$

式中, $\theta(x_i)$ 是一元能量项, 代表着将像素 i 分成 x_i 的能量, 二元能量项 $\varphi_p(x_i, x_j)$ 是对像素点 i, j 同时分割成 x_i, x_j 的能量。二元能量项描述像素点与像素点之间的关系, 鼓励相似像素分配相同的标签, 而相差较大的像素分配不同标签, 而这个"距离"的定义与颜色值和实际相对距离有关。所以这样 CRF 能够使图片尽量在边界处分割。最小化上面的能量就可以找到最有可能的分割。而全连接条件随机场的不同就在于, 二元势函数描述的是每一个像素与其他所有像素的关系, 所以叫"全连接"。具体来说, 在 DeepLab 中一元能量项直接来自于前端 FCN 的输出, 计算方式如下:

$$\theta_i(x_i) = -\log P(x_i) \tag{4.38}$$

而二元能量项的计算方式如下:

$$\theta_i j(x_i, x_j) = \mu(x_1, x_j) \left[\omega_1 \exp\left(-\frac{\|p_i - p_j\|^2}{2\sigma_a^2} - \frac{\|I_i - I_j\|^2}{2\sigma_\beta^2}\right) + \omega_2 \exp\left(\frac{\|p_i - p_j\|^2}{2\sigma_\gamma^2}\right) \right] \tag{4.39}$$

其中, $\mu(x_i, x_j) = 1$, 当 $i \neq j$ 时, 其他时候值为 0。条件随机场可视化精细化的结果如图 4.57 所示。

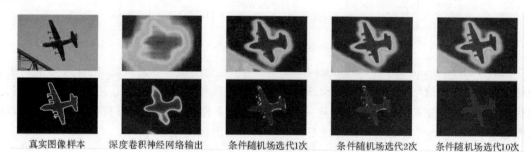

真实图像样本　　深度卷积神经网络输出　　条件随机场迭代1次　　条件随机场迭代2次　　条件随机场迭代10次

图 4.57　条件随机场可视化

语义分割作为计算机视觉一个方兴未艾的领域, 近年来发展迅速, 除了上边介绍的两种经典的分割网络以外, 还有如 SegNet[80] 利用 Encoder-Decoder 来完成语义分割; 以及用于医学图像分割且表现不俗的 U-Net[128] 等其他设计巧妙地分割网络。

4.3.2　实例分割

实例分割是在实例级别上完成语义分割, 不同于语义分割按照语义类别赋予待分割目标类别标签, 实例分割针对每个语义类别的实例都会分配一个掩码作为分割结果。根据所采取

的分割思路可以将现有的实例分割算法分为两种:基于检测的实例分割算法和基于分割的实例分割算法。

1.基于检测的实例分割算法

基于检测的实例分割算法首先根据检测算法输出的图像中目标的类别及边界框(bounding box),再针对边界框内的物体做分割,最终输出分割结果,这种分割算法大都以CNN作为基础构建整个分割网络,比如经典的 Mask RCNN 网络。

2.基于分割的实例分割算法

基于分割的实例分割算法与基于检测的分割算法恰好相反,首先获取整张图像的像素级别的分割图,再去区分各目标实例。基于这种思想,Arnab 和 Torr[129] 使用 CRF(Conditional Random Field,条件随机场)来区分实例;Bai 和 Urtasun[130] 融合了分水岭变换和深度学习方法产生能量图,再通过区分分水岭变换的输出来得到最终的分割实例;其他基于分割的实例分割方法包括弥合类级别和实例级别的差异,学习边界敏感的掩码表示,利用神经网络序列来处理不同的子分组问题等。

Mask RCNN 是实例分割领域基于检测的经典分割算法中的代表作,它在 Faster RCNN 的基础上加入了掩码预测分支,实现了分类回归分支与掩码预测分支并行的网络结构,可同时进行检测与实例分割,即输入一张图片,输出各类别目标边界框 bounding box 与各目标实例的 mask。Mask RCNN 的网络结构如图 4.58 所示。

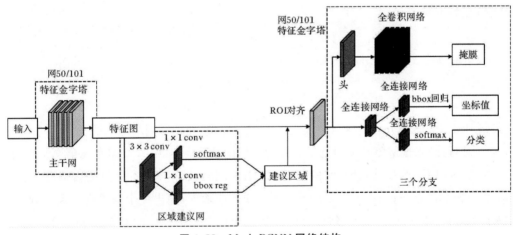

图 4.58　Mask RCNN **网络结构**

Mask RCNN 网络可以分为三个部分:第一部分是 backbone network(主干网络部分),该部分主要是用一组基础的卷积神经网络如 FPN(Feature Pyramid Network,特征金字塔网络)、ResNet[6] 等来提取图像的特征,该部分提取得到的特征图会送到后续的 RPN(Region Proposal Network,区域生成网络)和分类及掩码生成分支;第二部分是 RPN,该部分接收主干网络输出的特征图作为输入,输出一批可能包含目标的矩形 proposals(候选区域)或 RoI(Region of Interest,感兴趣区域)。RPN 首先生成一定量的 anchor box(锚框),对其进行裁剪过滤后通过 softmax 判断 anchors 属于 foreground(前景)或者 background(背景)即鉴定

anchor box 属于正负样本,所以这里是一个二分类问题;同时,另一分支 bounding box regression(边框回归)用于修正 anchor box,在原 anchor box 的基础上通过学习回归的过程形成更为精确的 proposal;第三部分是 head 部分,主要包括 RoI Align、classification head(分类分支)和 mask prediction head(掩码预测分支),其中 RoI Align 是对 RPN 产生的 proposals 进行特征提取,每一个不同尺寸的 RoI 经过 RoI Align 后都会得到固定大小的 RoI 特征图,以作为之后分类和掩码分支的输入。分类分支利用 RoI 特征图作为输入,输出当前 RoI 包含目标的类别及概率,以及具体的边界框坐标,同时掩码分支则利用 RoI 特征图作为输入输出目标实例的二值掩码。

Mask RCNN 的损失函数主要由三部分组成,如下式:

$$L = \frac{1}{N_{cls}} \sum_i L_{cls}(p_i, p_i^*) + \lambda \frac{1}{N_{reg}} \sum_i p_i^* * L_{reg}(t_i, t_i^*) + L_{mask}(m_i, m_i^*) \qquad (4.40)$$

其中,i 表示训练时的每一个 RoI,p_i 和 p_i^* 分别表示检测网络对第 i 个 RoI 的预测值和该 RoI 对应的真值标签(正样本时为 1,负样本时为 0),t_i 和 t_i^* 表示检测网络对第 i 个 RoI 预测的边框差值以及该 RoI 坐标与其真实坐标之间的差值,m_i 和 m_i^* 表示检测网络对第 i 个 RoI 预测的属于类别 p_i 的二值掩码以及其真实二值掩码。N_{cls}、N_{reg} 和 λ 是调节各部分损失的比例系数。式(4.40)中第一部分表示分类损失,L_{cls} 如下式:

$$L_{cls}(p_i, p_i^*) = p_i * \log(p_i^*) + (1 - p_i) * \log(1 - p_i^*) \qquad (4.41)$$

式(4.40)中第二部分表示边框回归损失,可以看到此时只对预测为正的 RoI 进行边框回归,其中 L_{reg} 如下式:

$$L_{reg}(t_i, t_i^*) = \text{smooth}_{L_1}(t_i - t_i^*) \qquad (4.42)$$

其中,smooth_{L_1} 如下式:

$$\text{smooth}_{L_1}(x) = \begin{cases} 0.5 * x^2, & \text{if } |x| < 1 \\ |x| - 0.5, & \text{otherwise} \end{cases} \qquad (4.43)$$

式(4.40)中第三部分表示掩码生成损失,此时 L_{mask} 只在检测网络预测的 p_i 所对应的二值掩码 m_i 上进行计算,这避免了类间竞争导致的掩码质量下降,其中 L_{mask} 采取均值交叉熵损失。

除了 Mask RCNN 以外,针对实例分割中的各种问题,近年来研究人员提出了许多十分出色的实例分割算法:DeepMask[131] 采用一个图像块作为输入,输出一个与类别无关的 mask 表示实例掩码,和一个相关的 score 估计该图像块完全包含一个物体的概率。SharpMask[132] 在 DeepMask 生成的粗略掩码的基础上,通过 refine 模块,并通过将 high-level 的卷积特征图与 low-level 的图像边缘信息进行融合,生成更加精细的掩码;MNC[133] 将实例分割任务看作 3 个子任务:实例定位、掩码预测及实例分类,通过共享底层卷积特征并以级联的方式完成端对端的训练;Instance-FCN[134] 提出了 positive-sensitive score map,使用每个 score 表示一个像素在某个相对位置上属于某个物体实例的得分,最后输出具有类别信息的实例掩码;FCIS[135] 进一步拓展了 Instance-FCN,采用全卷积的方法进行实例分割;Mask-RCNN[42] 针对二阶段目标检测网络 Faster-RCNN[34] 添加 mask 分支,最终获得像素级别的掩码预测;PANet[136] 在 FPN[38] 中 top-down 路径的基础上,添加了一个 bottom-up 路径,以便于信息流动;

MaskLab[137]通过组合语义信息和预测来产生实例级别的掩码；Mask Scoring RCNN[138]在 Mask-RCNN 的基础上添加了 mask-IoU 分支对掩码进行打分以用来预测生成掩码的质量，从而进一步提升分割性能；TensorMask[139]采用密集滑动窗口的形式分割当前窗口内的实例；HTC[140]通过交替地对检测和分割进行 refine，并采用全卷积分支提取空间背景信息，帮助网络更好地区分复杂背景下的前景目标信息，进一步提升了级联 Mask-RCNN 的检测与分割性能；MR-RCNN[141]采用 shape-aware RoI Align 代替传统的 RoI Pooling 方法，有效提升了拥挤实例的分割效果；SOLO[142]借鉴了当前目标检测网络中的 anchor-free 思想，并通过引入实例类别的概念将实例分割问题转化为分类问题，在 COCO2017 测试集上表现不俗。上述实例分割方法的分割效果虽然出色，但实时性往往受限于检测网络，因此 YOLACT[143]和 CenterMask[144]等实时实例分割方法也吸引了很多人的关注，虽然实时性表现优异，但其分割性能往往落后于上述分割方法。

第5章 深度学习实战

5.1 实验环境安装与配置

安装 Anaconda，里面会带一个版本的 Python，因此安装 Anaconda 后，不必再安装 Python，同时会自带 Spyder 编译器，一般为了编译程序更加方便，会安装 Pycharm 编译器，以下是具体的安装步骤。

1. 安装 Anaconda3

（1）版本对应关系。不同版本的 Anaconda 会对应不同版本的 Python，两者对应关系可以参考以下网站：https://blog.csdn.net/yuejisuo1948/article/details/81043823.

注意：目前 Anaconda 和 Python 最新版本在官网可直接进行查看与下载。由于版本差异，不建议安装最新版本的 Anaconda，建议安装 Python 3.6 或者 Python 3.7 对应的 Anaconda，如果需要其他版本的 Python，后期可以通过管理相关虚拟环境来设置。如果要运行深度学习比较大的网络，一般需要 GPU，常用的笔记本电脑一般很少有 GPU，所以下载的 CPU 版 Anaconda 适合入门学习。最好不要安装 Python2，因为 2020 年之后不再支持下载安装 Python2 的依赖库。

（2）安装包下载。由于官网是连接外网下载，网络可能不稳定或者下载速度慢，可以从清华镜像网站下载或者其他镜像网站下载以及搜索相关的百度云网盘链接等。

1）Anaconda 官网：https://www.anaconda.com/

2）Anaconda 官网下载：https://www.anaconda.com/products/individual

官网旧版本下载：https://repo.anaconda.com/archive/

3）清华镜像下载：https://mirror.tuna.tsinghua.edu.cn/help/anaconda/

注意：清华镜像网站有可能会有一些问题，可能也会出现下载速度慢的问题，所以只要不会断网，耐心等待即可，或者通过其他途径进行下载。

（3）安装。Windows 下的 Anaconda 安装步骤可参考以下网站：https://www.jianshu.com/p/d3a5ec1d9a08

2. 安装 Pycharm

（1）下载 Pycharm。

官网：https://www.jetbrains.com/pycharm/download/#section＝windows

（2）安装 Pycharm，参考以下网站：

菜鸟教程：https://www.runoob.com/w3cnote/pycharm-windows-install.html

注意：由于安装了 anaconda，也就有了 Python，忽略该教程中安装 Python 的后半部分。

3. 配置环境与添加环境

（1）Anaconda 管理虚拟环境，以及 Pycharm 导入环境，教程参考以下网站：

https://blog.csdn.net/weixin_40479337/article/details/106892298

（2）配置环境。实验中要用到 pytorch 环境，因此需要安装 pytorch，建议在 Anaconda Prompt 的窗口中，通过 conda 新建一个独立的虚拟环境，然后在里面配置 Python，后面在 pycharm 中导入即可。

配置 pytorch 环境，可参考以下网站：

https://www.cnblogs.com/zhenggege/p/10289867.htm

https://www.cnblogs.com/mjhr/p/10472701.htmll

也可以参照以下步骤。

1）打开 Anaconda Prompt，创建名为 pytorch 的虚拟环境（可以其他名字），并且指定 Python 版本：

$$\text{conda create-n pytorch\quad python==3.6}$$

2）打开 pytorch 官网，查看相关指令，没有 GPU 的下载 CPU 版本，有 CUDA 的选择对应的指令即可，指令可以从官网得到。

Pytorch 官网：https://pytorch.org/

旧版本：https://pytorch.org/get-started/previous-versions/

（3）安装有两种方式，一种 conda 安装，一种 pip 安装，以 pytorch1.2 为例：

conda install pytorch==1.2.0 torchvision==0.4.0 cpuonly-c pytorch

pip install torch==1.2.0+cpu torchvision==0.4.0+cpu-f

https://download.pytorch.org/whl/torch_stable.html

官网下载比较慢，可以尝试镜像下载，添加镜像库，参考以下网站：

1）conda 添加源：https://www.cnblogs.com/flyinggod/p/12944389.html

2）pip 添加源：https://www.jianshu.com/p/9c357a9f38a2

指定源下载：

1）conda：在指令后面加 -c 源名称，上面指令中-c 后面的 pytorch 意思为从 pytorch 官网下载，指定源后，将其换为源名称即可。

2）Pip：在指令后面加-i 源名称。

（4）Torch 和 torchvision 的版本要匹配，具体对应关系可以参考以下网站。

https://blog.csdn.net/qq_40263477/article/details/106577790

https://pytorch.org/get-started/previous-versions/

（5）查看是否安装成功。依次输入 python （回车） import torch （回车） print(torch.__version__)，能正确输出版本即可。

注意：

1）conda 源和 pip 源不太一样，一个源不行时，可以尝试换一下其他的源。不过源也不一定会找到合适的安装包或者依然网络不稳定，建议在晚上 12：00 以后通过官网下载，也就是不指定源下载，同时建议 pip 安装。

2）如果安装过程中出现什么问题，查看出现的错误提示来解决问题，如果提示某个包不存在或者版本不匹配，自行 pip 或 conda 安装即可，最多的是下载中断的问题，如果是网络问题，按照 1）提示进行，如果是其他问题，可以百度搜索或者同学交流。

3）如果网络下载总是不成功，建议从官网下载对应的离线包，然后 pip 安装，注意离线包要与 Python 版本、cuda 版本（或者 CPU）相对应。如果电脑有 GPU 的话，要想利用 cuda 加速，需要下载对应的 cuda 驱动、cuda 和 cudnn，才能使用 gpu 版的 pytorch，可参考以下网站：

https://blog.csdn.net/lin819747263/article/details/112434711

5.2 任 务 实 战

1.基础篇部分

（1）任务一：使用 Python，实现图像的基本处理。读取与保存、裁剪与拼接、旋转与对称、放大与缩小、灰度图转换以及灰度直方图统计、加入不同类型噪声、图片的批量读取与按顺序保存；自行选择一张图片，并实现以上基本操作。

（2）任务二：使用 Python，对图像中的目标进行可视化。根据附件中提供的图片和标注框信息，对图片中的主要目标进行标注，其中涉及图像和文档的批量处理操作（目标可视化是目标检测中的基础内容，也是分析结果的重要步骤，学习可视化操作对未来从事计算机视觉方向的读者很有帮助）。

（3）任务三：在实验二的基础上，对图片进行旋转、对称等操作之后，对目标标记框的坐标进行准确变换，并将结果记录到 txt 文档之中，格式和提供的标签内容格式相同，旋转角度、对称方式要注明（对目标检测或者其他计算机视觉任务有兴趣的读者，可以进一步了解数据增广方法，在深度学习领域是提升模型性能的有效方法之一）。

（4）任务要求：可以使用 Open CV，PIL 等，方法不做要求；完成一份任务报告（包含实验过程和结果），完成代码（.py）文件。

2.提高篇部分

（1）任务一：查阅相关资料，总结当前用于检测和分类的主流特征提取网络（VGG、ResNet

及其改进版本等),并对比分析其结构,要求至少五种网络。

(2)任务二:利用 Python 加载相关预训练模型,并可视化输出网络的结构,能够利用模型的不同层和相关预训练模型的参数值实现图像的特征提取。

(3)任务三:学习特征可视化的方法,自行选择一张图片,将其通过卷积神经网络进行特征提取,对图片经过不同层次网络得到的特征进行可视化,对比分析低层特征和高层特征的特点,要求至少利用两种特征可视化方法。

(4)任务要求:建议使用 pytorch 框架,熟悉 Tensorflow 或 caffee 的也可以使用 Tensorflow 或 caffe。

3. 实践篇部分

(1)任务:此题为开放性题,可自由选择主题,利用(卷积)神经网络实现某一项学习任务,比如手写数字识别、人脸检测等相对简单的任务。

(2)任务要求:至少使用两种不同的神经网络进行训练并比较测试结果,其余部分结合自身学习情况进行适当扩展,过程中可以可视化相关结果。

参 考 文 献

[1] 清华大学-中国工程院知识智能联合研究中心,中国人工智能学会吴文俊人工智能科学技术奖评选基地. 2019 人工智能发展报告[R]. 2019-11. https://wenku. baidu. com/view/a2312324afaad1f34693daef5ef7ba0d4b736dfd. html.

[2] FUKUSHIMA K. Neocognitron: a self-organizing neural network model for a mechanism of pattern recognition unaffected by shift in position[J]. Biological Cybernetics,1980, 36:193 - 202.

[3] RUMELHART D E, HINTON G E, WILLIAMS R J. Learning representations by back-propagating errors[J]. Nature,1986,323(6088):533 - 536.

[4] LECUN Y,BOTTOU L. Gradient-based learning applied to document recognition[J]. Proceedings of the IEEE,1998,86(11):2278 - 2324.

[5] KRIZHEVSKY A, SUTSKEVER I, HINTON G. ImageNet classification with deep convolutional neural networks[J]. Advances in neural information processing systems, 2012,25(2).

[6] HE K,ZHANG X,REN S,et al. Deep residual learning for image recognition[C]. IEEE Conference on Computer Vision and Pattern Recognition (CVPR),2016:770 - 778.

[7] HUANG G,LIU Z,MAATEN L V D,et al. Densely connected convolutional networks[C]. IEEE Conference on Computer Vision and Pattern Recognition (CVPR),2017:2261 - 2269.

[8] SABOUR S,FROSST N,HINTON G E. Dynamic routing between capsules[R]. arXiv:171009829,2017.

[9] HINTON G E. Deep belief networks[J]. Scholarpedia,2009,4(6):5947.

[10] KINGMA D P, WELLING M. Auto-encoding variational bayes[R]. arXiv:1312.6114,2013.

[11] GOODFELLOW I,POUGET-ABADIE J,MIRZA M,et al. Generative adversarial nets [C]. NIPS14:Proceedings of the 27th International Conference on Neural Information Processing Systems,2014,2:2672 - 2680.

[12] RADFORD A, METZ L, CHINTALA S. Unsupervised representation learning with deep convolutional generative adversarial networks[R]. arXiv:151106434,2015.

［13］ ARJOVSKY M，CHINTALA S，BOTTOU L. Wasserstein generative adversarial networks［C］. ICML'17：Proceedings of the 34th International Conference on Machine Learning，2017，70：214－223.

［14］ KARRAS T，AILA T，LAINE S，et al. Progressive growing of GANs for improved quality，stability，and variation［C］. ICLR 2018.

［15］ HOCHREITER S，SCHMIDHUBER J. Long Short-Term Memory［J］. Neural computation，1997，9(8)：1735－1780.

［16］ 胡占义. 计算机视觉简介：历史、现状和发展趋势［Z］. 2017-11-21. https：//www. zhuanzhi. ai/document/424463d80d58fd1e6c15501da2c40e82.

［17］ MARR D. Vision：a computational investigation into the human representation and processing of visual information［M］. New York：W. H. Freeman and Company，1982.

［18］ YAMINS D L K，DICARLO J J. Using goal-driven deep learning models to understand sensory cortex［J］. Nature Neuroscience，Perspective，2016，19(3)：356－365.

［19］ YAMINS D L K. Performance-optimized hierarchical models predict neural responses in higher visual cortex［J］. PNAS，2014，111(23)：8619－8624.

［20］ YAMINS D L K，DICARLO J J. Explicit information for category-orthogonal object properties increases along the ventral stream［J］. Nature Neuroscience，2016，19(4)：613－622.

［21］ EDELMAN S，VAINA L. David Marr. International encyclopedia of the social & behavioral sciences (Second Edition)［M］. James Wright，2015.

［22］ TARR M，BLACK M. A computational and evolutionary perspective on the role of representation in vision［M］. CVGIP：Image Understanding，1994，60(1)：65－73.

［23］ FAUGERAD O. Three-dimensional computer vision：a geometric viewpoint［M］. Cambrighe：MIT Press，1993.

［24］ HARTLEY R，ZISSERMAN A. Multiple view geometry in computer vision［M］. London：Cambridge University Press，2000.

［25］ TENENBAUM J B. A Global geometric framework for nonlinear dimensionality reduction［J］. Science，2000，290(5500)：2319－2323.

［26］ ROWEIS S，SAUL L. Nonlinear dimensionality reduction by locally linear embedding ［J］. Science，2000，290(5500)：2323－2326.

［27］ BELKIN M，NIYOGI P. Laplacian eigenmaps and spectral techniques for embedding and clustering［C］. NIPS'01：Proceedings of the 14th International Conference on Neural Information Processing Systems：Natural and Synthetic，2001：585－591.

［28］ LE C Y. Deep learning［J］. Nature，2015，521：436－444.

［29］ LECUN Y，BOSER B E，DENKER J S，et al. Backpropagation applied to handwritten zip code recognition[J]. Neural Computation,1989,1(4):541-551.

[30] SERMANET P, EIGEN D, ZHANG X, et al. Over feat: integrated recognition, localization and detection using convolutional networks[R]. arXiv:1312. 6229,2013.

[31] GIRSHICK R,DONAHUE J,DARRELL T,et al. Rich feature hierarchies for accurate object detection and semantic segmentation[C]. IEEE Conference on Computer Vision and Pattern Recognition,2014:580-587.

[32] HE K,ZHANG X,REN S,et al. Spatial pyramid pooling in deep convolutional networks for visual recognition [J]. IEEE Transactions on Pattern Analysis and Machine Intelligence,2015,37(9):1904-1916.

[33] GIRSHICK R. Fast R-CNN[C]. IEEE International Conference on Computer Vision (ICCV),2015:1440-1448.

[34] REN S, HE K,GIRSHICK R,et al. Faster R-CNN:towards real-time object detection with region proposal networks [J]. IEEE Transactions on Pattern Analysis and Machine Intelligence,2017,39(6):1137-1149.

[35] REDMON J,DIVVALA S,GIRSHICK R,et al. You only look once:unified,real-time object detection[C]. IEEE Conference on Computer Vision and Pattern Recognition (CVPR),2016:779-788.

[36] HE K,ZHANG X,REN S, et al. Deep residual learning for image recognition[C]. Computer Vision and Pattern Recognition, 2016:770-778.

[37] SIMONYAN K,ZISSERMAN A. Very deep convolutional networks for large-scale image recognition[R]. arXiv:1409. 1556,2014.

[38] LIN T,DOLLAR P,GIRSHICK R,et al. Feature pyramid networks for object detection [C]. IEEE Conference on Computer Vision and Pattern Recognition (CVPR),2017:936-944.

[39] LIU W, ANGUELOV D,ERHAN D,et al. SSD:Single shot multibox detector[C]. European Conference on Computer Vision(ECCV),2016:21-37.

[40] REDMON J, FARHADI A. YOLO9000:better,faster,stronger[C]. IEEE Conference on Computer Vision and Pattern Recognition (CVPR),2017:6517-6525.

[41] HUANG G, LIU Z, DER MAATEN L V, et al. Densely connected convolutional networks[C]. IEEE Conference on Computer Vision and Pattern Recognition (CVPR),2017:2261-2269.

[42] HE K, GKIOXARI G, DOLLAR P,et al. Mask R-CNN[C]. IEEE International Conference on Computer Vision (ICCV),2017:2980-2988.

[43] REDMON J, FARHADI A. YOLOv3:an incremental improvement[R]. arXiv:1804. 02767,2018.

[44] ZHOU P, NN B, GENG C, et al. Scale-transferrable object detection[C]. IEEE/CVF Conference on Computer Vision and Pattern Recognition,2018:528 – 537.

[45] CAI Z, VASCONCELOS N. Cascade R-CNN:delving into high quality object detection [C]. IEEE/CVF Conference on Computer Vision and Pattern Recognition,2018:6154 – 6162.

[46] WU X,SAHOO D,HOI S C,et al. Recent advances in deep learning for object detection [R]. arXiv:1908. 03673,2019.

[47] ZHU C, HE Y, SAVVIDES M, et al. Feature selective anchor-free module for single-shot object detection[C]. IEEE/CVF Conference on Computer Vision and Pattern Recognition (CVPR),2019:840 – 849.

[48] TIAN Z,SHEN C,CHEN H,et al. FCOS:fully convolutional one-stage object detection [R]. arXiv:1904. 01355,2019.

[49] GHIASI G, LIN T, LE Q V, et al. NAS-FPN:learning scalable feature pyramid architecture for object detection[R]. arXiv:1904. 07392,2019

[50] CHEN Y,YANG T,ZHANG X,et al. DetNAS:backbone search for object detection [R]. arXiv:1906. 04423,2019.

[51] BOCHKOVSKIY A,WANG C Y,LIAO H Y. MYOLOv4:optimal speed and accuracy of object detection[R]. arXiv:2004. 10934,2020.

[52] XIE Q,LAI Y K,WU J,et al. MLCVNet:multi-level context voteNet for 3D object detection[C]. IEEE/CVF Conference on Computer Vision and Pattern Recognition (CVPR),2020:10444 – 10453.

[53] CHEN Y,LIU S,SHEN X,et al. DSGN:deep stereo geometry network for 3D object detection[R]. arXiv:2001. 03398,2020.

[54] QI F,WEI Z,CHI-KEUNG,et al. Few-shot object detection with attention-RPN and multi-relation detector[R]. IEEE/CVF Conference on Computer Vision and Pattern Recognition (CVPR),2020.

[55] SZEGEDY C,LIU W,JIA Y,et al. Going deeper with convolutions[C]. IEEE Conference on Computer Vision and Pattern Recognition (CVPR),2015:1 – 9.

[56] XIE S,GIRSHICK R,DOLLAR P,et al. Aggregated residual transformations for deep neural networks[C]. IEEE Conference on Computer Vision and Pattern Recognition (CVPR),2017:5987 – 5995.

[57] LOWE D G. Distinctive image features from scale-invariant keypoints[J]. International Journal of Computer Vision,2004,60(2):91 – 110.

[58] BAY H, TUYTELAARS T,GOOL L J V. SURF:speeded up robust features[C]. European Conference on Computer Vision(ECCV),2006:404 – 417.

[59] RUBLEE E,RABAUD V,KONOLIGE K,et al. ORB:an efficient alternative to SIFT or SURF[C]. IEEE International Conference on Computer Vision(ICCV),2011:2564 – 2571.

[60] CSURKA G,DANCE C,FAN L,etc. Visual categorization with bags of keypoints[C]. Europeon Conference on Computer Vision(ECCV),2014,1:1 – 2.

[61] JÉGOU H,DOUZE M,SCHMID C,et al. Aggregating local descriptors into a compact image representation[C]. Internaltional Conference on Computer Vision and Pattern Recogintion(CVPR),2010:3304 – 3311.

[62] PERRONNIN F,SÁNCHEZ J,MENSINK T. Improving the fisher kernel for large-scale image classification[C]. Europeon Conference on Computer Vision(ECCV),2012:143 – 156.

[63] SMEULDERS A W,WORRING M,S. SANTINI A,et al. Content-based image retrieval at the end of the early years[J]. IEEE Transactions on Pattern Analysis and Machine Intelligence,2000,22(12):1349 – 1380.

[64] NISTER D,STEWENIUS H. Scalable recognition with a vocabulary tree[C]. IEEE Computer Society Conference on Computer Vision and Pattern Recognition (CVPR'06),2006:2161 – 2168.

[65] PHILBIN J,CHUM O,ISARD M,et al. Zisserman,object retrieval with large vocabularies and fast spatial matching[C]. IEEE Conference on Computer Vision and Pattern Recognition,2007:1 – 8.

[66] JÉGOU H,DOUZE M,SCHMID C. Hamming embedding and weak geometric consistency for large scale image search[C]. European Conference on Computer Vision (ECCV),2008:304 – 317.

[67] JÉGOU H,DOUZE M,SCHMID C,et al. Aggregating local descriptors into a compact image representation[C]. International Conference on Computer Vision and Pattern Recogintion(CVPR),2010:3304 – 3311.

[68] PERRONNIN F,SÁNCHEZ F,MENSINK T. Improving the fisher kernel for large-scale image classification[C]. European Conference on Computer Vision(ECCV),2010:143 – 156.

[69] TOLIAS G,AVRITHIS Y,JÉGOU H. To Aggregate or not to aggregate:selective match kernels for image search[C]. IEEE International Conference on Computer Vision(ICCV),2013:1401 – 1408.

[70] ZHANG Y,JIA Z,CHEN T. Image retrieval with geometry preserving visual phrases [C]. Internaltional Conference on Computer Vision and Pattern Recogintion(CVPR),2011:809 – 816.

[71] BABENKO A,SLESAREV A,CHIGORIN A,et al. Neural codes for image retrieval

[C]. European Conference on Computer Vision(ECCV),2014:584 – 599.

[72] GORDO A,ALMAZÁN J,REVAUD J,et al. Deep image retrieval:learning global representations for image search[C]. European Conference on Computer Vision (ECCV),2016:241 – 257.

[73] RADENOVI'C F, TOLIAS G, CHUM O. CNN image retrieval learns from bow: unsupervised fine-tuning with hard examples[C]. European Conference on Computer Vision(ECCV),2016:3 – 20.

[74] DENG J, DONG W, SOCHER R, et al. Imagenet:a large-scale hierarchical image database[C]. International Conference on Computer Vision and Pattern Recognition (CVPR),2009:248 – 255.

[75] NG J, YANG F, DAVIS F. Exploiting local features from deep networks for image retrieval[C]. IEEE Conference on Computer Vision and Pattern Recognition Workshops (CVPRW),2015:53 – 61.

[76] TOLIAS G,SICRE R,JÉGOU H. Particular object retrieval with integral max-pooling of cnn activations[R]. arXiv:1511. 05879,2016.

[77] SHARIF RAZAVIAN A, AZIZPOUR H, SULLIVAN J, et al. Cnn features off-the-shelf:an astounding baseline for recognition[C]. IEEE Conference on Computer Vision and Pattern Recognition Workshops(CVPRW),2014:512 – 519.

[78] GONG Y, WANG L, GUO R, et al. Multi-scale orderless pooling of deepconvolutional activation features[C]. European Conference on Computer Vision(ECCV),2014:392 – 407.

[79] SHELHAMER E,JONATHAN L,DARRELL T. Fully convolutional networks for semantic segmentation[J]. IEEE Transactions on Pattern Analysis and Machine Intelligence,2017,39(4):640 – 651.

[80] BADRINARAYANAN V, KENDALL A, CIPOLLA R. SegNet:a deep convolutional encoder-decoder architecture for scene segmentation[R]. IEEE Transactions on Pattern Analysis & Machine Intelligence,2017.

[81] CHEN L C, PAPANDREOU G, KOKKINOS I, et al. DeepLab:semantic image segmentation with deep convolutional nets, atrous convolution, and fully connected CRFs[J]. IEEE Transactions on Pattern Analysis and Machine Intelligence,2018,40 (4):834.

[82] SING_EEK. 常见深度学习框架比较[Z]. 2018-09-10. https://blog. csdn. net/sin_geek/article/ details/82587435? utm_medium=distribute. pc_relevant. none-task-blog-baidujs-3.

[83] PULKIT SHARMA.. 数据科学家必知的五大深度学习框架[Z]. 陈之炎,译. 2019-04-25. https://www. jiqizhixin. com/articles/2019-04-25-3.

[84] HE K, ZHANG X, REN S, et al. Delving deep into rectifiers: surpassing human-level

performance on imagenet classification［C］. IEEE International Conference on Computer Vision (ICCV),2015:1026 – 1034.

［85］ LEWICKI G,MARINO G. Approximation by superpositions of a sigmoidal function ［J］. Journal of analysis and its applications,2003,17(10):1147 – 1152.

［86］ IAN GOODFELLOW L,YOSHUA BENGIO,AARON COURVILLE. Deep learning ［M］. Cambrige:MIT Press,2016.

［87］ LEI JIMMY BA,RICH CARUANA. Do deep nets really need to be deep? ［C］. The International Conference on Neural Information Processing Systems(NIPS),2014,2: 2654 – 2662.

［88］ ROMERO A,BALLAS N,KAHOU S E,et al. FitNets:hints for thin deep nets［R］. International Conference on Learning Representations(ICLR),2015.

［89］ CHOROMANSKA A, HENAFF M, MATHIEU M, et al. The loss surfaces of multilayer networks［R］. arXiv:1412. 0233,2015.

［90］ GLOROT X,BENGIO Y. Understanding the difficulty of training deep feedforward neural networks［J］. Journal of Machine Learning Research,2010,9:249 – 256.

［91］ IOFFE S,SZEGEDY C. Batch normalization:accelerating deep network training by reducing internal covariate shift［C］. International Conference on Machine Learning (ICML),2015,37:448 – 456.

［92］ HUI ZOU,TREVOR HASTIE. Regularization and variable selection via the elastic net ［J］. J. R. Statist. Soc. B,2005,67(2):301 – 320.

［93］ SRIVASTAVA N,HINTON G,KRIZHEVSKY A,et al. Dropout:a simple way to prevent neural networks from overfitting［J］. Journal of Machine Learning Research, 2014,15(1):1929 – 1958.

［94］ WAGER S,WANG S,LIANG P. Dropout training as adaptive regularization［C］. Advances in Neural Information Processing Systems(NIPS),2013,26:351 – 359.

［95］ WAN L,ZEILER M,ZHANG S,et al. Regularization of neural networks using dropconnect ［C］. International Conference on Machine Learning(ICML),2013,3:2095 – 2103.

［96］ MIKOLOV T,SUTSKEVER I,CHEN K,ET AL. Distributed representations of words and phrases and their compositionality ［C］. International Conference on Neural Information Processing Systems(NIPS),2013,2:3111 – 3119.

［97］ DAVID GOLDBERG. What every computer scientist should know about floating-point arithmetic［R］. issue of Computing Surveys,1991.

［98］ YOSHUA BENGIO, NICOLAS BOULANGER-LEWANDOWSKI, RAZVAN PASCANU. Advances in optimizing recurrent networks ［C］. IEEE International Conference on Acoustics,Speech and Signal Processing,Vancouver,BC,2013:8624 – 8628.

［99］ ILYA SUTSKEVER. Training recurrent neural networks［D］. PhD Thesis,2012.

［100］ DEAN J,CORRADO G S,MONGA R,et al. Large scale distributed deep networks
［C］. Advances in neural information processing systems(NIPS),2013,1:1223 – 1231.

［101］ SOHL-DICKSTEIN J, POOLE B, GANGULI S. Fast large-scale optimization by
unifying stochastic gradient and quasi-newton methods［R］. arXiv:1311. 2115,2013.

［102］ DUCHI,JOHN,HAZAN,et al. Adaptive subgradient methods for online learning and
stochastic optimization［M］. JMLR. org,2011.

［103］ KINGMA,DIEDERIK P,JIMMY B. Adam:a method for stochastic optimization［R］.
International Conference on Learning Representations(ICLR),2015.

［104］ SCHAUL T, ANTONOGLOU I, SILVER D. Unit tests for stochastic optimization
［R］. International Conference on Learning Representations(ICLR),2014.

［105］ BERGSTRA J, BENGIO Y. Random search for hyper-parameter optimization［J］.
Journal of Machine Learning Research,2012,13(1):281 – 305.

［106］ LIN M,CHEN Q,YAN S C. Network in network［R］. International Conference on
Learning Representations(ICLR),2014.

［107］ YU F, KOLTUN V. Multi-scale context aggregation by dilated convolutions［R］.
International Conference on Learning Representations(ICLR),2016.

［108］ JOST TOBIAS SPRINGENBERG, ALEXEY DOSOVITSKIY, THOMAS BROX,ET
AL. Striving for simplicity:the all convolution net［R］. International Conference on
Learning Representations(ICLR),2015.

［109］ ZEILER M D,FERGUS R. Visualizing and understanding convolutional networks［C］.
European Conference on Computer Vision(ECCV),2014:818 – 833.

［110］ LE CUN Y,BOSER B,DENKER JS,ET AL. Backpropagation applied to handwritten
zip code recognition［J］. Neural Computation,1(4):541 – 551,1989.

［111］ 苏一. 一文理解变分自编码器［Z］. 2019-05-02. https://zhuanlan. zhihu. com/
p/64485020.

［112］ HONG Y J, HWANG, UIWON, et al. How generative adversarial nets and its variants
work:an overview of GAN［J］. ACM Computing Surveys,2019,52(1):1 – 43.

［113］ 邝亦简. GAN 万字长文综述［Z］. 2019-04-12. https://zhuanlan. zhihu. com/
p/58812258.

［114］ METZ L, POOLE B, PFAU D,et al. Unrolled generative adversarial networks［R］.
International Conference on Learning Representations(ICLR),2017.

［115］ 张磊. 深入理解 GoogLeNet 结构［Z］. 2018-01-07. https://zhuanlan. zhihu. com/
p/32702031.

［116］ 张磊. 残差网络 ResNet 解读［Z］. 2018-01-07. https://zhuanlan. zhihu. com/

p/32702162.

[117] 张磊. 解读 DenseNet[Z]. 2019-08-19. http://ddrv. cn/a/145070.

[118] CAU_Ayao. 目标检测之 RCNN 算法详解[Z]. 2019-06-01. https://blog. csdn. net/ CAU_Ayao/article/details/90733885.

[119] 张磊. 从结构、原理到实现,Faster R-CNN 全解析[Z]. 2017-12-26. https://www. jianshu. com/p/ab1ebddf58b1.

[120] 我是小将. YOLO 算法的原理与实现[Z]. 2018-01-30. https://blog. csdn. net/ xiaohu2022/article/details/79211732.

[121] Jesse_Mx. YOLOv2 论文笔记. [Z]. 2016-12-29. https://blog. csdn. net/jesse_mx/ article/details/53925356.

[122] XIA R, PAN Y, LAI H, et al. Supervised hashing for image retrieval via image representation learning[C]. AAAI Conference on Artificial Intelligence,2014:2156 – 2162.

[123] KEVIN L,YANG H F,HSIAO J H,et al. Deep learning of binary hash codes for fast image retrieval[C]. IEEE Conference on Computer Vision and Pattern Recognition Workshops (CVPRW),2015:27 – 35.

[124] PATHAK D, KR? HENBÄHL P, DONAHUE J,et al. Context encoders:feature learning by inpainting [C]. IEEE Conference on Computer Vision and Pattern Recognition (CVPR),2016:2536 – 2544.

[125] IIZUKA S,SIMO-SERRA E,ISHIKAWA H. Globally and locally consistent image completion[J]. ACM Transactions on Graphics,2017,36(4):1 – 14.

[126] YU J,LIN Z,YANG J,et al. Free-form image inpainting with gated convolution[C]. IEEE/CVF International Conference on Computer Vision (ICCV),2019:4470 – 4479.

[127] ZHANG H,HU Z,LUO C,et al. Sematic image inpainting with progressive generative networks[C]. Proceedings of the 26th ACM international conference on Multimedia. 2018:1939 – 1947.

[128] RONNEBERGER O, FISCHER P, BROX T. U-Net:convolutional networks for biomedical image segmentation[C]. Medical Image Computing and Computer-Assisted Intervention(MICCAI),2015:234 – 241.

[129] ANURAG ARNAB,PHILIP HS TORR. Bottom-up instance segmentation using deep higher-order CRFS[R]. British Machine Vision Conference,2016.

[130] BAI M,URTASUN R. Deep Watershed transform for instance segmentation[C]. IEEE Conference on Computer Vision and Pattern Recognition (CVPR),2017:2858 – 2866.

[131] PEDRO O PINHEIRO, RONAN COLLOBERT, PIOTR DOLL'AR. Learning to segment object candidates[C]. Advances in Neural Information Processing Systems (NIPS),2015:1990 – 1998.

［132］ PINHEIRO P O,TSUNG Y L,COLLOBERT R,et al. Learning to refine object segments[C]. European Conference on Computer Vision(ECCV),2016:75 – 91.

［133］ DAI J F,HE K M,SUN J. Instance-aware semantic segmentation via multi-task network cascades[C]. IEEE Conference on Computer Vision and Pattern Recognition (CVPR),2016:3150 – 3158.

［134］ DAI J F,HE K M,LI M,et al. Instance-sensitive fully convolutional networks[C]. European Conference on Computer Vision(ECCV),2016:534 – 549.

［135］ LI I,QI H Z,DAI J F,et al. Fully convolutional instance-aware semantic segmentation [C]. IEEE Conference on Computer Vision and Pattern Recognition (CVPR),2017: 4438 – 4446.

［136］ LIU S,QI L,QIN H F,et al. Path aggregation network for instance segmentation[C]. IEEE/CVF Conference on Computer Vision and Pattern Recognition(CVPR),2018: 8759 – 8768.

［137］ CHEN L C,HERMANS A,PAPANDREOU G,et al. MaskLab:instance segmentation by refining object detection with semantic and direction features[C]. IEEE/CVF Conference on Computer Vision and Pattern Recognition(CVPR),2018:4013 – 4022.

［138］ HUANG Z J,HUANG L C,GONG Y C,et al. Mask scoring R-CNN[C]. IEEE/CVF Conference on Computer Vision and Pattern Recognition(CVPR),2019:6409 – 6418.

［139］ CHEN X L,GIRSHICK R,HE K M,et al. Tensor Mask:a foundation for dense object segmentation[C]. IEEE/CVF International Conference on Computer Vision (ICCV), 2019:2061 – 2069.

［140］ CHEN K,PANG J M,WANG J Q,et al. Hybrid task cascade for instance segmentation [C]. IEEE/CVF Conference on Computer Vision and Pattern Recognition (CVPR),2019:4969 – 4978.

［141］ DING H,QIAO S,SHEN W,et al. Shape-aware feature extraction for instance segmentation[R]. arXiv:1911. 11263,2019.

［142］ WANG X,KONG T,SHEN C,et al. SOLO:segmenting objects by locations[R]. arXiv:1912. 04488,2019.

［143］ BOLYA D,ZHOU C,XIAO F Y,et al. Yolact:real-time instance segmentation[J]. IEEE Transactions on Pattern Analysis and Machine Intelligence,2019.

［144］ LEE Y,PARK J. CenterMask:Real-time anchor-free instance segmentation[R]. arXiv: 1911. 06667,2019.